高等学校计算机专业系列教材

数据库技术与应用
（MySQL版）（第2版）

李 辉 编著

清华大学出版社

北 京

内 容 简 介

本书以 MySQL 为背景,全面系统地介绍数据库技术和应用,全书共分 15 章,内容包括数据库系统基础知识、关系数据库系统模型、MySQL 的安装与配置、使用 SQL 管理数据库和表、使用 SQL 管理表数据、视图和索引、MySQL 触发器与事件调度器、MySQL 存储过程与函数、用户与授权管理、事务与MySQL 多用户并发控制、MySQL 数据库备份与还原、数据库设计方法、PHP 的 MySQL 数据库编程、数据库应用系统开发实例、非关系型数据库——NoSQL,附录还给出 15 个上机实验,努力做到数据库知识点实践全覆盖。

本书内容循序渐进,深入浅出,概念清晰,条理性强,每一章节都给出大量示例,以加强对数据库技术实践能力的提升,使读者可以充分利用 MySQL 平台深刻理解数据库技术的原理,达到理论和实践紧密结合的目的。

本书既可作为本科相关专业"数据库技术及应用"课程的教材,也可以供参加各类数据库考试的人员、数据库应用系统开发设计人员、工程技术人员及其他相关人员参阅。对于非计算机专业的本科生,如果希望学到关键、实用的数据库技术,也可采用本书作为教材。

图书在版编目(CIP)数据

数据库技术与应用:MySQL 版/李辉编著. —2 版. —北京:清华大学出版社,2022.2(2024.8 重印)
高等学校计算机专业系列教材
ISBN 978-7-302-59601-1

Ⅰ.①数…　Ⅱ.①李…　Ⅲ.①SQL 语言－程序设计－高等学校－教材　Ⅳ.①TP311.132.3

中国版本图书馆 CIP 数据核字(2021)第 239050 号

责任编辑:龙启铭
封面设计:何凤霞
责任校对:胡伟民
责任印制:刘　菲

出版发行:清华大学出版社
　　　网　　　址:https://www.tup.com.cn,https://www.wqxuetang.com
　　　地　　　址:北京清华大学学研大厦 A 座　　　　　　邮　　　编:100084
　　　社　总　机:010-83470000　　　　　　　　　　　　邮　　　购:010-62786544
　　　投稿与读者服务:010-62776969,c-service@tup.tsinghua.edu.cn
　　　质量反馈:010-62772015,zhiliang@tup.tsinghua.edu.cn
　　　课件下载:https://www.tup.com.cn,010-83470236
印　装　者:三河市龙大印装有限公司
经　　　销:全国新华书店
开　　　本:185mm×260mm　　　印　　　张:21.5　　　字　　　数:538 千字
版　　　次:2016 年 7 月第 1 版　2022 年 2 月第 2 版　印　　　次:2024 年 8 月第 4 次印刷
定　　　价:59.80 元

产品编号:091019-01

第2版前言

目前，MySQL 已成为全球最受欢迎的数据库管理系统之一，淘宝、百度、新浪已经将部分业务数据迁移到 MySQL 数据库，MySQL 的应用前景可观。MySQL 具有开源、免费、体积小、易于安装、性能高效、功能齐全等特点，因此 MySQL 非常适合于教学。

本书是作者在长期从事数据库课程教学和科研的基础上，为满足"数据库技术及应用"课程的教学需要而编写。全书共分 15 章，分别从数据库系统基础知识、关系数据库系统模型、MySQL 的安装与配置、使用 SQL 管理数据库和表、使用 SQL 管理表数据、视图和索引、MySQL 触发器与事件调度器、MySQL 存储过程与函数、用户与授权管理、事务与 MySQL 多用户并发控制、MySQL 数据库备份与还原、数据库设计方法、PHP 的 MySQL 数据库编程、数据库应用系统开发实例、非关系型数据库——NoSQL 等进行讲述。

传统的关系数据库具有不错的性能。在互联网领域，MySQL 成为了数据库系统应用的王者。随着互联网 Web 2.0 网站的兴起，传统的关系数据库暴露了很多难以克服的问题，而非关系型数据库则由于其本身的特点得到了非常迅速的发展。

本书内容循序渐进、深入浅出。为方便教学和学习，本书附录专门给出 15 个上机实验，进一步补充了课后习题，能够很好地帮助学习者巩固所学概念。

本书既可作为本科相关专业"数据库技术及应用"课程的配套教材，同时也可以供参加各类数据库考试的人员、数据库应用系统开发设计人员、工程技术人员及其他相关人员参阅。对于非计算机专业的本科生，如果希望学到关键、实用的数据库技术，也可采用本书作为教材。

本书的编写和出版，希望能够为读者提供优质的教材和教学资源，但由于水平和经验有限，错误之处难免，同时还有很多做得不够的地方，恳请各位专家和读者予以指正。

编　者
2022 年 1 月

目 录

第1章

数据库系统基础知识

现代计算机已不仅仅应用于科学计算,还广泛应用于各种事务管理工作中,例如高考志愿填报系统、电子商务平台、QQ 好友管理系统、火车票订票系统等各种信息的管理和处理。在这些应用领域中要涉及大量的信息存储,以及不同需求的数据统计与查询,例如,京东电商平台不仅能查询到各种商品的信息,能实现网上的订购,并能对消费者的购买行为进行大数据分析,向消费者推荐可能感兴趣的热销商品,这就需要用一种软件工具来有效管理大量的这类信息,这些从客观上导致了数据库技术的产生和蓬勃的发展。

对于一个国家来说,数据库的建设规模、数据库信息量的大小和使用频率已成为衡量这个国家信息化程度的重要标志。因此,数据库已经成为现代信息系统中非常重要的组成部分。

作为人文、社会、经济、管理等专业的学生,应该了解和学习大型数据库的知识和基本操作,培养运用数据库的技能,以适应将来信息化处理工作的需求。现实世界中的事物必须先转换成计算机能够处理的数据,这需要采用数据模型来表示和抽象现实世界中的数据与信息。

1.1 数据库系统的概述

在介绍数据库系统之前,首先介绍一些最常用的数据库术语和基本概念。

1.1.1 数据库系统的基本概念

数据、数据库、数据库管理系统和数据库系统是与数据库技术密切相关的 4 个基本概念,在学习数据库之前,必须对这几个概念有一个深刻的认知。

1. 数据

数据(Data)是数据库中存储的基本对象。在大多数人脑中对数据的第一个反应就是数字。其实数字只是最简单的一种数据,是对数据的一种传统和狭义的理解。广义的理解是,数据的种类很多,文字、图形、图像、声音、学生的档案记录、货物的运输情况等都是数据。

可以对数据做如下定义:描述事物的符号记录称为数据。描述事物的符号可以是数字,也可以是文字、图形、图像、声音、语言等。数据有多种表现形式,它们都可以经过数字化处理后存入计算机。

为了了解世界,交流信息,人们需要描述这些事物。在日常生活中,我们直接用自然语言（如汉语）进行描述。在计算机中，为了存储和处理这些事物，就要抽出对这些事物感兴趣的特征，然后组成一个记录来描述。例如，在学生档案中，如果人们最感兴趣的是学生的姓名、性别、年龄、出生年月、籍贯、所在系别、入学时间，那么可以这样描述：（秦一超，男，17，2004.08，安徽阜阳，大数据系，2021）。

因此，这里的学生记录就是数据。对于上面这条学生记录，了解其含义的人会得到如下信息：秦一超是一名大学生，2004年8月出生，男，安徽阜阳人，2021年考入大数据系，而不了解其语义的人则可能无法准确理解其含义。可见，数据库的形式还不能完全表达其内容，需要经过解释。所以数据和关于数据的解释是不可分的，数据的解释是指对数据含义的说明，数据的含义称为数据的语义，数据与其语义是不可分的。

2. 数据处理

数据处理也称信息处理，就是将数据转化为信息的过程。数据处理的内容主要包括数据的收集、整理、存储、加工、分类、维护、排序、检索和传输等一系列活动。数据处理的目的是从大量的数据中，根据数据自身的规律及其相互作用关系，通过分析、归纳、推理等科学方法，利用计算机技术、数据库等手段提取有效的信息资源，为进一步分析、管理和决策提供依据。

3. 数据库

数据库（Database，DB）是指长期存储在计算机内的、有组织的、可共享的数据集合。数据库中的数据按一定的数据模型组织、描述和存储，具有较小的冗余度、较高的数据独立性和易扩散性，并可供各种用户共享。

数据库具有以下4个特性。

（1）共享性：数据库中的数据能被多个应用程序的用户所使用。

（2）独立性：提高了数据和程序的独立性，有专门的语言支持。

（3）完整性：指数据库中数据的正确性、一致性和有效性。

（4）数据冗余少。

由上述特性可以看出，建立数据库的目的是为应用服务，数据存储在计算机的存储介质中，数据结构比较复杂，有专门理论支持。

4. 数据库管理系统

数据库管理系统（Database Management System，DBMS）负责对数据库进行管理和维护，它是数据库系统中的主要软件系统。数据库管理系统是位于用户与操作系统之间的一种数据管理软件。

数据库管理系统的主要功能包括以下4个方面：

（1）数据定义功能。DBMS提供数据定义语言（Data Definition Language，DDL），用户通过它可以方便地对数据库中的数据对象进行定义。

（2）数据操纵功能。DBMS还提供数据操纵语言（Data Manipulation Language，DML），用户可以使用DML操纵数据以实现对数据库的基本操作，如查询、插入、删除和修改等。

（3）数据库的运行管理。数据库在建立、运用和维护时由数据库管理系统统一管理、统一控制，以保证数据的安全性、完整性、多用户对数据的并发使用及发生故障后的系统恢复等。

（4）数据库的建立和维护功能。这包括数据库初始数据的输入、转换功能，数据库的转储、恢复功能，数据库的重组织功能以及性能监视、分析功能等。这些功能通常由一些实用程序完成。

数据库管理系统是数据库系统的一个重要组成部分。常用的关系型数据库管理系统有 Oracle、DB2、SQL Server、MySQL、PostgreSQL 等。

Oracle 数据库是由美国的甲骨文（Oracle）公司开发的世界上第一款支持 SQL 语言的关系型数据库。经过多年的完善与发展，Oracle 数据库已经成为世界上最流行的数据库，也是甲骨文公司的核心产品。

Oracle 数据库具有很好的开放性，能在所有的主流平台上运行，且性能高、安全性高、风险低；但其对硬件的要求很高、管理维护和操作比较复杂而且价格昂贵，所以一般用在满足对银行、金融、保险等行业大型数据库的需求上。

DB2 是 IBM 公司著名的关系型数据库产品。DB2 无论稳定性、安全性、恢复性等都无可挑剔，而且从小规模到大规模的应用都可以使用，但是用起来非常烦琐，比较适合大型的分布式应用系统。

SQL Server 是由 Microsoft 开发和推广的关系型数据库，SQL Server 的功能比较全面、效率高，可以作为中型企业或单位的数据库平台。SQL Server 可以与 Windows 操作系统紧密继承，无论是应用程序开发速度还是系统事务处理运行速度，都能得到大幅度提升。但是，SQL Server 只能在 Windows 系统下运行，毫无开放性可言。

MySQL 是一种开放源代码的轻量级关系型数据库，MySQL 数据库使用最常用的结构化查询语言（SQL）对数据库进行管理。由于 MySQL 是开放源代码的，因此任何人都可以在 General Public License 的许可下下载并根据个人需要对其缺陷进行修改。

由于 MySQL 数据库体积小、速度快、成本低、开放源码等优点，现已被广泛应用于互联网上的中小型网站中，并且大型网站也开始使用 MySQL 数据库，如网易、新浪等。

PostgreSQL 是一个开放源代码的关系型数据库管理系统，它是在加州大学伯克利分校计算机系开发的 POSTGRES 基础上发展起来的。目前，PostgreSQL 数据库已经是个非常优秀的开源项目，很多大型网站都使用 PostgreSQL 数据库来存储数据。

PostgreSQL 支持大部分 SQL 标准，并且提供了许多其他特性，如复杂查询、外键、触发器、视图、事务完整性和 MVCC。同样，PostgreSQL 可以用许多方法扩展，例如，通过增加新的数据类型、函数、操作符、聚集函数和索引方法等。

5. 数据库系统

数据库系统（Database System，DBS）是指在计算机系统中引入数据库后的系统，一般由数据库、数据库管理系统（及其开发工具）、应用系统、数据库管理员和用户构成。应当指出的是，数据库的建立、使用和维护等工作只靠一个 DBMS 是远远不够的，还要有专门的人员来完成，这些人员统称为数据库管理员（Database Administrator，DBA）。

一般在不引起混淆的情况下，常常把数据库系统简称为数据库。数据库系统可以用图 1-1 来表示。数据库系统在整个计算机系统中的地位如图 1-2 所示。

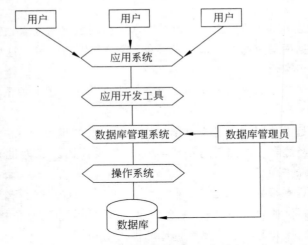

图 1-1 数据库系统构成示意图

图 1-2 数据库在计算机系统中的地位

1.1.2 计算机数据管理技术的产生和发展

数据库技术是应数据管理任务的需要而产生的。在应用需求的推动下，在计算机硬件、软件发展的基础上，数据管理技术经历了人工管理、文件系统和数据库系统三个阶段。

1. 人工管理阶段

20 世纪 50 年代中期以前，计算机主要用于科学计算。这个阶段的数据处理是通过手工进行的，计算机中没有专门的数据管理软件，也没有磁盘之类的存储设备来存储数据。人工管理数据具有如下特点：

（1）数据不保存。由于当时的计算机主要用于科学计算，因而一般不需要将数据长期保存，只是在计算某一题目时将数据输入，用完就撤走。

（2）应用程序管理数据。数据需要由应用程序自己管理，没有相应的软件系统负责数据的管理工作。应用程序中不仅要规定数据的逻辑结构，而且要设计物理结构，包括存储结构、存取方法、输入方式等，因此程序员负担很重。

（3）数据不共享。数据是面向应用的，一组数据只能对应一个程序。当多个应用程序涉及某些相同的数据时，由于必须各自定义，无法互相利用、互相参照，因此程序与程序之间有大量的冗余数据。

（4）数据不具有独立性。数据的逻辑结构或物理结构发生变化后，必须对应用程序做相应的修改，这就进一步加重了程序员的负担。

在人工管理阶段，程序与数据之间的一一对应关系可用图 1-3 表示。

图 1-3 人工管理阶段应用程序与数据之间的对应关系

2. 文件系统阶段

20 世纪 50 年代后期到 60 年代中期，随着计算机硬件和软件的快速发展，出现了用于专门管理数据的软件，即文件系统。在文件系统数据管理阶段，数据按一定的规则组成一个文件，应用程序通过文件系统对文件中的数据进行存取和加工。文件系统对数据的管理，实际上是通过应用程序和数据之间的接口实现的。

文件系统提供了应用程序和数据之间的一种公共接口，使得应用程序可以采用统一的存取方法来操作数据。

用文件系统管理数据具有如下特点：

（1）数据可以长期保存。由于计算机大量用于数据处理，数据需要长期保留在外存上反复进行查询、修改、插入和删除等操作。

（2）由文件系统管理数据。由专门的软件即文件系统进行数据管理，文件系统把数据组织成相互独立的数据文件，利用"按文件名访问，按记录进行存取"的管理技术，可以对文件进行修改、插入和删除等操作。文件系统实现了记录内的结构性，但整体无结构。程序和数据之间由文件系统提供存取方法进行转换，使应用程序与数据之间有了一定的独立性，程序员可以不必过多地考虑物理细节，而将精力集中于算法，并且数据在存储上的改变不一定反映在程序上，大大节省了维护程序的工作。但是，文件系统仍存在一些缺点。

（3）数据共享性差，冗余度大。在文件系统中，一个文件基本上对应于一个应用程序，即文件仍然是面向应用的。当不同的应用程序具有部分相同的数据时，也必须建立各自的文件，而不能共享相同的数据，因此数据的冗余度大，浪费存储空间。同时，由于数据的重复存储、各自管理，容易造成数据的不一致性，给数据的修改和维护带来了困难。

（4）数据独立性差。文件系统中的文件是为某一特定应用服务的，文件的逻辑结构对该应用程序来说是优化的，因此要想对现有的数据再增加一些新的应用会很困难，系统不容易扩充。一旦数据的逻辑结构改变，必须修改应用程序，修改文件结构的定义。应用程序的改变（例如，应用程序改用不同的高级语言等），也将引起文件的数据结构改变。因此，数据与程序之间仍缺乏独立性。

可见，文件系统仍然是一个不具有弹性的无结构的数据集合，即文件之间是孤立的，不能反映现实世界事物之间的内在联系。在文件系统阶段，程序与数据之间的关系如图1-4所示。

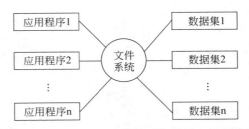

图1-4　文件系统阶段应用程序与数据之间的关系

3. 数据库系统阶段

20世纪60年代后期以来，计算机用于管理的规模越来越大，应用越来越广泛，数据量急剧增长，同时对多种应用、多种语言交叉地共享数据集合的需求越来越强烈。为了解决多用户、多应用共享数据的需求，使数据为尽可能多的应用服务，出现了数据库系统。在应用程序和数据库之间有了一个新的数据库管理软件，即数据库管理系统DBMS。

1.1.3　数据库系统的特点

与人工管理和文件系统相比，数据库系统的特点主要有以下几个方面。

1. 数据结构化

数据库在描述数据时不仅要描述数据本身，还要描述数据之间的联系。在文件系统中，尽管其记录内部已有了某些结构，但记录之间没有联系。数据库系统实现了整体数据的结构化，这是数据库的主要特征之一，也是数据库系统与文件系统的本质区别。在数据库系统中，数据不再针对某一应用，而是面向全组织，具有整体的结构化。

2. 数据的共享性高，冗余度低，易扩充

数据库系统从整体角度来看待和描述数据，数据不再只是面向某个应用而是面向整个系统，因此数据可以被多个用户、多个应用共享使用。数据共享大大减少数据冗余，节约了存储空间。数据共享还能够避免数据之间的不相容性与不一致性。

由于数据面向整个系统，是有结构的数据，不仅可以被多个应用共享使用，而且容易增加新的应用，这就使得数据库系统弹性大，易于扩充，可以满足各种用户的要求。

3. 数据独立性高

数据独立性包括数据的物理独立性和数据的逻辑独立性。物理独立性是指用户的应用程序与存储在磁盘上的数据库中的数据是相互独立的。也就是说，数据在磁盘上的数据库中怎样存储是由DBMS管理的，用户程序不需要了解，应用程序要处理的只是数据的逻辑结构，这样当数据的物理存储发生了改变，应用程序不用改变。

逻辑独立性是指用户的应用程序与数据库的逻辑结构是相互独立的，也就是说，数据的逻辑结构改变了，用户程序也可以不变。

数据独立性是由DBMS的二级映射功能来保证的。

数据与程序的独立,把数据的定义从程序中分离出去,加上数据的存取又由 DBMS 负责,从而简化了应用程序的开发,大大减少了应用程序的维护和修改。

4. 数据由 DBMS 统一管理和控制

数据由 DBMS 统一管理和控制,用户和应用程序通过 DBMS 访问和使用数据库。数据库的共享是并发的共享,即多个用户可以同时存取数据库中的数据,甚至可以同时存取数据库中的同一个数据。

为此,DBMS 还必须提供以下几方面的数据控制功能:

(1) 数据的安全性(Security)保护。数据的安全性是指保护数据以防止不合法使用造成数据的泄密和破坏。每个用户只能按规定对某些数据以某些方式进行使用和处理。

(2) 数据的完整性(Integrity)检查。数据的完整性是指数据的正确性、有效性和相容性。完整性检查将数据控制在有效的范围内,或保证数据之间满足一定的关系。

(3) 并发(Concurrency)控制。当多个用户的并发进程同时存取、修改数据库时,可能会发生相互干扰而得到错误的结果,或使得数据库的完整性遭到破坏,因此必须对多用户的并发操作加以控制和协调。

(4) 数据库恢复(Recovery)。计算机系统的硬件故障、软件故障、操作员的失误以及故意的破坏也会影响数据库中数据的正确性,甚至造成数据库部分或全部数据的丢失。DBMS 必须具有将数据库从错误状态恢复到某一已知的正确状态的功能,这就是数据库的恢复功能。

数据库管理阶段应用程序与数据之间的对应关系可用图 1-5 表示。

图 1-5 数据库系统阶段应用程序与数据之间的对应关系

综上所述,数据库是长期存储在计算机内有组织的、大量的、共享的数据集合。它可以供各种用户共享,具有最小的冗余度和较高的数据独立性。DBMS 在数据库建立、运用和维护时对数据库进行统一控制,以保证数据的完整性、安全性,并在多用户同时使用数据库时进行并发控制,在发生故障后对系统进行恢复。

数据库系统的出现使信息系统从以加工数据的程序为中心,转向以共享的数据库为中心的新阶段。这样既便于数据的集中管理,又有利于应用程序的研制和维护,从而提高了数据的利用率和相容性,提高了决策的可靠性。

1.1.4 数据库系统的组成

数据库系统一般由数据库、数据库管理系统(及其开发工具)、应用系统、数据库管理员和用户构成。

1. 硬件平台与数据库

由于数据库系统数据量都很大，加之 DBMS 丰富的功能使得自身的规模也很大，因此整个数据库系统对硬件资源提出了较高的要求，这些要求如下：

（1）要有足够大的内存，存放操作系统、DBMS 的核心模块、数据缓冲区和应用程序。

（2）有足够大的磁盘等直接存取设备用于存放数据库，有足够的磁带（或微机软盘）用于数据备份。

（3）要求系统有较高的通道能力，以提高数据传送率。

2. 软件

数据库系统的软件主要包括如下：

（1）DBMS。DBMS 是用于数据库的建立、使用和维护配置的软件。

（2）支持 DBMS 运行的操作系统。

（3）具有与数据库接口的高级语言及其编译系统，便于开发应用程序。

（4）以 DBMS 为核心的应用开发工具。应用开发工具是系统为应用开发人员和最终用户提供的高效率、多功能的应用生成器、第四代语言等各种软件工具。它们为数据库系统的开发和应用提供了良好的环境。

（5）为特定应用环境开发的数据库应用系统。

3. 人员

开发、管理和使用数据库系统的人员主要包括数据库管理员、系统分析员与数据库设计人员、应用程序员与最终用户。不同的人员涉及不同的数据抽象级别，具有不同的数据视图。其各自的职责如下。

（1）数据库管理员（Database Administrator，DBA）：数据库管理员是全面负责管理和控制数据库系统的一个或一组人员。具体职责如下：

- 决定数据库中的信息内容和结构。数据库中要存放哪些信息，DBA 要参与决策。因此，DBA 必须参加数据库设计的全过程，并与用户、应用程序员、系统分析员密切合作、共同协商，搞好数据库设计。

- 决定数据库的存储结构和存取策略。DBA 要综合各用户的应用要求，与数据库设计人员共同决定数据的存储结构和存取策略，以求获得较高的存取效率和存储空间利用率。

- 定义数据的安全性要求和完整性约束条件。DBA 的重要职责是保证数据库的安全性和完整性。因此，DBA 负责确定各个用户对数据库的存取权限、数据的保密级别和完整性约束条件。

- 监控数据库的使用和运行。DBA 还有一个重要职责就是监视数据库系统的运行情况，及时处理运行过程中出现的问题。比如，系统发生各种故障时，数据库会因此出现不同程度的破坏，DBA 必须在最短时间内将数据库恢复到正确状态，并尽可能不影响或少影响计算机系统其他部分的正常运行。为此，DBA 要定义和实施适当的后备和恢复策略，如周期性的转储数据、维护日志文件等。

- 数据库的改进和重组重构。DBA 还要负责在系统运行期间监视系统运行状况，依靠工作实践并根据实际应用环境，不断改进数据库设计。在数据运行过程中，大量数据不断插入、删除、修改，时间一长，会影响系统的性能。因此，DBA 要定期对数据库进行重组织，以提高系统的性能。当用户的需求增加和改变时，DBA 还要对数据库进行较大的改造，包括修改部分设计，即数据库的重构造。

（2）系统分析员和数据库设计人员：系统分析员负责应用系统的需求分析和规范说明，要和用户及 DBA 相结合，确定系统的硬件和软件配置，并参与数据库系统的概要设计。在很多情况下，数据库设计人员就由数据库管理员担任。

（3）应用程序员：应用程序员负责设计和编写应用系统的程序模块，并进行调试和安装。

（4）用户：这里的用户是指最终用户（End User）。最终用户通过应用系统的用户接口使用数据库。常用的接口方式有浏览器、菜单驱动、表格操作、图形显示和报表书写等，给用户提供简明直观的数据表示。

1.2　数据模型

模型是现实世界特征的模拟和抽象。数据模型主要用来抽象、表示和处理现实世界中的数据和信息，以便于采用数据库技术对数据进行集中管理和应用。数据模型是对客观事物及其联系的数学描述。

数据库是某个企业、组织或部门所涉及数据的综合，它不仅要反映数据本身的内容，而且要反映数据之间的联系。现实世界中的事物必须先转换成计算机能够处理的数据，这需要采用数据模型来表示和抽象现实世界中的数据和信息。

实际上不同的数据模型是提供给我们模型化数据和信息的不同工具。根据模型应用的不同目的，可以将这些模型划分为不同层次的两类：概念模型和数据模型，如图 1-6 所示。为了把现实世界中的具体事物抽象、组织为某一 DBMS 能支持的数据模型，人们常常先将现实世界抽象为概念模型，然后再把概念模型转换为计算机中某一 DBMS 能支持的数据模型。

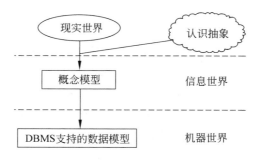

图 1-6　现实世界中客观事物的抽象过程

（1）概念模型，也称为信息模型。它是按用户的观点来对数据和信息建模。它对现实世界中的具体事物进行认识和抽象，形成信息世界中的概念模型，通常称这一过程为概念模型设计，它是不依赖于 DBMS 的一种信息结构。

（2）数据模型。它是按计算机的观点将数据模型化，是机器世界中对数据之间的结构、关系及其操作的描述。在概念模型的基础上，设计者需要将其转换为某一个 DBMS 支持的数据模型，如关系模型，形成机器可以处理的数据模型。

1.2.1　概念模型

概念模型用于信息世界的建模，与具体的 DBMS 无关。概念模型是从现实世界到信息世界的第一层抽象，是数据库设计人员进行数据库设计的有力工具，也是数据库设计人员和用户之间进行交流的语言。为了把现实世界中的具体事物抽象、组织为某一 DBMS 支持的数据模型，人们常常先将现实世界抽象为信息世界，然后将信息世界转换为机器世界。概念模型一方面应该具有较强的语义表达能力，能够方便、直接地表达应用中的各种语义知识，另一方面它还应该简单、清晰、易于用户理解。概念模型实际上是现实世界到机器世界的一个中间层次。

1. 信息世界中的基本概念

信息世界涉及的主要概念如下：

(1) 实体(entity)。客观存在并可相互区别的事物称为实体。实体可以是具体的人、事、物，也可以是抽象的概念或联系，例如，一个职工、一个学生、一个部门、一门课、学生的一次选课、部门的一次订货、老师与系的工作关系(即某位老师在某系工作)等都是实体。

(2) 属性(attribute)。实体所具有的某一特性称为属性。一个实体可以由若干个属性来描述。例如，学生实体可以由学号、姓名、性别、出生年份、系、入学时间等属性组成。(2020010908,张乐乐,男,2021,金融科技系,2021)等这些属性组合起来表征了一个学生。

(3) 码(key)。唯一标识实体的最小属性集称为码，也称为键或关键字。例如，学号是学生实体的码。

(4) 域(domain)。属性的取值范围称为该属性的域。例如，学号的域为 10 位整数，姓名的域为字符串集合，年龄的域为小于 40 的整数，性别的域为(男,女)。

(5) 实体型(entity type)。具有相同属性的实体必然具有共同的特征和性质。用实体名及其属性名集合来抽象和描述同类实体，称为实体型。例如，学生(学号,姓名,性别,出生年份,系,入学时间)就是一个实体型。

(6) 实体集(entity set)。同型实体的集合称为实体集。例如，全体学生就是一个实体集。

(7) 联系(relationship)。在现实世界中，事物内部以及事物之间是有联系的，这些联系在信息世界中反映为实体(型)内部的联系和实体(型)之间的联系。实体内部的联系通常是指组成实体的各属性之间的联系。实体之间的联系通常是指不同实体集之间的联系。两个实体型之间的联系可以分为如下三类：

一对一联系(1∶1)。如果对于实体集 A 中的每一个实体，实体集 B 中至多有一个(也可以没有)实体与之联系，反之亦然，则称实体集 A 与实体集 B 具有一对一联系，记为 1∶1。例如，学校里面，一个班级只有一个正班长，而一个班长只在一个班中任职，则班级与班长之间具有一对一联系。

一对多联系(1∶n)。如果对于实体集 A 中的每一个实体，实体集 B 中有 n 个实体(n≥0)与之联系，反之，对于实体集 B 中的每一个实体，实体集 A 中至多只有一个实体与之联系，则称实体集 A 与实体集 B 有一对多联系，记为 1∶n。例如，一个班级中有若干名学生,而每个学生只在一个班级中学习,则班级与学生之间具有一对多联系。

多对多联系(m:n)。如果对于实体集 A 中的每一个实体,实体集 B 中有 n 个实体(n≥0)与之联系,反之,对于实体集 B 中的每一个实体,实体集 A 中有 m 个实体(m≥0)与之联系,则称实体集 A 与实体集 B 具有多对多联系,记为 m:n。例如,一门课程同时有若干个学生选修,而一个学生可以同时选修多门课程,则课程与学生之间具有多对多联系。

实际上,一对一联系是一对多联系的一种特例,而一对多联系又是多对多联系的一种特例。

2. 概念模型的表示方法

概念模型是对信息世界的建模,所以概念模型能够方便、准确地表示出上述信息世界中的常用概念。概念模型的表示方法很多,其中最著名、最常用的是 P.P.S.Chen 于 1976 年提出的实体-联系方法(Entity-Relationship Approach)。该方法用 E-R 图来描述现实世界的概念模型,E-R 方法也称为 E-R 模型。

E-R 图提供了表示实体型、属性和联系的方法。

(1)实体型:用矩形表示,矩形框内写明实体名。

(2)属性:用椭圆形表示,并用无向边将其与相应的实体连接起来。

例如,学生实体具有学号、姓名、性别、出生年份、系、入学时间等属性,用 E-R 图表示,如图 1-7 所示。

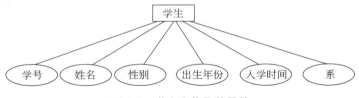

图 1-7　学生实体及其属性

(3)联系:用菱形表示,菱形框内写明联系名,并用无向边分别与有关实体连接起来,同时在无向边旁标上联系的类型(1:1、1:n 或 m:n)。

需要注意的是,联系本身也是一种实体型,也可以有属性。如果一个联系具有属性,则这些属性也要用无向边与该联系连接起来。

用 E-R 图描述上面有关两个实体型之间的三类联系如图 1-8 所示(图中省略了实体的属性)。

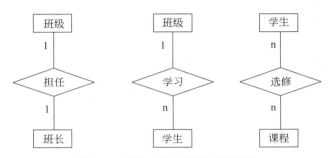

图 1-8　两个实体之间的三类联系

实体-联系方法是抽象和描述现实世界的有力工具，它也是数据库设计中使用的重要方法。E-R 模型设计原则与设计步骤如下。

3. E-R 模型设计原则

（1）属性应该存在于且只存在于某一个地方（实体或者关联）。该原则确保了数据库中的某个数据只存储于某个数据库表中（避免同一数据存储于多个数据库表），避免了数据冗余。

（2）实体是一个单独的个体，不能存在于另一个实体中成为其属性。该原则确保了一个数据库表中不能包含另一个数据库表，即不能出现"表中套表"的现象。

（3）同一个实体在同一个 E-R 图内仅出现一次。例如，在同一个 E-R 图中，两个实体间存在多种关系时，为了表示实体间的多种关系，尽量不要让同一个实体出现多次。比如客服人员与客户，存在"服务-被服务""评价-被评价"的关系。

4. E-R 模型设计步骤

（1）划分和确定实体。

（2）划分和确定联系。

（3）确定属性。作为属性的"事物"与实体之间的联系，必须是一对多的关系，作为属性的"事物"不能再有需要描述的性质或与其他事物具有联系。为了简化 E-R 模型，能够作为属性的"事物"尽量作为属性处理。

（4）画出 E-R 模型。重复（1）～（3）步，以找出所有实体集、关系集、属性和属值集，然后绘制 E-R 图。设计 E-R 分图，即用户视图的设计，在此基础上综合各 E-R 分图，形成 E-R 总图。

（5）优化 E-R 模型。利用数据流程图，对 E-R 总图进行优化，消除数据实体间冗余的联系及属性，形成基本的 E-R 模型。

1.2.2　数据模型的要素

一般地讲，数据模型是严格定义的一组概念的集合。这些概念精确地描述了系统的静态特性、动态特性和完整性约束条件。因此，数据模型通常由数据结构、数据操作和数据的约束条件三部分组成。

1. 数据结构

数据结构是所研究的对象类型的集合。这些对象是数据库的组成成分，它们包括两类，一类是与数据类型、内容、性质有关的对象；一类是与数据之间的联系有关的对象。

数据结构是描述一个数据模型性质的最重要的方面。因此，在数据库系统中，人们通常按照其数据结构的类型来命名数据模型。例如，层次结构、网状结构和关系结构的数据模型分别命名为层次模型、网状模型和关系模型。

数据结构是对系统静态特性的描述。

2. 数据操作

数据操作是指对数据库中各种对象（型）的实例（值）允许执行的操作集，包括操作及有关的操作规则。数据库主要有检索和更新（包括插入、删除、修改）两大类操作。数据模型必须定义这些操作的确切含义、操作符号、操作规则（如优先级）以及实现操作的语言。

数据操作是对系统动态特性的描述。

3. 数据的约束条件

数据的约束条件是一组完整性规则的集合。完整性规则是给定的数据模型中数据，及其联系所具有的制约和依存规则，用以限定符合数据模型的数据库状态以及状态的变化，以保证数据的正确、有效、相容。

数据模型应该反映和规定本数据模型必须遵守的基本的、通用的完整性约束条件。例如，在关系模型中，任何关系必须满足实体完整性和参照完整性两个条件（第 2 章将详细讨论这两个完整性约束条件）。此外，数据模型还应该提供定义完整性约束条件的机制，以反映具体应用所涉及的数据必须遵守的、特定的语义约束条件。例如，在学校的数据库中规定大学生入学年龄不得超过 30 岁，硕士研究生入学年龄不得超过 38 岁，学生累计成绩不得有三门以上不及格等。

1.2.3　基本数据模型

不同的数据模型具有不同的数据结构形式。目前最常用的数据模型有层次模型（Hierarchical model）、网状模型（Network model）、关系模型（Relational model）和面向对象数据模型（Object oriented model）。其中，层次模型和网状模型统称为非关系模型。非关系模型的数据库系统在 20 世纪 70 年代与 80 年代初非常流行，在当时的数据库系统产品中占据了主导地位，现在已逐渐被关系模型的数据库系统取代。

20 世纪 80 年代以来，面向对象的方法和技术在计算机各个领域（包括程序设计语言、软件工程、信息系统设计、计算机硬件设计等各方面）都产生了深远的影响，也促进了数据库中面向对象数据模型的研究和发展。

1. 层次数据模型

层次数据模型是数据库系统中最早出现的数据模型，它用树形结构表示各类实体以及实体间的联系。现实世界中许多实体之间的联系本来就呈现出一种很自然的层次关系，如行政机构、家族关系等。层次模型数据库系统的典型代表是 IBM 公司的 IMS（Information Management Systems），这是一个曾经广泛使用的数据库管理系统。图 1-9 是层次数据模型的一个实例。

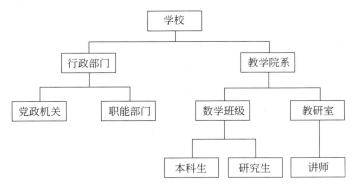

图 1-9　层次数据模型实例

2. 网状数据模型

在现实世界中,实体型间的联系更多的是非层次关系,用层次模型表示非树形结构是很不直接的,采用网状模型作为数据的组织方式可以克服这一弊病。网状模型去掉了层次模型的两个限制,允许节点有多个双亲节点,允许多个节点没有双亲节点。图 1-10 是网状数据模型的一个简单实例。

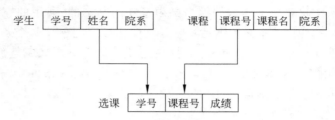

图 1-10　学生、选课、课程网状数据模型

层次数据模型和网状数据模型都是早期的数据库数据模型,数据库系统与文件系统的主要区别是,数据库系统不仅定义数据的存储,而且还定义存储数据之间的联系,所谓"层次"和"网状"就是指这种联系的方式。

3. 关系数据模型

关系数据模型是目前最重要也是应用最广的数据模型。简单地说,关系就是一张二维表,它由行和列组成。关系模型将数据组织成表格的形式,这种表格在数学上称为关系。表中存放数据。在关系模型中,实体以及实体之间的联系都用关系(也就是二维表)来表示。图 1-11 用关系表表示学生实体。

学　号	姓　名	年　龄	性　别	系　名	年　级
202101004	吴小妹	19	女	大数据系	2021
202102006	杜大鹏	17	男	区块链系	2021
202103008	张一燕	18	女	人工智能系	2021
…	…	…	…	…	…

图 1-11　学生实体的关系表示(学生登记表)

美国 IBM 公司的研究员 E. F. Codd 于 1970 年发表题为《大型共享系统的关系数据库的关系模型》的论文,文中首次提出了数据库系统的关系模型。20 世纪 80 年代以来,计算机厂商推出的数据库管理系统几乎都支持关系模型,非关系系统的产品也大都加上了关系接口。当前的数据库研究工作都是以关系方法为基础的。

在关系数据模型中不只是仅有一种数据结构-二维表,在数据操作中也具有"非过程化"的特点,因此易学易用,所以成为当前数据库应用系统的主流。

关系模型具有以下优点:

(1)关系模型建立在严格的数学概念的基础上。它以关系代数和数理逻辑为基础,经过多年发展,形成了严密的关系数据库理论。

(2)关系模型的概念单一,数据结构简单、清晰,用户易懂易用。无论实体还是实体之间的联系都用关系来表示。对数据的检索和更新结果也是关系(即表)。

(3)关系模型的存取路径对用户透明,从而具有更高的数据独立性、更好的安全性,也简化了程序员的工作和数据库开发建立的工作。

关系模型的主要缺点是:由于存取路径对用户透明,查询效率往往不如非关系数据模型。因此,为了提高性能,DBMS 必须对用户的查询请求进行优化,这势必增加开发DBMS 的难度。

后续章节将详细介绍关系数据库的基本概念和理论。

4. 面向对象数据模型

尽管关系模型简单灵活,但还不能表达现实世界中存在的许多复杂的数据结构,如CAD 数据、图形数据、嵌套递归的数据等。人们迫切需要语义表达更强的数据模型。面向对象模型是近些年出现的一种新的数据模型,它是用面向对象的观点来描述现实世界中事物(对象)的逻辑结构和对象间联系的数据模型,与人类的思维方式更接近。

所谓对象是对现实世界中事物的高度抽象,每个对象是状态和行为的封装。对象的状态是属性的集合,行为是在该对象上操作方法的集合。因此,面向对象的模型不仅可以处理各种复杂多样的数据结构,而且具有数据与行为相结合的特点。目前面向对象的方法已经逐渐成为数据库系统开发、设计的全新思路。

面向对象模型能完整地描述现实世界的数据结构,具有丰富的表达能力,但模型相对复杂,涉及的知识面广,实现有一定难度。用面向对象模型组织的数据库称为面向对象数据库。目前,面向对象还未达到关系数据库那样的普及程度。在当前信息处理技术中,关系数据模型仍然是数据库数据模型的主流,即使使用面向对象的模型也往往采用关系数据模型的方法和工具。第 2 章将对有关关系数据模型的概念、方法、理论和应用的问题做详细的介绍。

1.3　数据库系统结构

从数据应用的角度来看,与数据库打交道的有 4 类人员:用户、应用程序员、系统分析员和数据库管理员。由于这些人员对数据库的认识、理解和接触范围的不同,所以观察、认识和理解数据的范围、角度和方法也各不相同,从而形成了各自的数据库视图。

根据各类人员与数据库的不同关系,可把视图分为三种:即对应于用户和应用程序员的外部视图、对应于系统分析员和数据库管理员的逻辑视图以及对应于数据库管理员的内部视图。由此形成了数据库的三级模式结构,即外模式、逻辑模式和内模式,如图 1-12 所示。

1.3.1　数据库系统的三级模式结构

数据库系统的三级模式结构,也称为数据模式,是指数据库系统是由外模式、逻辑模式和内模式三级构成。

1. 外模式

外模式(External Schema)也称为子模式(Subschema)或用户模式,它是对数据库用户(包括应用程序员和最终用户)能够看见和使用的局部数据的逻辑结构和特征的描述,

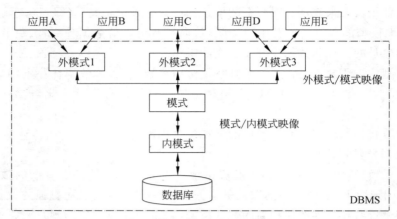

图 1-12　数据库的三级模式

是数据库用户的数据视图，是与某一应用有关的数据的逻辑表示。

外模式通常是模式的子集。一个数据库可以有多个外模式。由于它是各个用户的数据视图，如果不同的用户在应用需求、看待数据的方式、对数据保密的要求等方面存在差异，则其外模式描述就是不同的。即使模式中的同一数据，在外模式中的结构、类型、长度、保密级别等也可以不同。另一方面，同一外模式也可以为某一用户的多个应用系统所使用，但一个应用程序只能使用一个外模式。

外模式是保证数据库安全性的一个有力措施。每个用户只能看见和访问所对应的外模式中的数据，数据库中的其余数据是不可见的。

2. 逻辑模式

逻辑模式（Logic Schema）也称为模式，它是由数据库设计者综合所有用户的数据，按照统一的观点构造的全局逻辑结构，是数据库中全体数据的逻辑结构和特征的描述，是所有用户的公共数据视图。它是数据库系统模式结构的中间层，既不涉及数据的物理存储细节和硬件环境，也与具体的应用程序无关。

模式实际上是数据库数据在逻辑级上的视图。一个数据库只有一个模式。它是用模式描述语言来描述的，是系统分析员以及数据库管理员所看到的全局数据库视图。

3. 内模式

内模式（Internal Schema）也称为存储模式（Storage Schema），一个数据库只有一个内模式。它是对数据物理结构和存储方式的描述，是对全体数据库数据的机器内部表示或存储结构的描述。它描述了数据在存储介质上的存储方式和物理结构，是数据库管理员创建和维护数据库的视图。例如，记录的存储方式是顺序存储、按照 B 树结构存储还是按 Hash 方法存储；索引按照什么方式组织；数据是否压缩存储，是否加密；数据的存储记录结构有何规定等。

1.3.2　数据库的二级映射功能与数据独立性

数据库系统的三级模式是数据的三个抽象级别，它把数据的具体组织留给 DBMS 管理，使用户能逻辑地、抽象地处理数据，而不必关心数据在计算机中的具体表示方式与存储方式。为了能够在内部实现这三个抽象层次的联系和转换,数据库管理系统在这三级模式之间提供了两层映射:外模式/模式映射和内模式/模式映射。

正是这两层映射保证了数据库系统中的数据具有较高的逻辑独立性和物理独立性。

1. 外模式/模式映射

模式描述的是数据的全局逻辑结构,外模式描述的是数据的局部逻辑结构。对应于同一个模式可以有任意多个外模式。对于每一个外模式,数据库系统都有一个外模式/模式映射,它定义了该外模式与模式之间的对应关系。这些映射定义通常包含在各自的外模式描述中。

当模式改变时(例如,增加新的关系、新的属性、改变属性的数据类型等),由数据库管理员对各个外模式/模式的映射作相应改变,可以使外模式保持不变。应用程序是依据数据的外模式编写的,因而应用程序也不必改变,从而保证了数据与程序的逻辑独立性,简称数据的逻辑独立性。

2. 内模式/模式映射

数据库中只有一个模式,也只有一个内模式,所以内模式/模式映射是唯一的,它定义了数据库全局逻辑结构与存储结构之间的对应关系。例如,说明逻辑记录和字段在内部是如何表示的。该映射定义通常包含在模式描述中。当数据库的存储结构改变(例如,选用了另一种存储结构)时,由数据库管理员对内模式/模式映射作相应改变,可以使模式保持不变,因而应用程序也不必改变,从而保证了数据与程序的物理独立性,简称数据的物理独立性。

数据与程序之间的独立性,使得数据的定义和描述可以从应用程序中分离出去。另外,由于数据的存取由 DBMS 管理,用户不必考虑存取路径等细节,从而简化了应用程序的编写,大大减少了应用程序的维护和修改工作。

1.3.3 数据库管理系统的工作过程

数据库管理系统控制的数据操作过程是基于数据库系统的三级模式结构与二级映象功能,下面通过读取一个用户记录的过程说明数据库管理系统的工作过程,如图 1-13 所示。

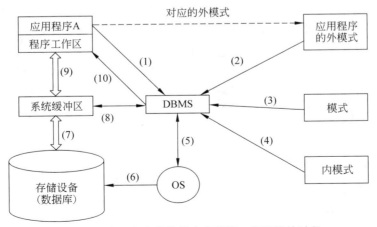

图 1-13 应用程序从数据库中读取一条记录的过程

（1）应用程序 A 向 DBMS 发出从数据库中读用户数据记录的命令；

（2）DBMS 对该命令进行语法检查、语义检查，并调用应用程序 A 对应的子模式，检查 A 的存取权限，决定是否执行该命令。如果拒绝执行，则转（10）向用户返回错误信息；

（3）在决定执行该命令后，DBMS 调用模式，依据子模式/模式映像的定义，确定应读入模式中的哪些记录；

（4）DBMS 调用内模式，依据模式/内模式映像的定义，决定应从哪个文件、用什么存取方式、读入哪个或哪些物理记录；

（5）DBMS 向操作系统发出执行读取所需物理记录的命令；

（6）操作系统执行从物理文件中读数据的有关操作；

（7）操作系统将数据从数据库的存储区送至系统缓冲区；

（8）DBMS 依据内模式/模式、模式/子模式映像的定义（仅为模式/内模式、子模式/模式映像的反方向，并不是另一种新映象），导出应用程序 A 所要读取的记录格式；

（9）DBMS 将数据记录从系统缓冲区传送到应用程序 A 的用户工作区；

（10）DBMS 向应用程序 A 返回命令执行情况的状态信息。

以上为 DBMS 一次读用户数据记录的过程，DBMS 向数据库写一个用户数据记录的过程与此类似，只是过程基本相反而已。由 DBMS 控制的用户数据的存取操作，就是由很多读或写的基本过程组合完成的。

1.3.4　C/S 与 B/S 结构

目前，数据库系统常见的运行与应用结构有：B/S（浏览器/服务器）结构与 C/S（客户端/服务器）结构。

1. C/S 结构

C/S（Client/Server，客户端/服务器）结构，是软件系统体系结构，通过它可以充分利用两端硬件环境的优势，将任务合理分配到客户端和服务器来实现，降低了系统的通信开销。目前大多数应用软件系统都是 C/S 形式的两层结构，由于现在的软件应用系统正在向分布式的 Web 应用发展，Web 和 C/S 应用都可以进行同样的业务处理，应用不同的模块共享逻辑组件；因此，内部的和外部的用户都可以访问新的和现有的应用系统，通过现有应用系统中的逻辑可以扩展出新的应用系统。这也就是目前应用系统的发展方向。

C/S 结构的基本原则是将计算机应用任务分解成多个子任务，由多台计算机分工完成，即采用"功能分布"原则。客户端完成数据处理、数据表示以及用户接口功能；服务器完成 DBMS 的核心功能。这种客户端请求服务、服务器提供服务的处理方式是一种新型的计算机应用模式，如图 1-14 所示。

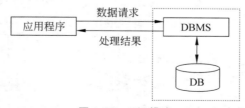

图 1-14　C/S 模式

2. B/S 结构

B/S(Browser/Server,浏览器/服务器)结构,是 Web 兴起后的一种网络结构模式,Web 浏览器是客户端最主要的应用软件。这种模式统一了客户端,将系统功能实现的核心部分集中到服务器上,简化了系统的开发、维护和使用。客户端上只要安装一个浏览器(Browser),如火狐、Internet Explorer,服务器安装 Oracle、Sybase、Informix 或 SQL Server 等数据库。浏览器通过 Web 服务器与数据库进行数据交互,如图 1-15 所示。

图 1-15　B/S 模式

B/S 最大的优点就是可以在任何地方进行操作而不用安装任何专门的软件,只要有一台能上网的计算机就可以,客户端零安装、零维护。系统的扩展非常容易。B/S 结构的使用越来越多,特别是 AJAX 技术的发展,它的程序也能在客户端计算机上进行部分处理,从而大大地减轻了服务器的负担,增加了交互性,能进行局部实时刷新。

1.4　本 章 小 结

本章首先介绍了数据库的基本概念,然后介绍了数据管理技术的发展,以及文件管理和数据库管理在操作数据上的差别,最后对数据库管理系统进行介绍,描述了数据库管理系统的工作原理和作用。

数据库系统主要由数据库管理系统、数据库、应用程序和数据库管理员组成,其中DBMS 是数据库系统的核心。本章介绍了数据库系统的结构和特点。

数据模型是数据库系统的核心和基础,本章介绍了组成数据模型的 3 个要素、概念层模型和关系层数据库模型。概念模型也是信息模型,用于信息世界的建模,E-R 模型是这类模型的典型代表。E-R 方法简单、清晰,应用十分广泛。

数据库三级模式和两层映射的系统结构保证了数据库系统能够具有较高的逻辑独立性和物理独立性。

1.5　思 考 与 练 习

1. 请简述什么是数据库管理系统？它的主要功能有哪些？

2. 什么是数据库系统？它有什么特点？

3. 请简述什么是模式、外模式和内模式？这三者是如何保证数据独立性的？

4. 请简述 C/S 结构与 B/S 结构的区别。

5. DBA 的职责有哪些？

6. 什么是概念模型？

7. 什么是实体、实体型、实体集、属性、码、E-R 图？

8. 什么是数据模型？它有什么作用？

9. 在数据管理技术发展的三个阶段中,数据共享最好的是(　　　)。
  A. 人工管理阶段　　　　　　　　　　B. 文件系统阶段
  C. 数据库系统阶段　　　　　　　　　D. 三个阶段相同

10. 以下关于数据库系统的叙述中,正确的是(　　　)。
  A. 数据库中的数据可被多个用户共享
  B. 数据库中的数据没有冗余
  C. 数据独立性的含义是数据之间没有关系
  D. 数据安全性是指保证数据不丢失

11. 下列关于数据库的叙述中,错误的是(　　　)。
  A. 数据库中只保存数据
  B. 数据库中的数据具有较高的数据独立性
  C. 数据库按照一定的数据模型组织数据
  D. 数据库是大量有组织、可共享数据的集合

12. DBS 的中文含义是(　　　)。
  A. 数据库系统　　　　　　　　　　　B. 数据库管理员
  C. 数据库管理系统　　　　　　　　　D. 数据定义语言

13. 数据库管理系统是(　　　)。
  A. 操作系统的一部分　　　　　　　　B. 在操作系统支持下的系统软件
  C. 一种编译系统　　　　　　　　　　D. 一种操作系统

14. 数据库、数据库管理系统和数据库系统三者之间的关系是(　　　)。
  A. 数据库包括数据库管理系统和数据库系统
  B. 数据库系统包括数据库和数据库管理系统
  C. 数据库管理系统包括数据库和数据库系统
  D. 不能相互包括

15. 下列关于数据库系统特点的叙述中,错误的是(　　　)。
  A. 非结构化数据存储
  B. 数据共享性好
  C. 数据独立性高
  D. 数据由数据库管理系统统一管理控制

16. 下列关于数据的叙述中,错误的是(　　　)。
  A. 数据的种类分为文字、图形和图像三类
  B. 数字只是最简单的一种数据
  C. 数据是描述事物的符号记录
  D. 数据是数据库中存储的基本对象

17. 下列不属于数据库管理系统主要功能的是(　　　)。
  A. 数据计算功能　　　　　　　　　　B. 数据定义功能
  C. 数据操作功能　　　　　　　　　　D. 数据库的维护功能

18. 下列关于数据库的叙述中,不正确的是(　　　)。

A. 数据库中存放的对象是数据表

B. 数据库是存放数据的仓库

C. 数据库是长期存储在计算机内的、有组织的数据集合

D. 数据库中存放的对象可为用户共享

19. 以下关于数据库管理系统的叙述中,正确的是(　　)。

A. 数据库管理系统具有数据定义功能

B. 数据库管理系统都基于关系模型

C. 数据库管理系统与数据库系统是同一个概念的不同表达

D. 数据库管理系统是操作系统的一部分

20. 下列实体类型的联系中,属于一对一联系的是(　　)。

A. 教研室对教师的所属联系　　　　　B. 父亲对孩子的亲生联系

C. 省对省会的所属联系　　　　　　　D. 供应商与工程项目的供货联系

21. 下列不属于常见数据库产品的是(　　)。

A. Oracle　　　　　B. MySQL　　　　　C. DB2　　　　　D. Nginx

22. 下面列出的 4 种世界,不属于数据的表示范畴的是(　　)。

A. 现实世界　　　　B. 抽象世界　　　　C. 信息世界　　　　D. 计算机世界

23. 下列四项中,不属于数据库系统特点的是(　　)。

A. 数据共享　　　　B. 数据独立　　　　C. 数据结构化　　　　D. 数据高冗余

24. 数据库的数据独立性是指(　　)。

A. 不会因为数据的存储策略变化而影响系统存储结构

B. 不会因为系统存储结构变化而影响数据的逻辑结构

C. 不会因为数据存储结构与逻辑结构的变化而影响应用程序

D. 不会因为某些数据的变化而影响其他数据

25. 用户或应用程序看到的那部分局部逻辑结构和特征描述的是(　　),它是模式的逻辑子集。

A. 模式　　　　　B. 外模式　　　　　C. 内模式　　　　　D. 物理模式

26. 下面列出的数据库管理技术发展的三个阶段中,没有专门的软件对数据进行管理的阶段是(　　)。

A. 人工管理阶段和文件系统阶段

B. 只有文件系统阶段

C. 文件系统阶段和数据库阶段

D. 只有人工管理阶段

第 2 章

关系数据库系统模型

关系数据库是以关系模型为基础的数据库,它有严格的数学基础,并应用数学方法来处理数据。与其他数据模型相比,它具有简单灵活的数据模型、较高的数据独立性,能提供有良好性能的语言接口等,是目前最为流行的数据库系统之一。

关系模型的数据结构非常单一。在关系模型中,现实世界的实体以及实体间的各种联系均用关系来表示。在用户看来,关系模型中数据的逻辑结构是一张二维表。关系模型由关系数据结构、关系操作和数据完整性约束三部分组成。

2.1 关系数据模型

从讲解可以知道数据库是基于数据模型建立的。目前常用的关系数据库是基于关系数据模型建立的。关系模型(Relation Model)是 1970 年由 E.F.Codd 提出的,他把数学上的关系代数应用到数据存储的问题中。因此,关系模型的理论基础是集合论和数理逻辑。

在关系模型中用表格结构表达实体集(客观存在并可相互区别的事物称为实体,如一个职工、一个学生;同型实体的集合称为实体集,例如,全体学生就是一个实体集),以及实体集之间的联系,其最大特色是描述的一致性。关系模型是由若干个关系模式组成的集合,一个关系模式相当于一个记录型,对应于程序设计语言中类型定义的概念。

关系模型由以下 3 部分组成:

(1)数据结构。模型所操作的对象、类型的集合,是对系统静态特性的描述。

(2)数据操作。对模型对象所允许执行的操作方式,是对系统动态特性的描述。

(3)完整性规则。保证数据有效、正确的约束条件,也就是说,对于具体的应用,数据必须遵循特定的语义约束条件,以保证数据的正确、有效和相容。

2.1.1 关系模型的数据结构

关系模型的数据结构简单清晰,关系单一。在关系模型中,显示世界的实体以及实体间的各种联系均可用关系来表示。从用户角度看,关系模型中数据的逻辑结构是一张二维表,由行和列组成。在讨论关系模型时,先要讨论关系模型中的一些基本术语。

1. 关系模型中的基本术语

(1)关系:关系(Relation)是一个属性数目相同的元组集合,是一个由行和列组成的二维表格,如表 2-1 所示。

表 2-1　关系模型实例表

学　号	姓　名	性　别	出生年月	所在系	入学年份
202101001	梦欣怡	女	2004.05	大数据	2021
202101002	达乐	男	2003.05	大数据	2021
202102001	鑫创	男	2005.05	人工智能	2021
…	…	…	…	…	…

（2）元组：表中的一行即为一个元组。

（3）属性：表中的一列即为一个属性，给每个属性起一个名称即属性名，表 2-1 中有6 个属性（学号、姓名、性别、出生年月、所在系、入学年份）。

（4）码：所谓码（Key）就是能唯一确定表中的一个元组的属性，它是整个关系的性质，而不是单个元组的性质，它包括超码、候选码和主码。

超码是一个或多个属性的集合，在关系中能唯一标识元组。

候选码是最小的超码，它们的任意真子集都不能成为超码。若一个关系中有多个候选码时，通常选定其中的一个码为主码（Primary Key）。如学生关系表中的学号可以唯一确定一个学生，则学号或包含学号的属性组都是超码，而只有学生的"学号"才是候选码；如学生关系中的姓名不重复，则候选码为"学号"与"姓名"两个，此时应当选择"学号"属性为主码。

（5）全码：若关系的候选码中只包含一个属性，则称它为单属性码；若候选码是由多个属性构成，则称它为多属性码；若关系中只有一个候选码，且这个候选码中包括全部属性，则这种候选码为全码。设有以下关系：学生（学号，姓名，性别，出生日期）；选课（学号，课程号，分数）；借书（学号，书号，日期）。其中，学生关系的码为"学号"，它为单属性码；选课关系的码为"学号"和"课程号"合在一起，它是多属性码；借书表中的码为"学号、书号、日期"，它的码为全码。

（6）域：域（Domain）即属性的取值范围，如表 2-1 中的性别属性的域是（男，女），大学生的年龄属性域可以设置为（10～30）。

（7）分量：分量就是元组中的一个属性值，如表 2-1 中的"达乐""男"等都是分量。

（8）主属性和非主属性：关系中，包含在任何一个候选码中的属性称为主属性（Prime Attribute），不包含在任何一个候选码中的属性称为非主属性（Non-Key Attribute）。例如，在学生关系中，学号为主属性，而姓名、性别、出生日期为非主属性。

2. 关系的性质

关系数据库中的基本表具有以下 6 个性质：

（1）同一属性的数据具有同质性（Homogeneous）。

每一属性列中的分量是同一类型的数据，来自同一个域。例如，学生选修表的结构为：选修（学号，课号，成绩），其成绩的属性值不能有百分制、5 分制或"及格""不及格"等多种取值法，同一关系中的成绩必须统一语义（比如都用百分制），否则会出现存储和数据操作错误。

（2）属性名具有不重复性。

不同的属性要给予不同的属性名。这是由于关系中的属性名是标识列的，如果在关系中有属性名重复的情况，则会产生列标识混乱问题。在关系数据库中由于关系名也具有标识作用，所以允许不同关系中有相同属性名的情况。例如，要设计一个能存储两科成绩的学生成绩表，其表结构不能为：学生成绩（学号，成绩，成绩），表结构可以设计为：学生成绩（学号，成绩 1，成绩 2）。

（3）列位置具有顺序无关性。

列的次序可以任意交换。对于两个关系，如果属性个数和性质一样，只有属性排列顺序不同，则这两个关系的结构应该是等效的，关系的内容应该是相同的。

（4）关系具有元组无重复性。

关系中的任意两个元组不能完全相同。由于关系中的一个元组表示现实世界中的一个实体或一个具体联系，元组重复则说明一个实体重复存储。实体重复不仅会增加数据量，还会造成数据查询和统计的错误，产生数据不一致问题。

（5）元组位置具有顺序无关性。

行的顺序无所谓，行的次序可以任意交换。在使用中可以按各种排序要求对元组的次序重新排列，例如，对学生表的数据可以按学号升序、按年龄降序、按所在系或按姓名笔画多少重新调整，由一个关系可以派生出多种排序表形式。由于关系数据库技术可以使这些排序表在关系操作时完全等效，而且数据排序操作比较容易实现，所以不必担心关系中元组排列的顺序会影响数据操作或影响数据输出形式。基本表的元组顺序无关性保证了数据库中的关系无冗余性，减少了不必要的重复关系。

（6）关系中每一个分量必须取原子值。

每一个分量都必须是不可分的数据项。关系模型要求关系必须是规范化的，即要求关系模式必须满足一定的规范条件。关系规范条件中最基本的一条就是关系的每一个分量必须是不可分的数据项，即分量是原子量。例如，表 2-2 中的成绩分为 Python 和数据库两门课的成绩，这种组合数据项不符合关系规范化的要求，这样的关系在数据库中是不允许存在的。该表正确的设计格式见表 2-3。

表 2-2　非规范化的关系结构表

姓　名	所　在　系	成　绩	
		Python 成绩	数据库成绩
梦欣怡	大数据	85	98
鑫创	人工智能	95	86

表 2-3　规范化后的关系结构

姓　名	所　在　系	Python 成绩	数据库成绩
梦欣怡	大数据	85	98
鑫创	人工智能	95	86

3. 关系模式

为了形象化地表示一个关系,而不是每次画出一张表,都引入关系模式(Relational Model)来表示关系。关系模式一般表示为:

关系名(属性 1,属性 2,…,属性 n),用英文表示为:R(A1,A2,…,An)或 R(U)。

其中,R 是关系名,Ai 表示 R 中的一个属性名,U 表示属性的集合。

如果某个属性名或属性组为主码,用下画线表明,但有时也不标出。例如,上面的关系可描述为:

学生(学号,姓名,性别,出生日期,年级)

在关系模型中,实体以及实体间的联系都是用关系来表示的。例如,学生、课程、学生与课程之间的多对多联系在关系模型中可以如下所示(其中加下画线的属性为主码):

学生(<u>学号</u>,姓名,性别,出生日期,年级)
课程(<u>课程号</u>,课程名,学分)
选修(<u>学生</u>,<u>课程号</u>,成绩)

关系模式也就是一张二维表的表头描述。表头位于表的第一行,是所有列名的集合,等价于:

表名(列名 1,列名 2,…,列名 n)

实际上,表由表头和表内容两部分组成,表头是相对不变的,而表内容是经常改变的。在关系模型中,把表头称为关系的型(关系模式);而把除表头行外的所有行集合(表内容)称为关系的值。通常在不产生混淆的情况下,关系模式也称为关系。

在上面的概念描述中,用到了表、行、列、主键的名称,也用到关系、元组、属性、主码等名称,这只是对同一概念的不同叫法。实际上,在不同领域有不同的术语。

表 2-4 给出了常用术语的对应关系。

表 2-4　常用术语的对应关系

日 常 用 语	数 学 领 域	数据库领域
表	关系	文件
行	元组	记录
列	属性	字段
单元格的值	分量	某一记录的属性值
标识符	码	键

4. 关系模型的"型"和"值"

在数据模型中有"型"(type)和"值"(value)的概念。型是指对某一类数据的结构和属性的说明,值是型的一个具体赋值。例如,学生记录定义为(学号,姓名,性别,出生日期,年级)这样的记录型,而(202101001,梦欣怡,女,2004-09-21,2021)则是该记录型的一个记录值。

关系模式是对关系数据库中全体数据的逻辑结构和特征的描述，它仅仅涉及型的描述，不涉及具体的值。关系模式的一个具体值称为模式的一个实例（Instance）。同一个模式可以有很多实例。模式是相对稳定的，而实例是相对变动的，因为数据库中的数据是在不断更新的。模式反映的是数据的结构及其联系，而实例反映的是数据库某一时刻的状态。

5. 关系数据库

关系数据库是相互关联的表或者关系的集合。一张表存放的是某一应用领域的实体集或实体间联系的集合，例如，一张学生表（Students）存放的是所有学生的集合，一张课程表（Courses）存放的是所有课程的集合。当学生选课时，学生实体与课程实体发生了联系，一旦发生联系，就可能产生一些联系属性。例如，学生实体与课程实体发生联系时，就有了成绩这一属性，可以用选修表（SC）来存放这种联系和联系本身的属性，选修表（SC）存放了学号、课程号和成绩。因此关系数据存放的是某一应用领域所有的实体集和实体间联系的集合。此外，关系数据库还存放着许多管理用户表等系统表。

6. 关系模型的优缺点

关系模型的优点主要有以下几个：

（1）关系模型与非关系模型不同，它是建立在严格的数学概念的基础之上。

关系模型的结构单一。无论是实体还是实体之间的联系都用关系来表示，数据的检索结果也是关系（表），所以其数据结构简单、清晰，用户易懂易用。

（2）关系模型的存取路径对用户透明，从而具有更高的数据独立性、更好的安全保密性，也简化了程序员的工作和数据库开发工作。

关系模型的主要缺点是，由于存取路径对用户透明，查询效率往往不如非关系数据模型。因此为了提高性能，必须对用户的查询请求进行优化，这样就增加了开发数据库管理系统的难度。

2.1.2　关系模型的操作

与其他数据模型相比，关系模型最具特色的是关系操作语言。关系操作语言灵活、方便，表达能力和功能都非常强大。

1. 关系操作的基本内容

关系操作包括数据查询、数据维护和数据控制三大功能。

（1）数据查询指数据检索、统计、排序、分组以及用户对信息的需求等功能。

（2）数据维护指数据添加、删除、修改等数据自身更新的功能。

（3）数据控制是为了保证数据的安全性和完整性而采用的数据存取控制及并发控制等功能。

关系操作的数据查询和数据维护功能使用关系代数中的 8 种操作来表示，即并（Union）、差（Difference）、交（Intersection）、广义的笛卡儿积（Extended Cartesian Product）、选择（Select）、投影（Project）、连接（Join）和除（Divide）。其中选择、投影、并、差、笛卡儿积是 5 种基本操作。其他操作可以由基本操作导出。

2. 关系操作语言的种类

在关系模型中,关系数据库操作通常是用代数方法或逻辑方法实现,分别称为关系代数和关系演算。

关系操作语言可以分为 3 类:

(1) 关系代数语言,是用对关系的运算来表达查询要求的语言。ISBL(Information System Base Language)是关系代数语言的代表,是由 IBM United Kingdom 研究中心研制的。

(2) 关系演算语言,是用查询得到的元组应满足的谓词条件来表达查询要求的语言。可以分为元组关系演算语言和域关系演算语言两种。

(3) 具有关系代数和关系演算双重特点的语言。结构化查询语言(Structure Query Language,SQL)是介于关系代数和关系演算之间的语言,它包括数据定义、数据操作和数据控制 3 种功能,具有语言简洁、易学易用的特点,是关系数据库的标准语言。

这些语言都具有的特点是,语言具有完备的表达能力,是非过程化的集合操作语言,功能强,能够嵌入高级语言来使用。

2.1.3　关系模型的数据完整性

关系模型的数据完整性指的是完整性规则。完整性规则是为了保证关系(表)中数据的正确、一致、有效的规则,防止对数据的意外破坏。关系模型的完整性规则共分为 3 类:实体完整性、参照完整性(也称为引用完整性)、用户定义完整性。

1. 实体完整性规则

(1) 实体完整性规则(Entity Integrity Rule)。这条规则要求关系中元组在组成主码的属性上不能有空值,如果出现空值,那么主码值就起不了唯一标识元组的作用。

【例 2-1】　学生(学号,姓名,性别)中,学号不能取空值。

【例 2-2】　选修(学号,课程号,成绩)中,学号和课程号都不能取空值。

现实世界中的实体是可区分的,即它们具有某种唯一性标识,相应地,关系模型中以主码作为唯一性标识。如果主属性取空值,则说明存在某个不可标识的实体,即存在不可区分的实体,这与前面所述相矛盾,因此这个规则称为实体完整性。

(2) 违约处理。所谓违约处理,是指在更新数据库时,写入的数据违反了数据库完整性,DBMS 所采取的措施。如果写入数据库时,违反了实体完整性,DBMS 将拒绝执行,写入失败。这里的违反是指主码中的任何一个属性为空值。

(3) MySQL 中的实体完整性。MySQL 中的主码对应的是主键,在某个字段上定义了主键后,就用这个主键来标识一条记录,该字段不能取空值。

2. 参照完整性规则

【例 2-3】　有如下两个关系:

学生(学号,姓名,性别,出生日期,专业名)

专业名(专业号,专业名)

在这两个关系中,我们分析一下学生实体中的专业名取值的限制。如果一个学生(大类招生）还没有分配专业名,则取值为空值;如果分配了专业,那么必须是专业名实体中的某个专业号,也就是其取值必须是所在专业名表中存在的某个专业号,这就是参照完整性。因为"学生.专业名"必须参照"专业名.专业号"的取值。

定义:设 F 是基本关系 R 的一个或一组属性,但不是关系 R 的码。如果 F 与基本关系 S 的主码 Ks 相对应,则称 F 是 R 的外码,并称 R 为参照关系,S 为被参照关系或目标关系。

根据定义,在例 2.3 中,"学生.专业名"不是主码,"专业名.专业号"是主码,而前者又参照后者取值,这样才构成参照完整性。前者是外码,后者是主码;学生是参照关系,专业名是被参照关系。

取值规则:若属性或属性组 F 是基本关系 R 的外码,它与基本关系 S 的主码 Ks 相对应,则对于 R 中的每个元组在 F 上的取值必须为:

(1) 或者取空值(F 的每个属性均为空值)。

(2) 或者等于 S 中某个元组的主码值。

【例 2-4】　有如下 3 个关系:

学生(学号,姓名,性别,出生日期,专业名)
课程(课程号,课程名,学分)
选修(学号,课程号,成绩)

在这 3 个关系中,"选修.学号"是一个外码,根据参照完整性,其取值必须是空值或学生关系中的学号值。但学号在选修关系中同时又是主属性,因此还要满足实体完整性,它不能取空值,这样"选修.学号"的取值只能取"学生.学号"的值。"选修.课程号"的取值类似,只能取"课程.课程号"的值。

看到这里读者可能会有疑问,根据定义,外码(选修中的学号和课程号)在参照关系中不能是主码,那么为什么这里学号和课程号却是外码? 现在再回顾一下主码的定义:主码是选定的某个候选码,而候选码是一个或一组属性。因此,此例中学号和课程号组合在一起才构成选修关系的主码,但单独的学号或课程号都不是主码,因此,它们单独一个可以作为外码。

【例 2-5】　有如下一个关系:学生(学号,姓名,性别,出生日期,专业名,班长学号)。这里班长学号可以为空值,表示该班还没有选出班长,也可以是学生实体中的某个学号的值。从这个例子看,外码也可以参照自身实体的属性,且外码和主码可以不同名。

【例 2-6】　有如下 3 个关系:

学校(编号,校名),如(10019,中国农业大学)
班级(学校号,班级号,班级名),如(10019, 201,大数据 201)
学生(学校号,班级号,学生序号,姓名),如(10019,201, 202101001,梦欣怡)

这个例子比较特别。首先,学生中的学校号可以参照学校的编号;另外,学生中的学校号和班级号可以合起来参照班级中的学校号和班级号。因为班级中的学校号已经作为外码参照了学校的编号,所以没有必要再让"学生.学校号"参照"学校.编号"了。这样学生的学校号和班级号合起来作为一个外码,而在例 2.4 中,选修的学号和课程号则是两个外码。

参照完整性的违约处理不像实体完整性那么简单,具体规则如下。

(1) 参照表中增加元组,在被参照表中找不到对应的值,则拒绝执行。

如例2.3中,在学生表中增加一个元组(元组就是记录),其"专业名"值在专业名表中不存在,且不是空值,则拒绝插入。

(2) 修改参照表中元组,修改后被参照表中没有对应的值,则拒绝执行。

如例2.3中,将学生表的某个"专业名"修改为专业名表中不存在的某个非空值,则拒绝修改。

(3) 被参照表中删除一个元组,参照表中的值没有了对应的值,则拒绝执行、或级联删除、或置为空值(参照表的外码值可为空)、或置为默认值(被参照表的外码具有默认值定义,且默认值在参照表中有对应的值)。

如在例2.3中,删除了专业名表中的某个系,使得学生表中某些记录的"专业名"在专业名表中不存在了,可以有4种处理方式:

① 拒绝删除。

② 将学生表中相应的数据一起删除,即级联删除。

③ 将学生表的相应"专业名"值修改为空值,即置空操作。

④ 将学生表的"专业名"改为默认值(学生表中专业名有默认值定义,且该默认值在专业名表中存在)。

不管采用这4种操作中的哪一种,都可以保证数据库的参照完整性。当然最后只能采用一种,具体采取哪种操作,根据数据库中的设置决定。

(4) 在被参照表中修改一个元组,参照表中的值没有了对应值,则拒绝执行、或级联修改、或置为空值、或置为默认值。

如例2.3中,将某个专业名的专业号从一个值改成了另外一个值,使得学生表中的"专业名"值在专业名表中不存在了,也有4种处理方式:

① 拒绝修改。

② 将学生表中的"专业名"值与所在专业名表中的"专业号"值一起修改,即级联修改。

③ 将学生表中的"专业名"值改为空值。

④ 将学生表的"专业名"改为默认值。

MySQL中的主码与外码对应的是主键与外键。如果要增加或修改从表中的外键值,则必须在主表中有对应的主键值,否则拒绝执行。如果修改主表中的主键值,则采用拒绝执行、或级联修改、或置为空值、或置为默认值。如果要删除主表中的主键值,则采用拒绝执行、或级联删除、或置为空值、或置为默认值。

3. 用户定义的完整性规则

(1) 用户定义的完整性规则理论。在建立关系模式时,对属性定义了数据类型,即使这样可能还满足不了用户的需求。此时,用户可以针对具体的数据约束,设置完整性规则,由系统来检验实施,以使用统一的方法处理它们,不再由应用程序承担这项工作。例如选修课程的成绩定义为3位整数,范围还太大,可以写如下规则把成绩限制在0～100:

CHECK(Grade BETWEEN 0 AND 100)

（2）违约处理违反用户定义的完整性时，采取的措施只有一个，就是拒绝执行，这点和实体完整性类似。

例如，某个属性必须取唯一值、属性值之间应满足一定的关系、某属性的取值范围在一定区间内等。关系模型应提供定义和检验这类完整性的机制，以便用统一的系统方法处理它们，而不要由应用程序承担这一功能。

关系数据库 DBMS 可以为用户实现如下自定义完整性约束：

- 定义域的数据类型和取值范围。
- 定义属性的数据类型和取值范围。
- 定义属性的缺省值。
- 定义属性是否允许空值。
- 定义属性取值唯一性。
- 定义属性间的数据依赖性。

2.2　关系代数及其运算

关系代数是一种抽象的查询语言，是关系数据操作语言的一种传统表达方式，它是用对关系的运算来表达查询的。

关系数据库的数据操作分为查询和更新两类。查询语句用于各种检索操作，更新操作用于插入、删除和修改等操作。关系操作的特点是集合操作方式，即操作的对象和结构都是集合。关系模型中常用的关系操作包括选择（select）、投影（project）、连接（join）、除（divide）、并（union）、交（intersection）、差（difference）等。

早期的关系操作能力通常用代数方式或逻辑方式来表示，关系查询语言根据其理论基础的不同分成两大类：

（1）关系代数语言：用对关系的运算来表达查询要求的方式，查询操作是以集合操作为基础运算的 DML 语言。

（2）关系演算语言：用谓词来表达查询要求的方式，查询操作是以谓词演算为基础运算的 DML 语言。关系演算又可按谓词变元的基本对象是元组变量还是域变量分为元组关系演算和域关系演算。

关系代数、元组关系演算和域关系演算三种语言在表达能力方面是完全等价的。

由于关系代数是建立在集合代数的基础上，下面先介绍几个关系术语中的数学定义。

2.2.1　关系的数学定义

1. 域

域（Domain）是一组具有相同数据类型值的集合。在关系模型中，使用域来表示实体属性的取值范围。通常用 D_i 表示某个域。

例如，自然数、整数、实数、一个字符串、{男，女}，大于 10 小于等于 90 的正整数等都可以是域。

2. 笛卡儿积

给定一组域 $D_1, D_2, \cdots, D_n$，这些域中可以有相同的。则 $D_1, D_2, \cdots, D_n$ 的笛卡儿积为：

$$D_1 \times D_2 \times \cdots \times D_n = \{(d_1, d_2, \cdots, d_n) \mid d_i \in D_j, j = 1, 2, \cdots, n\}$$

其中每一个元素 $(d_1, d_2, \cdots, d_n)$ 称为一个 n 元组或简称元组，元素中的每一个值 d_i 称为一个分量。若 $D_i(i = 1, 2, \cdots, n)$ 为有限集，其基数（基数是指一个域中可以取值的个数。）为 $m_i(i = 1, 2, \cdots, n)$，则 $D_1 \times D_2 \times \cdots \times D_n$ 的基数为：

$$M = \prod_{i=1}^{n} m_i$$

笛卡儿积（Cartesian Product）可以表示成一个二维表，表中的每行对应一个元组，表中的每列对应一个域。例如，给出 3 个域：

姓名集合：$D_1 = \{$梦欣怡，达乐，鑫创$\}$

性别集合：$D_2 = \{$男，女$\}$

专业集合：$D_3 = \{$大数据，人工智能$\}$

$D_1 \times D_2 \times D_3 = \{($梦欣怡，男，大数据$),($梦欣怡，男，人工智能$),($梦欣怡，女，大数据$),($梦欣怡，女，人工智能$),($达乐，男，大数据$),($达乐，男，人工智能$),($达乐，女，大数据$),($达乐，女，人工智能$),($鑫创，男，大数据$),($鑫创，男，人工智能$),($鑫创，女，大数据$),($鑫创，女，人工智能$)\}$，这 12 个元组可列成一张二维表，见表 2-5。

表 2-5 D_1、D_2、D_3 的笛卡儿积结果表

姓　　名	性　　别	专　　业
梦欣怡	男	大数据
梦欣怡	男	人工智能
梦欣怡	女	大数据
梦欣怡	女	人工智能
达乐	男	大数据
达乐	男	人工智能
达乐	女	大数据
达乐	女	人工智能
鑫创	男	大数据
鑫创	男	人工智能
鑫创	女	大数据
鑫创	女	人工智能

3. 关系（Relation）

$D_1 \times D_2 \times \cdots \times D_n$ 的子集称为在域 $D_1, D_2, \cdots, D_n$ 上的关系，表示为 $R(D_1, D_2, \cdots, D_n)$

这里 R 表示关系的名字，n 是关系属性的个数，称为目数或度数（Degree）；

当 n＝1 时，称该关系为单目关系（Unary relation）；

当 n＝2 时，称该关系为二目关系（Binary relation）。

关系是笛卡儿积的有限子集，所以关系也是一个二维表。

例如，可以在表 2-5 的笛卡儿积中取出一个子集来构造一个学生关系。由于一个学生只有一个专业和性别，所以笛卡儿积中的许多元组在实际中是无意义的，仅仅挑出有实际意义的元组构建一个关系，该关系名为 Student，字段名取域名：姓名，性别和专业，见表 2-6。

表 2-6　Student 关系

姓　　名	性　　别	专　　业
梦欣怡	女	大数据
达乐	男	人工智能
鑫创	女	人工智能

2.2.2　关系代数概述

关系代数是一种抽象的查询语言，是关系数据操纵语言的一种传统表达方式，它是用对关系的运算来表达查询的。任何一种运算都是将一定的运算符作用于一定的运算对象上，得到预期的运算结果，所以运算对象、运算符、运算结果是运算的三大要素。

关系代数的运算对象是关系，运算结果亦为关系。

关系代数中使用的运算符包括 4 类：**集合运算符、专门的关系运算符、比较运算符**和**逻辑运算符**，见表 2-7。

表 2-7　关系代数运算符

运算符		含　　义	运算符		含　　义
集合 运算符	∪ －∩ ×	并 差 交 广义笛卡儿积	比较 运算符	＞ ≥ ＜ ≤ ＝ ≠	大于 大于等于 小于 小于等于 等于 不等于
专门的关系 运算符	σ π ∞ ÷	选择 投影 连接 除	逻辑 运算符	¬ ∧ ∨	非 与 或

关系代数的运算按运算符的不同可分为**传统的集合运算和专门的关系运算**两类。

传统的集合运算将关系看成元组的集合,其运算是从关系的"水平"方向即行的角度进行的。

专门的关系运算不仅涉及行而且涉及列。比较运算符和逻辑运算符是用来辅助专门的关系运算进行操作的。

2.2.3　传统的集合运算

传统的集合运算是二目运算,包括并、交、差、广义笛卡儿积 4 种运算。

设关系 R 和关系 S 具有相同的目 n(即两个关系都具有 n 个属性),且相应的属性取自同一个域,则可以定义并、差、交、广义笛卡儿积运算如下。

1. 并(Union)

关系 R 与关系 S 的并记作:

$R \cup S = \{t \mid t \in R \lor t \in S\}$,t 是元组变量,

其结果关系仍为 n 目关系,由属于 R 或属于 S 的元组组成。

2. 差(Difference)

关系 R 与关系 S 的差记作:

$R\text{-}S = \{t \mid t \in R \land t \notin S\}$,t 是元组变量,

其结果关系仍为 n 目关系,由属于 R 而不属于 S 的所有元组组成。

3. 交(Intersection)

关系 R 与关系 S 的交记作:

$R \cap S = \{t \mid t \in R \land t \in S\}$,t 是元组变量,

其结果关系仍为 n 目关系,由既属于 R 又属于 S 的元组组成。关系的交可以用差来表示,即 $R \cap S = R - (R - S)$。

4. 广义笛卡儿积(Extended Cartesian Product)

两个分别为 n 目和 m 目的关系 R 和 S 的广义笛卡儿积是一个(n+m)列的元组的集合。元组的前 n 列是关系 R 的一个元组,后 m 列是关系 S 的一个元组。若 R 有 k_1 个元组,S 有 k_2 个元组,则关系 R 和关系 S 的广义笛卡儿积有 $k_1 \times k_2$ 个元组。记作:

$$R \times S = \{\widehat{t_r t_s} \mid t_r \in R \land t_s \in S\}$$

假定现在有两个关系 R 与 S 是关系模式学生的实例,R 和 S 如表 2-8 所示。

表 2-8(a)　关系 R

学　　号	姓　　名	出 生 日 期	性　　别	系　　别	专　　业
201101002	达乐	2003.05	男	大数据系	大数据
201103001	梁丽	2004.06	女	区块链系	区块链
201102001	鑫创	2005.05	男	人工智能系	人工智能

表 2-8（b） 关系 S

学　号	姓　名	出 生 日 期	性　别	系　别	专　业
202103001	梁丽	2004.06	女	区块链系	区块链
202104001	王一珊	2004.08	女	现代农业系	智慧农业
202102001	鑫创	2005.05	男	人工智能系	人工智能

【例 2-7】 关系 R∪S 的结果如表 2-9 所示。

表 2-9　关系 R 与关系 S 的并集结果

学　号	姓　名	出 生 日 期	性　别	系　别	专　业
202101002	达乐	1998-01-12	男	大数据系	大数据
202103001	梁丽	2004.06	女	区块链系	区块链
202102001	鑫创	2005.05	男	人工智能系	人工智能
202104001	王一珊	2004.08	女	现代农业系	智慧农业

【例 2-8】 关系 R-S 的结果如表 2-10 所示。

表 2-10　关系 R 与关系 S 的差集结果

学　号	姓　名	出 生 日 期	性　别	系　别	专　业
202101002	达乐	1998-01-12	男	大数据系	大数据

【例 2-9】 关系 R∩S 的结果如表 2-11 所示。

表 2-11　关系 R 与关系 S 的交集结果

学　号	姓　名	出 生 日 期	性　别	系　别	专　业
202103001	梁丽	2004.06	女	区块链系	区块链
202102001	鑫创	2005.05	男	人工智能系	人工智能

【例 2-10】 关系 R 与关系 S 做广义笛卡儿积的结果如表 2-12 所示。

表 2-12　关系 R 与 S 的广义笛卡儿积的结果

学号	姓名	出生日期	性别	系别	专业	学号	姓名	出生日期	性别	系别	专业
202101002	达乐	1998-01-12	男	大数据系	大数据	202103001	梁丽	2004.06	女	区块链系	区块链
202101002	达乐	1998-01-12	男	大数据系	大数据	202104001	王一珊	2004.08	女	现代农业系	智慧农业
202101002	达乐	1998-01-12	男	大数据系	大数据	202102001	鑫创	2005.05	男	人工智能系	人工智能

学号	姓名	出生日期	性别	系别	专业	学号	姓名	出生日期	性别	系别	专业
202103001	梁丽	2004.06	女	区块链系	区块链	202103001	梁丽	2004.06	女	区块链系	区块链
202103001	梁丽	2004.06	女	区块链系	区块链	202104001	王一珊	2004.08	女	现代农业系	智慧农业
202103001	梁丽	2004.06	女	区块链系	区块链	202102001	鑫创	2005.05	男	人工智能系	人工智能
202102001	鑫创	2005.05	男	人工智能系	人工智能	202103001	梁丽	2004.06	女	区块链系	区块链
202102001	鑫创	2005.05	男	人工智能系	人工智能	202104001	王一珊	2004.08	女	现代农业系	智慧农业
202102001	鑫创	2005.05	男	人工智能系	人工智能	202102001	鑫创	2005.05	男	人工智能系	人工智能

2.2.4 专门的关系运算

专门的关系运算包括选择、投影、连接、除等。为了叙述方便，先引入几个符号。

(1) 设关系模式为 $R(A_1, A_2, \cdots, A_n)$，它的一个关系设为 R，$t \in R$ 表示 t 是 R 的一个元组，$t[A_i]$ 表示元组 t 中相应于属性 A_i 上的一个分量。

(2) 若 $A = \{A_{i1}, A_{i2}, \cdots, A_{ik}\}$，其中 $A_{i1}, A_{i2}, \cdots, A_{ik}$ 是 $A_1, A_2, \cdots, A_n$ 中的一部分，则 A 称为字段名或域列。$t[A] = (t[A_{i1}], t[A_{i2}], \cdots, t[A_{ik}])$ 表示元组 t 在字段名 A 上各分量的集合。$\overline{A}$ 表示 $\{A_1, A_2, \cdots, A_n\}$ 中去掉 $\{A_{i1}, A_{i2}, \cdots, A_{ik}\}$ 后剩余的属性组。

(3) R 为 n 目关系，S 为 m 目关系。$t_r \in R, t_s \in S, \widehat{t_r t_s}$ 称为元组的连接，它是一个 n+m 列的元组，前 n 个分量为 R 中的一个 n 元组，后 m 个分量为 S 中的一个 m 元组。

(4) 给定一个关系 R(X, Z)，X 和 Z 为属性组。定义当 $t[X] = x$ 时，x 在 R 中的象集为：

$$Zx = \{t[Z] | t \in R, t[X] = x\}$$

它表示 R 中属性组 X 上值为 x 的各元组在 Z 上分量的集合。

下面给出这些关系运算的定义。

1. 选择（Selection）

选择又称为限制（Restriction），它是在关系 R 中选择满足给定条件的各元组，记作：

$$\sigma_F(R) = \{t | t \in R \land F(t) = '真'\}$$

其中，F 表示选择条件，它是一个逻辑表达式，取逻辑值"真"或"假"。逻辑表达式 F 的基本形式为：

$$X_1 \theta Y_1 [\Phi X_2 \theta Y_2 \cdots]$$

其中，θ 表示比较运算符，它可以是 >、≥、<、≤、= 或 ≠；X1，Y1 是字段名、常量或简单函数，字段名也可以用它的序号（如 1，2，…）来代替；Φ 表示逻辑运算符，它可以是 ¬（非）、∧（与）或 ∨（或）；[ ]表示任选项，即[ ]中的部分可要可不要；…表示上述格式可以

重复下去。

选择运算实际上是从关系 R 中选取使逻辑表达式 F 为真的元组，这是从行的角度进行的运算。

设有一个学生-课程数据库见表 2-13，它包括以下内容：

学生关系 Student（说明：Sno 表示学号，Sname 表示姓名，Ssex 表示性别，Sage 表示年龄，Sdept 表示所在系）

课程关系 Course（说明：Cno 表示课程号，Cname 表示课程名）

选修关系 Score（说明：Sno 表示学号，Cno 表示课程号，Degree 表示成绩）

其关系模式如下：

Student(Sno,Sname,Ssex,Sage,Sdept)
Course(Cno,Cname)
Score(Sno,Cno,Degree)

表 2-13　学生-课程关系数据库

（a）Student

Sno	Sname	Ssex	Sage	Sdept
000101	李晨	男	18	信息系
000102	王博	女	19	区块链系
010101	刘思思	女	18	信息系
010102	王国美	女	20	物理系
020101	范伟	男	19	区块链系

（b）Course

Cno	Cname
C1	数学
C2	英语
C3	计算机
C4	制图

（c）Score

Sno	Cno	Degree
000101	C1	90
000101	C2	87
000101	C3	72
010101	C1	85
010101	C2	42
020101	C3	70

【例 2-11】　查询区块链系学生的信息。

$$\sigma_{\text{Sdept}='区块链系'}(\text{Student})\text{ 或 }\sigma_{5='区块链系'}(\text{Student})$$

结果见表 2-14。

表 2-14　查询区块链系学生的信息结果

Sno	Sname	Ssex	Sage	Sdept
000102	王博	女	19	区块链系
020101	范伟	男	19	区块链系

【例 2-12】　查询年龄小于 20 岁的学生的信息。

$$\sigma_{\text{Sage}<20}(\text{Student})\text{ 或 }\sigma_{4<20}(\text{Student})$$

结果见表 2-15。

表 2-15　查询年龄小于 20 岁的学生的信息结果

Sno	Sname	Ssex	Sage	Sdept
000101	李晨	男	18	信息系
000102	王博	女	19	区块链系
010101	刘思思	女	18	信息系
020101	范伟	男	19	区块链系

2. 投影（Projection）

关系 R 上的投影是从 R 中选择出若干字段名组成新的关系。记作：

$$\pi_A(R)=\{t[A]\,|\,t\in R\}$$

其中 A 为 R 中的字段名。

投影操作是从列的角度进行的运算。投影之后不仅取消了原关系中的某些列，而且还可能取消某些元组。因为取消了某些字段名后，就可能出现重复行，应取消这些完全相同的行。

【例 2-13】　查询学生的学号和姓名。

$$\pi_{\text{Sno},\text{Sname}}(\text{Student})\text{ 或 }\pi_{1,2}(\text{Student})$$

结果见表 2-16。

表 2-16　查询学生的学号和姓名的结果

Sno	Sname
000101	李晨
000102	王博
010101	刘思思
010102	王国美
020101	范伟

【例 2-14】 查询学生关系 Student 中都有哪些系，即查询学生关系 Student 在所在系属性上的投影。

$$\pi_{\text{Sdept}}(\text{Student}) \text{或} \pi_5(\text{Student})$$

结果见表 2-17。

表 2-17 查询学生所在系结果

Sdept
信息系
区块链系
物理系

3. 连接（Join）

连接也称为 θ 连接，它是从两个关系的笛卡儿积中选取属性间满足一定条件的元组。记作：

$$R \underset{A\theta B}{\infty} S = \{\widehat{t_r t_s} \mid t_r \in R \land t_s \in S \land t_r[A] \theta t_s[B]\}$$

其中 A 和 B 分别为 R 和 S 上度数相等且可比的属性组。θ 是比较运算符。连接运算从 R 和 S 的笛卡儿积 R×S 中选取 R 关系在 A 属性组上的值与 S 关系在 B 属性组上值满足比较关系的 θ 元组。

连接运算中有两类最为重要也是最为常用连接运算：一种是等值连接（Equijoin），另一种是自然连接。

θ 为"＝"的连接运算称为等值连接。它是从关系 R 与 S 的广义笛卡儿积中选取 A、B 属性值相等的那些元组，即等值连接为：

$$R \underset{A\theta B}{\infty} S = \{\widehat{t_r t_s} \mid t_r \in R \land t_s \in S \land t_r[A] = t_s[B]\}$$

自然连接（Natural join）是一种特殊的等值连接。它要求两个关系中进行比较的分量必须是相同的属性组，并在结果中把重复的字段名去掉。若 R 和 S 具有相同的属性组 B，则自然连接可记作：

$$R \infty S = \{\widehat{t_r t_s} \mid t_r \in R \land t_s \in S \land t_r[A] = t_s[B]\}$$

特别需要说明的是，一般连接是从关系的水平方向运算，而自然连接不仅要从关系的水平方向，还要从关系的垂直方向运算。因为自然连接要去掉重复属性，如果没有重复属性，那么自然连接就转化为笛卡儿积。

如果把舍弃的元组也保存在结果关系中，而在其他属性上填空值 Null，那么这种连接就称为外连接（Outer join）。如果只把左边关系 R 中要舍弃的元组保留就称为左外连接（Left outer join 或 Left join），如果只把右边关系 S 中要舍弃的元组保留就称为右外连接（Right outer join 或 Right join）。

【例 2-15】 设关系 R、S 分别为表 2-18 中的（a）和（b），一般连接 C＞D 的结果如表 2-19（a）所示，等值连接 R.B＝S.B 的结果如表 2-19（b）所示，自然连接的结果如表 2-19（c）所示。

表 2-18 连接运算举例

（a）关系 R

A	B	C
a1	b4	5
a1	b3	7
a2	b2	8
a2	b1	10

续表

（b）关系 S

B	D
b5	12
b4	3
b3	20
b2	15
b1	9

表 2-19（a） 一般连接 R∞S
C>D

A	R.B	C	S.B	D
a1	b4	5	b4	3
a1	b3	7	b4	3
a2	b2	8	b4	3
a2	b1	10	b4	3
a2	b1	10	b1	9

表 2-19（b） 等值连接 R∞S
R.B=S.B

A	R.B	C	S.B	D
a1	b4	5	b4	3
a1	b3	7	b3	20
a2	b2	8	b2	15
a2	b1	10	b1	9

表 2-19（c） 自然连接 R∞S

A	B	C	D
a1	b4	5	3
a1	b3	7	20
a2	b2	8	15
a2	b1	10	9

4. 除运算（Division）

给定关系 $R(X,Y)$ 和 $S(Y,Z)$，其中 X,Y,Z 为属性组。R 中的 Y 与 S 中的 Y 可以有不同的字段名，但必须出自相同的域集。R 与 S 的除运算得到一个新的关系 $P(X)$，P 是 R 中满足下列条件的元组在 X 字段名上的投影：元组在 X 上分量值 x 的象集 Y_x 包含 S

在 Y 上投影的集合。

$$R \div S = \{t_r[X] \mid t_r \in R \wedge TT_Y(S) \subseteq Y_x\}$$

其中 Y_x 为 x 在 R 中的象集，$x = t_r[X]$。

除操作是同时从行和列的角度进行的运算。除操作适合于包含"对于所有的/全部的"语句的查询操作。

关系除法运算分下面 4 步进行：

（1）将被除关系的属性分为象集属性和结果属性：与除关系相同的属性属于象集属性，不相同的属性属于结果属性。

（2）在除关系中，对与被除关系相同的属性（象集属性）进行投影，得到除目标数据集。

（3）将被除关系分组，原则是结果属性值一样的元组分为一组。

（4）逐一考察每个组，如果它的象集属性值中包括除目标数据集，则对应的结果属性值应属于该除法运算结果集。象集的本质是一次选择运算和一次投影运算。

例如，关系模式 R(X, Y)，X 和 Y 表示互为补集的两个属性集，对于遵循模式 R 的某个关系 A，当 t[X] = x 时，x 在 A 中的象集（Images Set）为：

$$Z_x = \{t[Z] \mid t \in A, t[X] = x\}$$

它表示：A 中 X 分量等于 x 的元组集合在属性集 Z 上的投影，如表 2-20 所示。

表 2-20　关系 A：

X	Y	Z	X	Y	Z
a1	b1	c2	a4	b6	c6
a2	b3	c7	a2	b2	c3
a3	b4	c6	a1	b2	c1
a1	b2	c3			

a1 在 A 中的象集为 {(b1,c2),(b2,c3),(b2,c1)}

【例 2-16】　设关系 R、S 分别见表 2-21(a) 和表 2-21(b)，求 R÷S 的结果。

表 2-21　除运算示例表

(a)R			(b) S			(c) R÷S
A	B	C	B	C	D	A
a1	b1	c2	b1	c2	d1	a1
a2	b3	c5	b2	c3	d2	
a3	b4	c4	b2	c1	d1	
a1	b2	c3				
a4	b6	c4				
a2	b2	c3				
a1	b2	c1				

关系除的运算过程：

（1）找出关系 R 和关系 S 中的相同属性，即 B 属性和 C 属性。在关系 S 中对 B 属性和 C 属性做投影，所得的结果为{(b1,c2),(b2,c3),(b2,c1)}。

（2）被除关系 R 中与 S 中不相同的属性列是 A，在关系 R 在属性 A 上做取消重复值的投影为{a1,a2,a3,a4}。

（3）求关系 R 中 A 属性对应的象集 B 和 C，根据关系 R 的数据，可以得到 A 属性各分量值的象集。

其中：

a1 的象集为{(b1,c2),(b2,c3),(b2,c1)}。

a2 的象集为{(b3,c5),(b2,c3)}。

a3 的象集为{(b4,c4)}。

a4 的象集为{(b6,c4)}。

（4）判断包含关系，对比可以发现：a2 和 a3 的象集都不能包含关系 S 中的 B 属性和 C 属性的所有值，所以排除掉 a2、a3 和 a3；而 a1 的象集包括了关系 S 中 B 属性和 C 属性的所有值，所以 R÷S 的最终结果就是{a1}。

在关系代数中，关系代数运算经过有限次复合后形成的式子称为关系代数表达式。对关系数据库中数据的查询操作可以写成一个关系代数表达式，或者说，写成一个关系代数表达式就表示已经完成了查询操作。

【例 2-17】　假设有两个关系：学生学习成绩与课程成绩，如表 2-22 所示，则学生学习成绩与课程成绩除运算的结果是满足一定课程成绩条件的学生表，结果如表 2-23 所示。

表 2-22　学生学习成绩与课程成绩关系表

（a）学生学习成绩关系

姓　　名	性　　别	系　　别	课　程　名	成　　绩
达乐	男	大数据系	数据结构	优秀
梁丽	女	区块链系	程序设计	良好
王一珊	女	大数据系	计算机基础	合格
周文	女	大数据系	计算机基础	合格
鑫创	男	人工智能	计算机组成原理	良好

（b）课程成绩关系

课　程　名	成　　绩
数据结构	优秀
程序设计	良好
计算机基础	合格

表 2-23　学生学习成绩÷课程成绩

姓　　名	性　　别	系　　别
达乐	男	大数据系
梁丽	女	区块链系
王一珊	女	大数据系
周文	女	大数据系

【例 2-18】　设学生-课程数据库中有 3 个关系：S、C 和 SC，三个关系的关系实例分别如表 2-24 所示，利用关系代数进行查询。

学生关系：S(Sno,Sname,SSex,Sage,sdept)

课程关系：C(Cno,Cname,Teacher)

选修关系：SC(Sno,Cno,Degree)

属性 Sno、Sname、Ssex、sage 和 Sdept 分别表示学号、姓名、性别、年龄和所在系，Sno 为主码，属性 Cno、Cname、Teacher 分别表示课程号、课程名、授课教师，Cno 为主码，属性 Sno、Cno、Degree 分别表示学号、课程号和成绩，(Sno,Cno)属性组为主码。

表 2-24　学生、课程与选修关系表

（a）学生关系 S 的关系实例

Sno	Sname	Ssex	Sage	Sdept
202101002	达乐	男	20	大数据系
202103001	梁丽	女	21	区块链系
2016040152	任新	男	22	管理系
202102001	鑫创	男	20	人工智能

（b）课程关系 C 的关系实例

Cno	Cname
C01	数据结构
C02	数据库原理
C03	操作系统
C04	计算机组成原理
C05	数据科学与大数据技术

（c）选修关系 SC 的关系实例

Sno	Cno	Degree
202101002	C1	80
202103001	C2	87

续表

Sno	Cno	Degree
2016040152	C3	68
202102001	C4	90
202103001	C5	92
202103001	C1	65
202103001	C3	67
2016040152	C4	95
202102001	C1	87
202103001	C4	90
202101002	C5	64
202102001	C5	76

（1）查询选修课程号为 C3 号课程的学生学号和成绩。

$$\pi_{Sno,Degree}(\sigma_{Cno='C3'}(SC))$$

（2）查询学习课程号为 C4 课程的学生学号和姓名。

$$\pi_{Sno,Sname}(\sigma_{Cno='C4'}(S\infty SC))$$

（3）查询选修课程名为数据结构的学生学号和姓名。

$$\pi_{Sno,Sname}(\sigma_{Cname='数据结构'}(S\infty SC\infty C))$$

（4）查询选修课程号为 C1 或 C3 课程的学生学号。

$$\pi_{Sno}(\sigma_{Cno='C1'\vee Cno='C3'}(SC))$$

（5）查询不选修课程号为 C2 的学生的姓名和年龄。

$$\pi_{Sname,Sage}(S)-\pi_{Sname,Sage}(\sigma_{Cno='C2'}(S\infty SC))$$

（6）查询年龄在 18～23 岁的女生的学号、姓名和年龄。

$$\pi_{Sno,Sname,Sage}(\sigma_{Sage>=18\wedge Sage<=23\wedge Ssex='女'}(S))$$

（7）查询至少选修课程号为 C1 与 C5 的学生学号。

$$\pi_{Sno}(\sigma_{1=4\wedge 3='C1'\wedge 5='C5'}(SC\times SC))$$

（8）查询选修全部课程的学生学号。

$$\pi_{Sno,Cno}(SC)\div\pi_{Cno}(C)$$

（9）查询全部学生都选修了的课程的课程号。

$$\pi_{Sno,Cno}(SC)\div\pi_{Sno}(S)$$

（10）查询选修课程包含学生达乐所学课程的学生姓名。

$$\pi_{Sname}(S\infty(\pi_{Sno,Cno}(SC)\div\pi_{Cno}(\sigma_{Cname='达乐'}(S)\infty SC)))$$

（11）查询选修了操作系统或数据科学与大数据技术的学生学号和姓名。

$$\pi_{Sno,Sname}(\sigma_{Cname='操作系统'\vee Cname='数据科学与大数据技术'}(C\infty SC\infty S))$$

2.3　本 章 小 结

本章介绍了关系数据库的重要概念包括关系模型的数据结构、关系的 4 类完整性约束以及关系的操作。介绍了关系代数中传统的集合运算以及专门的关系运算。

2.4　思 考 与 练 习

1. 写出候选码、主码、组合码和外码的定义。

2. 关系模型的完整性规则有哪几类？举例说明什么是实体完整性和参照完整性？

3. 举例说明等值连接和自然连接的区别和联系。

4. 专门的关系运算不包括下列中的（　　）。

    A. 连接运算　　　　　B. 选择运算　　　　　C. 投影运算　　　　　D. 交运算

5. 对关系 S 和关系 R 进行集合运算，结果中既包含 S 中元组也包含 R 中元组，这种集合运算称为（　　）。

    A. 并运算　　　　　B. 交运算　　　　　C. 差运算　　　　　D. 积运算

6. 在关系模型中，实现"关系中不允许出现相同的元组"的约束是通过（　　）。

    A. 候选键　　　　　B. 主键　　　　　C. 外键　　　　　D. 超键

7. 有两个基本关系（表）：学生（学号，姓名，系号），系（系号，系名，系主任），学生表的主码为学号，系表的主码为系号，因而系号是学生表的（　　）。

    A. 主码（主键）　　B. 外码（外关键字）　C. 域　　　　　D. 映像

8. 对关系数据库的描述中，下列说法正确的是（　　）。

    A. 每一列的分量是同一种类型的数据来自同一个域

    B. 不同列的数据可以出自同一个域

    C. 行的顺序可以任意交换，但列的顺序不能任意交换

    D. 关系中的任意两个元组不能完全相同

9. 若 D1 ＝{a1,a2,a3}，D2 ＝{b1,b2,b3 }，则 D1 X D2 集合中共有元组（　　）个。

    A. 6　　　　　B. 8　　　　　C. 9　　　　　D. 12

10. 在关系数据库中，投影操作是指从关系中（　　）。

    A. 抽出特定的记录　　　　　　　　B. 抽出特定的字段

    C. 建立相应的影像　　　　　　　　D. 建立相应的图形

11. 关系数据库中元组的集合称为关系。通常标识元组的属性或最小属性组的是（　　）。

    A. 标记　　　　　B. 字段　　　　　C. 主键　　　　　D. 索引

12. 在满足实体完整性约束的条件下，下面说法正确的是（　　）。

    A. 一个关系中可以没有候选关键词

    B. 一个关系中只能有一个候选关键词

    C. 一个关系中必须有多个候选关键词

　　D. 一个关系中应该有一个或者多个候选关键词

13. 在关系数据库中,用来表示实体间联系的是(　　)。

　　A. 网状结构　　　　B. 树状结构　　　　C. 属性　　　　　　D. 二维表

14. 设有表示学生选课的三张表,学生 S(学号,姓名,性别,年龄,身份证号),课程 C
(课号,课名),选课 SC(学号,课号,成绩),则表 SC 的关键字(键或码)为(　　)。

　　A. 课号,成绩　　　　　　　　　　　B. 学号,成绩

　　C. 学号,课号　　　　　　　　　　　D. 学号,姓名,成绩

15. 在下列关系运算中,不改变关系表中的属性个数但能减少元组个数的是(　　)。

　　A. 并　　　　　　　B. 交　　　　　　　C. 投影　　　　　　D. 笛卡儿乘积

16. 下列叙述中正确的是(　　)。

　　A. 为了建立一个关系,首先要构造数据的逻辑关系

　　B. 表示关系的二维表中各元组的每一个分量还可以分成若干数据项

　　C. 一个关系的属性名表称为关系模式

　　D. 一个关系可以包括多个二维表

17. 某教务管理系统有部分基本表如下:

- 专业(专业号,专业名称,专业负责人),为专业号设置主键约束,为专业名称设置
  唯一约束。

- 教师(教师编号,教师姓名,性别,民族,专业),为教师编号设置主键约束,为性别
  设置检查约束:性别取值为"男"或"女",为专业设置外键约束。

现向教师表和专业表填充数据如下所示:

教师				
教师编号	教师姓名	性　别	民　族	专　业
09087	李晓平	女	汉族	CS
09088	朱焘	女	汉族	CS
09089	杨坤	男	回族	IS

专业		
专业　号	专业名称	专业负责人
CS	计算机科学与技术	钱晓敏
IS	信息管理与信息系统	王大雷

　　(1) 根据关系模型中数据完整性要求判断,能否向教师表添加一条新的教师记录
("09088","张立","男","汉族")? 请说明原因。

　　(2) 根据关系模型中数据完整性要求判断,能否向专业表添加一条新的专业记录
("JK","计算机科学与技术","于蒙")。

　　(3) 根据关系模型中数据完整性要求判断,能否将教师表中的教师所在专业号从
"CS"更新为"JK"? 请说明原因。

（4）根据关系模型中数据完整性要求判断，能否删除专业表中的专业号为"CS"的记录？请说明原因。

18. 设学生选课数据库的关系模式为：S(Sno, Sname, Sage, Ssex)，SC(Sno, Cno, grade)，C(Cno, Cname, teacher)，其中：S 为学生关系，Sno 表示学号，Sname 表示学生姓名，Sage 表示年龄，Ssex 表示性别；SC 为选课关系，Cno 表示课程号，grade 表示成绩；C 为课程关系，Cname 表示课程名，teacher 表示任课教师，试用关系代数表达式表示下列查询：

（1）查询年龄小于 20 岁的女学生的学号和姓名。

（2）查询"张晓东"老师所讲授课程的课程号和课程名。

（3）查询"王明"所选修课程的课程号、课程名和成绩。

（4）查询至少选修两门课程的学生的学号和姓名。

第 3 章

MySQL 的安装与配置

MySQL 由瑞典 MySQL AB 公司开发。2008 年 1 月 MySQL 被美国的 SUN 公司收购,2009 年 4 月 SUN 公司又被甲骨文(Oracle)公司收购。MySQL 进入 Oracle 产品体系后,获得了甲骨文公司更多研发投入,同时,甲骨文公司也为 MySQL 的发展注入了新的活力。

MySQL 以其开源、免费、体积小、便于安装,且功能强大等特点,成为了全球最受欢迎的数据库管理系统之一。

MySQL 是基于 C/S(Client/Server,客户端/服务器端)模式的,简单地说,如果要搭建 MySQL 环境,需要两部分: 服务器端软件和客户端软件。

服务器端软件为 MySQL 数据库管理系统,它包括一组在服务器主机上运行的程序和相关文件(数据文件、配置文件、日志文件等),通过运行程序,启动数据库服务。

客户端软件则是负责连接数据库服务器,用来执行查询、修改和管理数据库中的数据的程序。

MySQL 支持所有的主流操作平台,Oracle 公司为 MySQL 应用与不同的操作平台提供了不同的版本,本章主要讲解 Windows 平台下,MySQL 的安装与配置过程。

3.1 MySQL 概述

MySQL 是一款单进程多线程、支持多用户、基于客户端/服务器(Client/Server,C/S)的关系数据库管理系统。它是开源软件(所谓的开源软件是指该类软件的源代码可被用户任意获取,并且这类软件的使用、修改和再发行的权利都不受限制。开源的主要目的是为了提升程序本身的质量),可以从 MySQL 的官方网站(http://www.mysql.com/)下载该软件。MySQL 以快速、便捷和易用作为发展的主要目标。

1. MySQL 的优势

(1) 成本低:开放源代码,社区版本可以免费使用。

(2) 性能良:执行速度快,功能强大。

(3) 值得信赖:比如 Yahoo、Google、Youtube、百度等公司也在使用,Oracle 公司接手顺应市场潮流和用户需求,打造完美 MySQL。

(4) 操作简单:安装方便快捷,有多个图形客户端管理工具(MySQL Workbench/Navicat 等客户端、MySQLFront、SQLyog)和一些集成开发环境。

(5) 兼容性好:可安装在多种操作系统上,跨平台性好,不存在 32 位和 64 位机的不兼容问题，无法安装的问题。

MySQL 从无到有，到技术的不断更新，版本的不断升级，与其他的大型数据库（比如 Oracle、DB2 等）相比，也存在规模小、功能有限等方面的不足，但这些丝毫不会影响它的受欢迎程度。

2. MySQL 的系统特性

MySQL 数据库管理系统具有以下一些系统特性：

（1）使用 C 和 C++ 语言编写，并使用多种编译器进行测试，保证源代码的可移植性。

（2）支持多线程，可充分利用 CPU 资源。

（3）优化的 SQL 查询算法，能有效地提高查询速度。

（4）提供 TCP/IP、ODBC 和 JDBC 等多种数据库的连接途径。

（5）支持 AIX、FreeBSD、HP-UX、Linux、Mac OS、Novell Netware、Open BSD、OS/2 WRAP、Solaris、Windows 等多种操作系统平台。

（6）既能作为一个单独的应用程序应用在 C/S 网络环境中，也能作为一个库嵌入到其他的软件中。

（7）支持大型的数据库，可以处理拥有上千万条记录的大型数据库，数据类型丰富。

（8）支持多种存储引擎。

3. MySQL 发行版本

根据操作系统的类型来划分，MySQL 数据库大体上可以分为 Windows 版、UNIX 版、Linux 版和 Mac OS 版。

根据 MySQL 数据库的开发情况，可将其分为 Alpha、Beta、Gamma 和 Generally Available(GA)等版本。

- Alpha：处于开发阶段的版本，可能会增加新的功能或进行重大修改。
- Beta：处理测试阶段的版本，开发已经基本完成，但是没有进行全面的测试。
- Gamma：该版本是发行过一段时间的 Beta 版，比 Beta 版要稳定一些。
- Generally Available(GA)：该版本已经足够稳定，可以在软件开发中应用了。有些资料会将该版本称为 Production 版。

根据 MySQL 数据库用户群体的不同，将其分为社区版（Community Edition）和企业版（Enterprise）。

MySQL 软件对于普通用户是免费开源（选择 GPL 许可协议），通常称之为社区版；对于商业用户收费（非 GPL 许可）的方式，从本质上讲，对外卖软件的许可，就是通常称之为商业版。

社区版和商业版之间的区别：商业版可享受到 MySQL AB 公司的技术服务，社区版没有官方的技术支持，可以通过官网论坛提问找到解决方案。两者在功能上是相同的。

4. MySQL 字符集

字符集就是指符号和字符编码的集合。

举个例子来描述：同样是黑白肤色的大型猫科动物，在中国大陆叫大熊猫，到中国台湾地区就叫猫熊，到了美国又改叫 Panda，你要是跑非洲去，没有这种动物，可能都找不出对应的形容词（于是乱码了）。对于熊猫来说它自身没发生什么变化，但称呼不同，这实际上与地域有很大关联。那么如果把当地拥有的各种词汇集合组成一本字典,对应过来的话,这个字典就是所谓的字符集了(此说并不严谨,本例仅为帮助理解)。

　　不同地方的字典当然有可能是不同的,甚至每本字典中的词汇量都不一致,找一本适合的字典非常重要,比如说你给不懂中文的美国朋友看熊猫两字,他绝对不可能关联到那个毛茸茸的可爱的永远挂着黑眼圈的珍稀动物。

5. MySQL 服务器与端口

　　(1) MySQL 服务器。MySQL 服务器是一台安装有 MySQL 服务的主机系统,该主机系统还应该包括操作系统、CPU、内存及硬盘等软硬件资源。特殊情况下,同一台 MySQL 服务器可以安装多个 MySQL 服务,甚至可以同时运行多个 MySQL 服务实例,各个 MySQL 服务实例占用不同的端口号,为不同的 MySQL 客户端提供服务。简而言之,同一台 MySQL 服务器同时运行多个 MySQL 服务实例时,使用端口号区分这些 MySQL 服务实例。

　　(2) 端口号。服务器上运行的网络程序一般都是通过端口号来识别的,一台主机上端口号可以有 65536 个。典型的端口号的例子是某台主机同时运行多个 QQ 进程,QQ 进程之间使用不同的端口号进行辨识。也可以将 MySQL 服务器想象成一部双卡双待(甚至多卡多待)的手机,将端口号想象成 SIM 卡槽,每个 SIM 卡槽可以安装一张 SIM 卡,将 SIM 卡想象成 MySQL 服务。手机启动后,手机同时运行了多个 MySQL 服务实例,手机通过 SIM 卡槽识别每个 MySQL 服务实例。

3.2　Windows 平台下安装与配置 MySQL

3.2.1　下载 MySQL 软件

　　用户通常可以到其官方网站 www.mysql.com 下载最新版本的 MySQL 数据库。按照用户群分类,MySQL 数据库目前分为社区版和企业版,它们最重要的区别在于:社区版是自由下载且完全免费的,但是官方不提供任何技术支持,适用于大多数普通的用户;企业版是收费的,不能在线下载,相应地,它提供更多功能和更完备的技术支持,更适合对数据库的功能和可靠性要求较高的企业用户。

　　MySQL 的版本更新很快。针对每一个版本,还分为 3 个类型:

- Standard:推荐大多数用户下载。
- Max:除 Standard 版的所有内容,还有一些附加的新特性,这些特性还没通过正式的测试发布,主要用于提升用户的认识和体验。
- Debug:与 Standard 类似,但是包括了一些调试信息,会影响系统的性能,所以不推荐用户下载。

　　如果大家安装 MySQL 只是为了个人的学习和软件开发,那么安装免费的社区版即可。首先我们要进入 MySQL 的官网:https://www.mysql.com/,然后单击 DOWNLOADS 导航栏,就会默认进入到 MySQL 的"MySQL Community (GPL) Downloads",单击后进入"MySQL Community Downloads"页面,单击"MySQL Community Server"即可进入 MySQL

数据库的下载页面。操作如图 3-1 所示。

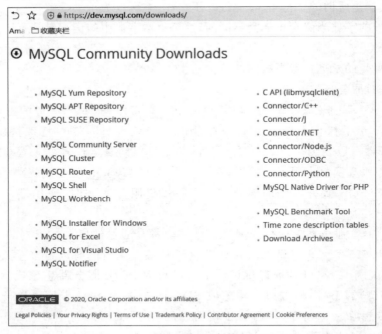

图 3-1   MySQL 社区版产品下载页面

其中，社区版与企业版主要的区别是：社区版包含所有 MySQL 的最新功能，而企业版只包含稳定之后的功能。换句话说，社区版可以理解为是企业版的测试版。MySQL 官方的支持服务只是针对企业版，如果用户在使用社区版时出现了问题，MySQL 官方是不负责任的。

进入 MySQL 数据库的下载界面后，首先在"Select Operating System"下拉菜单中选择"Microsoft Windows"平台，然后进入 MySQL Installer MSI 下载页面，如图 3-2 所示。

Windows 平台下的 MySQL 文件有两个版本：MSI 和 ZIP。

- MSI 是安装版。在安装过程中，会将用户的各项选择自动写入配置文件（ini）中，即自动配置，适合初学者使用，也是我们本书中使用的版本。
- ZIP 版是压缩版。需要用户自己打开配置文件写入配置信息，适合高级用户。

在 MSI 下载页面，按照图 3-3 中所示，选择"（mysql-installer-community-8.0.19.0.msi）"文件下载，此时 MySQL 官网会建议你注册或者登录账号然后下载，当然我们也可以选择"No thanks, just start my download."直接下载。

在 ZIP 版下载页面，按照图 3-4 中所示，选择正确的文件下载，此时 MySQL 官网会建议你注册或者登录账号然后下载，当然我们也可以选择"No thanks, just start my download."，直接下载。

3.2.2 安装 MySQL

根据下载路径找到下载好的 MySQL 安装程序（mysql-installer-community-8.0.19.0.

图 3-2 Windows 平台下的 MySQL 数据库产品页面

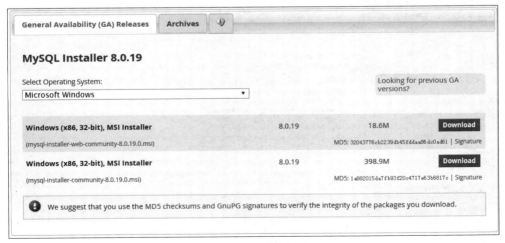

图 3-3 Windows 平台下的 MSI 版 MySQL 下载页面

图 3-4　Windows 平台下 ZIP 版 MySQL 下载页面

msi），具体步骤如下所示。

（1）双击安装程序 mysql-installer-community-8.0.19.0.msi，此时会弹出 MySQL 许可协议界面，如图 3-5 所示。单击选中复选框"I accept the license terms"后，单击 Next 按钮，进入安装类型选择界面。

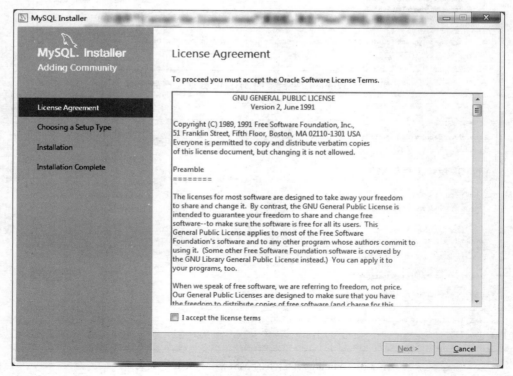

图 3-5　许可协议界面

（2）选择自定义安装类型"Custom"（此类型可以根据用户自己的需求选择安装需要的产品），然后单击 Next 按钮，如图 3-6 所示。

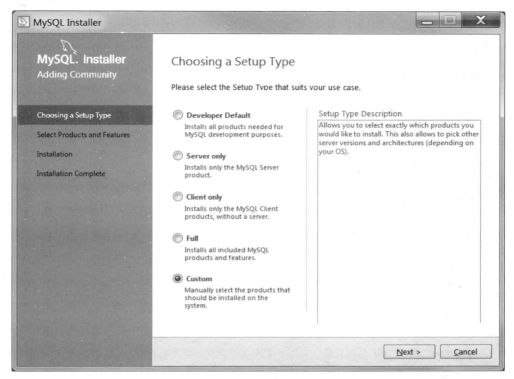

图 3-6　安装类型选择界面

（3）在选择安装版本界面，展开第一个节点"MySQL Servers"，找到并单击"MySQL Server 8.0.19-X64"，之后向右的箭头会变成绿色，如图 3-7 所示。单击该绿色的箭头，将选中的产品添加到右边的待安装列表框中，然后再展开安装列表中的 MySQL Server 8.0.19-X64 节点，取消"Development Components"选项前边的"√"，然后单击 Next 按钮进入安装列表界面，如图 3-8 所示。

（4）单击安装列表界面的"Execute"按钮后，要安装的产品右边会显示一个进度百分比，安装完成之后在前边会出现一个绿色的"√"，如图 3-9 所示。之后继续单击 Next 按钮即可。

完成上述 4 个步骤后，我们的 MySQL 就安装成功了。

MySQL 数据库默认安装目录如下。

- bin 文件夹：MySQL 在 Windows 系统下的可执行程序文件夹，包括服务启动程序 mysqld.exe 等。
- include 文件夹：引用平台支持库，也叫内置库，里面包含数据库信息文件，也有像 C、C++、PHP 等编写的 MySQL 数据库程序支持程序。
- lib 文件夹：档案库，也叫文件库，存放 MySQL 一些日志文件，相关插件文件等。
- share 文件夹：存放包含错误信息及规则文件，字符设置文件等。

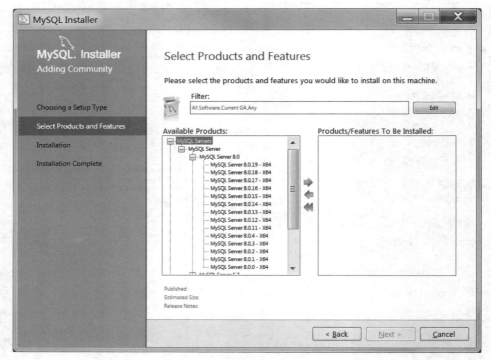

图 3-7　选择安装版本界面

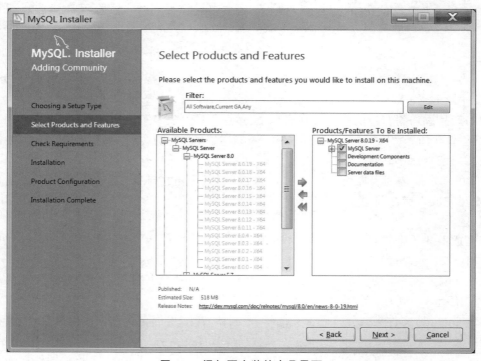

图 3-8　添加要安装的产品界面

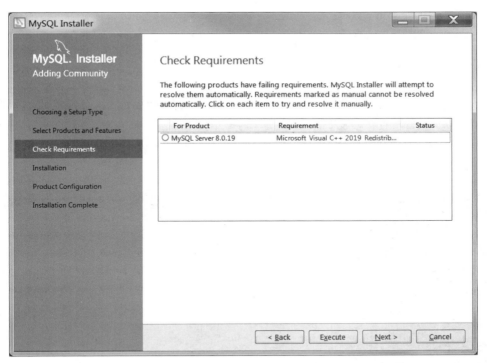

图 3-9 安装列表界面

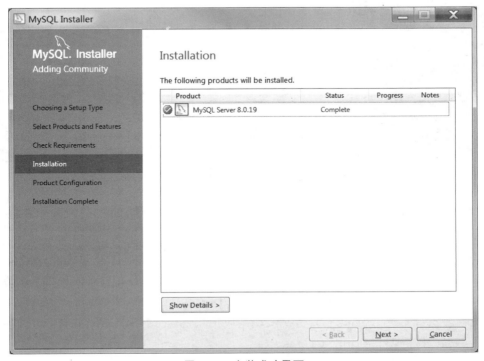

图 3-10 安装成功界面

- COPYING：复制文件。
- README：自述文件。

3.2.3 配置 MySQL

安装完成后，还需要设置 MySQL 的各项参数才能正常使用。我们仍然使用图形化界面对其进行配置，具体步骤如下所示。

（1）直接单击如图 3-11 中的 Next 按钮，直接进入参数配置页面中的"Type and NetWorking"界面。

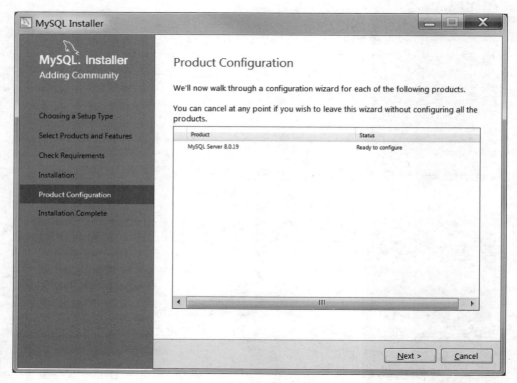

图 3-11   安装成功界面

（2）进入"Type and Networking"界面后，会看到两个选项"Standalone MySQL Server / Classic MySQL Replication"和"InnoDB Cluster Sandbox Test Setup（for testing only）"。

如果要运行独立的 MySQL 服务器可以选择前者，以便稍后配置经典的 MySQL 复制，使用该选项，用户可以手动配置复制设置，并在需要时提供自己的高可用性解决方案。

而后者是 InnoDB 集群沙箱测试设置，仅用于测试。

我们要选择的是"Standalone MySQL Server/Classic MySQL Replication"选项，然后单击 Next 按钮即可，如图 3-12 所示。

（3）如图 3-13 所示的服务器配置类型"Config Type"选择"Development Computer"，

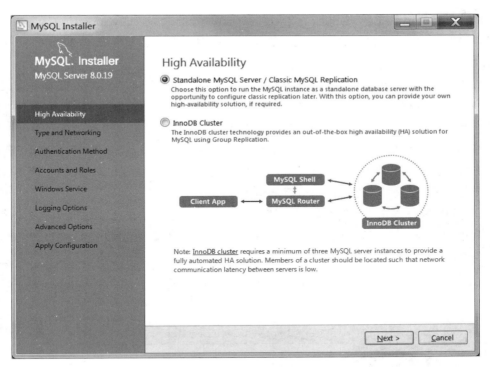

图 3-12　类型选择界面

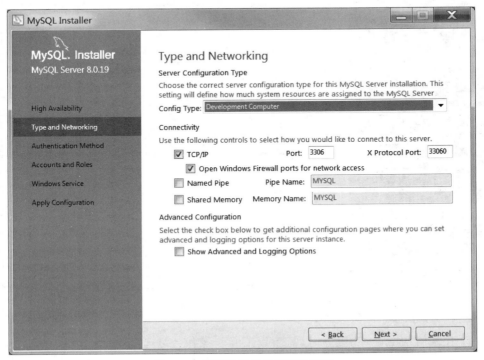

图 3-13　类型及网络参数配置界面

不同的选择将决定系统为 MySQL 服务器实例分配资源的大小,"Development Computer"占用的内存是最少的;连接方式保持默认的 TCP/IP,端口号也保持默认的 3306 即可;单击 Next 按钮。

在真实环境中,数据库服务器进程和客户端进程可能运行在不同的主机中,它们之间必须通过网络进行通信。MySQL 采用 TCP 作为服务器和客户端之间的网络通信协议。在网络环境下,每台计算机都有一个唯一的 IP 地址,如果某个进程需要采用 TCP 协议进行网络通信,就可以向操作系统申请一个端口号。端口号是一个整数值,它的取值范围是 0～65535。这样,网络中的其他进程就以通过 IP 地址+端口号的方式与这个进程建立连接,这样进程之间就可以通过网络进行通信了。

MySQL 服务器在启动时会默认申请 3306 端口号,之后就在这个端口号上等待客户端进程进行连接。用书面一点的话来说,MySQL 服务器会默认监听 3306 端口。

(4) 接下来就是设置 MySQL 数据库 root 账户密码,需要输入两遍。这个密码必须记住,后边会用到。此处我们将密码设置成"12345",之后单击 Next 按钮,如图 3-14 所示。

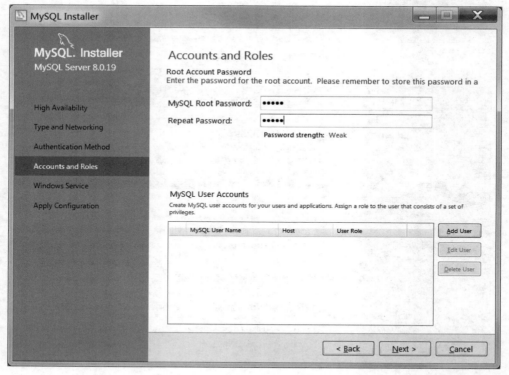

图 3-14 设置 root 账户的密码界面

(5) 在配置 Windows 服务时,需要以下几步操作:勾选"Configure MySQL Server as a Windows Service"选项,将 MySQL 服务器配置为 Windows 服务;取消"Start the

MySQL Server at System Startup"选项前边的"√"(该选项是设置是否开机时自启动 MySQL 服务,在此我们选择开机不启动,大家也可以根据自己的需要来选择);勾选 "Standard System Account"选项,该选项是标准系统账户,推荐使用该账户;单击 Next 按钮,如图 3-15 所示。

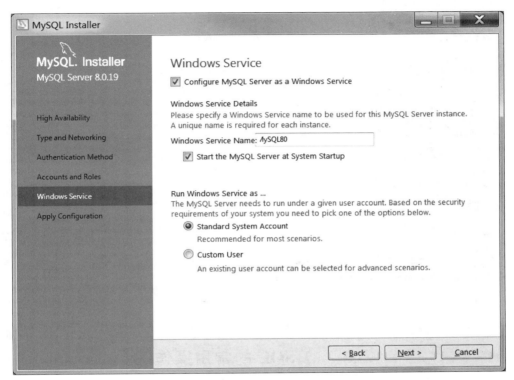

图 3-15　设置 Windows 服务界面

在图 3-15 中的 Windows Server Name 为 MySQL8,MySQL8 是要用于此 MySQL 服务器实例的 Windows 服务名称,每个实例都需要一个唯一的名称。

一台计算机上可以同时运行多个程序,比如微信、QQ、文本编辑器等。计算机上运行的每一个程序也称为一个进程。运行过程中的 MySQL 服务器程序和客户端程序在本质上来说都算是计算机中的进程,其中代表 MySQL 服务器程序的进程称为 MySQL 数据库实例(instance)。

(6)下面就是准备执行上述一系列配置的时候了,直接单击"Execute"按钮。等到所有的配置完成之后,会出现如图 3-16 所示的界面,单击"Finish"按钮,就会跳到配置成功界面,之后单击界面的 Next 按钮,在弹出的界面中单击"Finish"按钮即可完成配置。

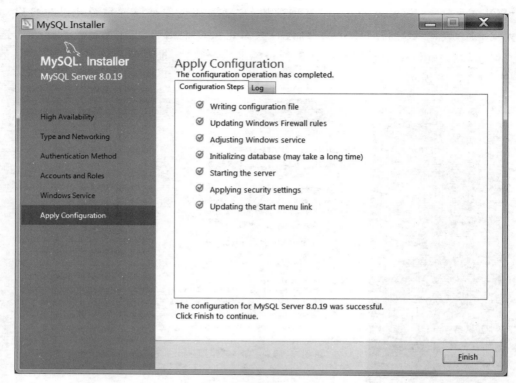

图 3-16　配置成功界面

3.3　MySQL 的常用操作

　　MySQL 分为服务器端和客户端，只有开启服务器端的服务，才能通过客户端来连接到数据库。所以本节就要讲述如何开启和关闭 MySQL 服务、如何登录数据库以及如何更改 MySQL 配置等相关操作。

　　注意：MySQL 服务指的是一系列关于 MySQL 的后台进程，与 MySQL 数据库不是一个概念，大家千万不要混淆了。MySQL 服务启动以后，我们才能访问 MySQL 数据库。

3.3.1　启动与关闭 MySQL 服务

　　不同的平台下启动与关闭 MySQL 服务的操作方式是不一样的，下面针对 Windows 平台，详细介绍一下 MySQL 服务启动和关闭的过程。

　　对于 Windows 平台，主要有两种方式可以开启或关闭 MySQL 服务：通过 DOS 命令、通过图形化界面。

　　1. 通过 DOS 命令启动与关闭 MySQL 服务

　　（1）首先点开"开始"菜单，在最下边的"搜索程序和文件"搜索框中输入 cmd，回车即可进入 DOS 窗口，如图 3-17 所示。

图 3-17　开始菜单搜索框

注意：我们也可以通过快捷键"Win ＋ r"打开运行窗口，然后在"打开"文本框中输入 cmd，单击"确定"按钮或者回车进入 DOS 窗口。

（2）在 DOS 窗口中输入命令"net start"，回车后即可查看 Windows 系统目前已经开启的服务有哪些，如图 3-18 所示。

图 3-18　查看 Windows 系统已经开启的服务

如果列表中有"MySQL80"这一项，说明该服务已经启动；如果没有，则说明还尚未启动，那么我们就应该使用命令"net start MySQL80"来启动服务（要求具有超级管理员权限，否则会拒绝），如图 3-19 所示。

图 3-19　DOS 命令启动 MySQL 服务

（3）从图 3-19 中可以看到，MySQL 服务已经启动成功，接下来我们试着关闭该服务。在 DOS 窗口中输入命令"net stop MySQL80"，执行该命令后，即可看到如图 3-20 所示的界面。

2. 通过图形化界面启动与关闭 MySQL 服务

除了使用 DOS 命令来启动、关闭 MySQL 服务外，我们还可以使用简便的图形化界面来更加直观地操作。

（1）打开服务列表窗口：依次单击"开始"菜单→"控制面板"→"管理工具"→"服

图 3-20　DOS 命令关闭 MySQL 服务

务"，进入服务列表窗口，如图 3-21 所示。在图中可以看到名称为"MySQL80"的服务，启动类型为手动。选中 MySQL80 服务，单击左侧的"启动"按钮，或者右键选择"启动"选项，则可以启动该服务，此时服务状态会更改为"已启动"。

图 3-21　服务窗口启动 MySQL 服务

　　（2）如图 3-22 所示，启动后可以使用同样的方法来关闭服务：单击左侧的"停止"按钮或者右键选择"停止"选项。

　　注意：我们也可以通过快捷键"Win＋R"打开运行窗口，然后在"打开"文本框中输入"services.msc"，单击确定或者回车进入服务列表窗口。服务的启动类型分为：手动、自动和禁用。如果该服务需要频繁使用，建议将其设置为自动（开机自启）；如果只是偶尔使用，建议设置为手动，以免长期占用系统资源；而禁用状态的服务是不能启动的。

图 3-22　服务窗口关闭 MySQL 服务

3.3.2　登录与退出 MySQL 数据库

MySQL 服务启动后，就可以通过 MySQL 客户端来登录数据库了。下面仍然针对 Windows 平台进行操作。

Windows 平台下，可以通过两种方式来登录数据库：MySQL Command Line Client、DOS 命令。

1. 通过 MySQL Command Line Client 登录与退出数据库

（1）我们在安装 MySQL 时候，同时安装了客户端，即 MySQL Command Line Client，在"开始"菜单中按照如下操作："所有程序"→"MySQL"→"MySQL Server 8.0"→ "MySQL 8.0 Command Line Client"，便可打开 MySQL 客户端。该客户端是一种简单的 命令行窗口如图 3-23 所示。

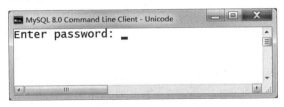

图 3-23　MySQL 客户端窗口

大家可以看到打开客户端命令行窗口后，会提示你输入密码，这个密码就是在 3.2.2 章节中设置的密码，即"12345"。输入正确的密码然后回车即可登录成功，如图 3-24 所示。登录成功后，会在客户端窗口中显示 MySQL 的版本的相关信息。

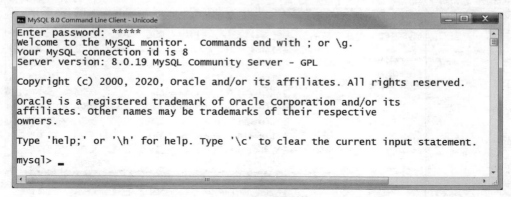

图 3-24　MySQL 客户端登录成功窗口

（2）登录成功后，可以使用 quit 或者 exit 命令退出登录。在执行完 quit 或者 exit 命令后，客户端窗口会显示消息。

2. 通过 DOS 命令登录与退出数据库

（1）Windows 用户还可以直接使用 DOS 窗口来执行相应的命令来登录数据库。打开 DOS 窗口，输入如下命令：

```
mysql -h 127.0.0.1 -u root -p
```

其中，mysql 是登录数据库的命令；-h 后面需要加上服务器的 IP 地址（由于 MySQL 服务器安装在本地计算机中，所以 IP 地址为 127.0.0.1）；-u 后边填写的是连接数据库的用户名，在此为 root 用户；-p 后边是设置的 root 用户的密码（密码不需要直接写在-p 后边）。

接下来，我们就在 DOS 窗口中输入上述命令，但是令人遗憾的是，执行结果提示（如图 3-25 所示）：

```
'mysql'不是内部或外部命令
```

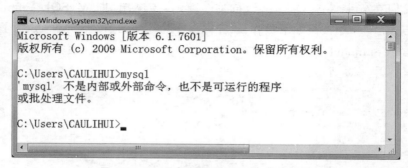

图 3-25　DOS 命令登录 MySQL 失败界面

那这到底是怎么回事呢？原来是我们还缺少一项配置，即环境变量 Path 的配置，我们需要将 MySQL 的安装路径加入到系统 Path 中。

（2）配置环境变量 Path。右击桌面的"计算机"图标→"属性"→单击左侧的"高级系统设置"，之后就会看到系统属性界面。

单击"高级"→"环境变量"后，就可以进入环境变量界面；在系统变量中选中 Path 变量后单击"编辑"按钮，如图 3-26 所示。

图 3-26　配置环境变量 Path

在弹出编辑界面中将 MySQL 的安装路径"C：\Program Files\MySQL\MySQL Server 8.0\bin"添加进去，并以分号与之前的路径分开，如图 3-27 所示。然后依次单击"确定"按钮即可配置成功。

图 3-27　添加 MySQL 安装路径到 Path 中

注意：

- 由于在安装 MySQL 过程中，我们没有设置安装路径，所以 MySQL 是按照默认路径进行安装的，该默认安装路径为 C：\Program Files\MySQL\MySQL Server 8.0\bin。
- DOS 命令在执行 mysql 命令时，用到的执行文件是 mysql.exe，该文件在 C：\Program Files\MySQL\MySQL Server 8.0\bin 文件夹中，所以实际上我们是把 mysql.exe 所在的路径添加到 Path 中。
- Path 中原有的路径不要删除，只需要在其后边加上"；C：\Program Files\MySQL

\MySQL Server 8.0\bin"即可。其中";"是用来与之前的路径进行分隔的，且该分号必须为英文格式。

（3）重新打开 DOS 窗口，输入"mysql -h 127.0.0.1 -u root -p"命令后，便会要求输入密码，输入正确的密码"12345"，执行结果如图 3-28 所示。最好不要在一行命令中输入密码。在一些系统中，我们直接在黑框中输入的密码可能会被同一台机器上的其他用户通过诸如 ps 之类的命令看到。如果非要在一行命令中显式地输入密码，那么-p 和密码值之间不能有空白字符（其他参数名和参数值之间可以有空白字符）。

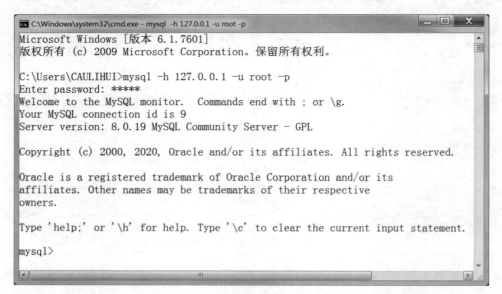

图 3-28　DOS 命令登录 MySQL 成功界面

（4）退出 MySQL 的命令同样是 exit 或者 quit，如图 3-29 和图 3-30 所示。

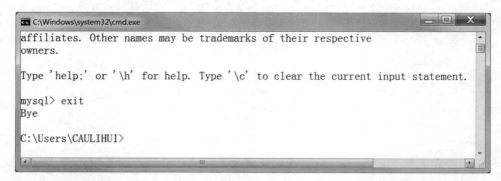

图 3-29　DOS 命令 exit 退出 MySQL 界面

3.3.3　更改 MySQL 配置

MySQL 数据库安装与配置成功后，有可能需要根据实际需求更改某些配置，如更改默认字符集、存储引擎、端口号等信息。

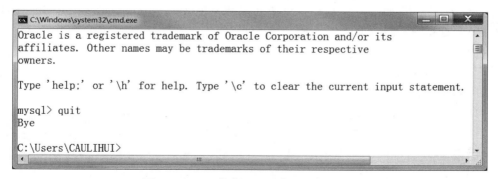

图 3-30　DOS 命令 quit 退出 MySQL 界面

本节中,我们将介绍 Windows 平台下常用的两种方式来更改 MySQL 的配置:使用配置向导修改配置和使用 my.ini 文件配置。

1. 使用配置向导修改配置

打开配置向导:"开始"菜单→"所有程序"→"MySQL"→"MySQL Installer - Community",如图 3-31 所示。

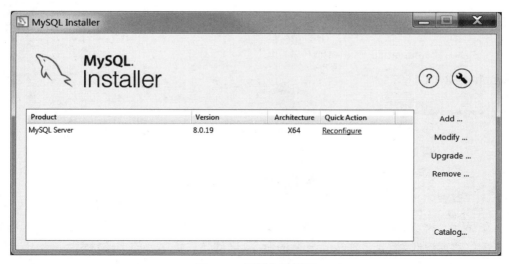

图 3-31　配置向导界面

按照图 3-31 所示,选择"Reconfigure",重新进行配置。配置过程基本与 3.2.2 节中的过程相同。在此就不再做过多的赘述。

2. 使用 my.ini 文件修改配置

除了使用配置向导修改配置外,还有一种更方便、更灵活的方式,即使用 my.ini 文件修改配置。

(1) 找到 my.ini 文件:MySQL 8.0 版本与之前的版本不同的是安装的目录结构发生了变化,my.ini 文件并不在 MySQL 的安装路径"C:\Program Files\MySQL\MySQL Server 8.0\bin"中,而是在"C:\ProgramData\MySQL\MySQL Server 8.0"路径下。

需要提醒一下，如果在 C 盘根目录中并未找见 ProgramData 文件夹，则需要设置文件夹选项，选择显示隐藏的文件、文件夹和驱动器。

（2）打开 my.ini 文件，即可看到 MySQL 的配置信息，如图 3-32 所示为部分文件的部分配置内容，如果要修改某一项配置，可以直接在该文件中进行修改，然后重新启动 MySQL 服务新的配置即可生效。

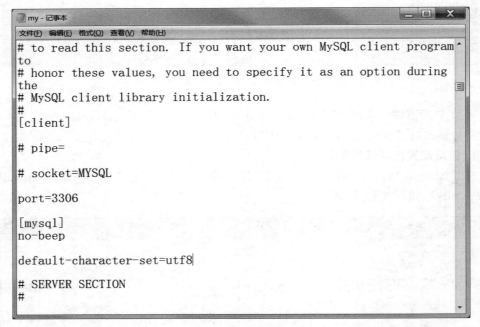

图 3-32　my.ini 文件部分内容

3.4　MySQL 常用图形化管理工具 Navicat

在 Windows 系统中，不管是使用 MySQL 数据库自带的客户端窗口，还是用 DOS 窗口来操作数据库时，需要记住很多复杂的命令，这就导致了学习的不便性。

MySQL 图形化管理工具极大地方便了数据库的操作与管理，常用的图形化管理工具有 MySQL Workbench、Navicat、phpMyAdmin 等。本章重点介绍 Navicat 客户端管理工具的下载、安装以及对 MySQL 数据库的常用操作。

Navicat 是一套快速、可靠且价格相宜的数据库管理工具，专用于简化数据库的管理及降低系统管理成本。它的设计符合数据库管理员、开发人员及中小企业的需要。Navicat 具有直觉化的图形用户界面，让用户可以以安全且简单的方式创建、组织、访问并共用信息。

Navicat 闻名世界，广受全球各大企业、政府机构、教育机构信赖，更是各界从业人员每天必备的工作伙伴。自 1901 年以来，Navicat 已在全球被下载超过 200 万次，并且已有超过 7 万个用户的客户群。《财富》世界 500 强中有超过 100 家公司也都正在使用

Navicat。

Navicat 提供了多达 7 种语言供客户选择,被公认为全球最受欢迎的数据库前端用户界面工具。它可以用来对本机或远程的 MySQL、SQL Server、SQLite、Oracle 及 PostgreSQL 数据库进行管理及开发。

Navicat 的功能足以满足专业开发人员的所有需求,且对数据库服务器的新手来说又相当容易学习,有极完备的图形用户界面(GUI)。

Navicat 适用于三种平台:Microsoft Windows、Mac OS X 及 Linux。它可以让用户连接到任何本机或远程服务器,提供一些实用的数据库工具,如数据模型、数据传输、数据同步、结构同步、导入、导出、备份、还原、报表创建工具及计划以协助管理数据。

3.4.1　下载 Navicat 软件

读者可以在 https://www.navicat.com.cn/download/navicat-premium 官网下载 Navicat 软件,如图 3-33 所示,根据自己计算机的版本选择一个直接下载。

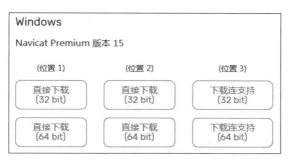

图 3-33　Navicat 下载界面

下载完成后,会在设置的下载目录中找到如下文件: navicat150_premium_cs_x64.exe。

3.4.2　安装 Navicat 软件

Navicat 的安装过程非常简单,过程如下:

(1) 双击 navicat150_premium_cs_x64.exe 文件,就进入了 Navicat 的欢迎界面,如图 3-34 所示,单击"下一步"按钮,进入许可协议界面。

(2) 如图 3-35 所示,在许可协议界面中,选中"我同意"选项,然后继续单击 Next 按钮,进入选择安装路径界面。

(3) 如图 3-36 所示,可以根据自己的喜好选择 Navicat 的安装路径(建议大家安装到除 C 盘以外的路径),之后单击"下一步"按钮。

(4) 如图 3-37 所示,需要我们选择在哪里创建快捷方式,直接保持默认路径即可(也可以根据自己的喜好修改),单击"下一步"按钮。

(5) 如图 3-38 所示,选中"Create a desktop icon"选项(该选项是在询问用户是否在桌面创建图标,这个不影响后续的操作,可以根据自己的需求选择),单击"下一步"按钮。

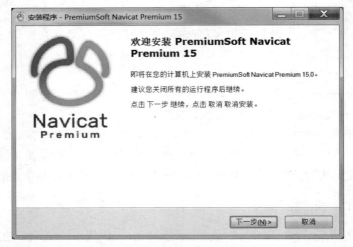

图 3-34　Navicat 欢迎界面

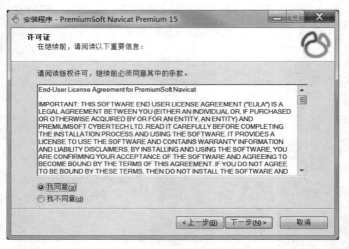

图 3-35　Navicat 许可协议界面

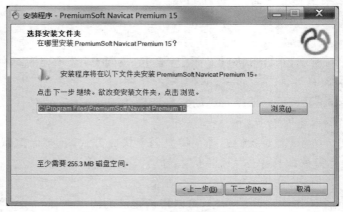

图 3-36　Navicat 选择安装路径界面

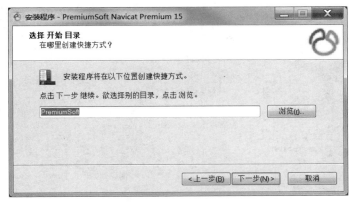

图 3-37　Navicat 选择创建快捷方式路径界面

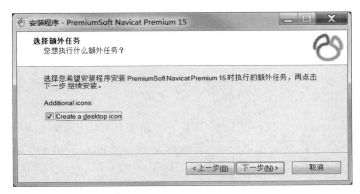

图 3-38　Navicat 选择是否创建桌面图标界面

（6）如图 3-39 所示，单击"安装"按钮，开始进行安装，此时会显示安装进度，等安装完成后会出现图 3-40 所示的界面，单击"完成"按钮后安装成功。

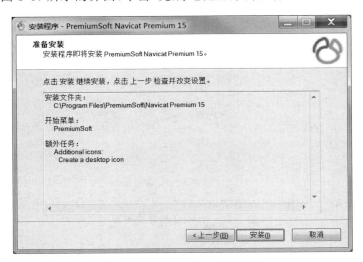

图 3-39　Navicat 准备安装界面

图 3-40　Navicat 安装完成界面

3.4.3　通过 Navicat 软件登录 MySQL 数据库

由于在安装 Navicat 的过程中，我们设置了桌面图标，所以可以很轻松地找到我们的
Navicat 程序（如果没有设置桌面图标，可以到安装目录下查找"navicat.exe"文件，或者在
开始菜单中查找"PremiumSoft"文件夹中的"Navicat 15 for MySQL"程序），双击程序图
标，就会看到如图 3-41 所示的界面。

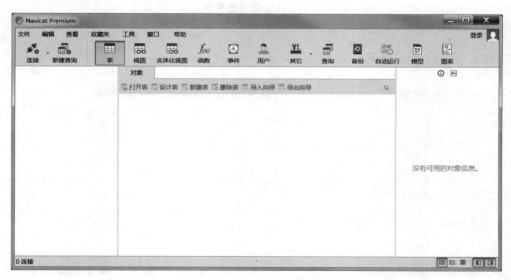

图 3-41　Navicat 软件主界面

在使用 Navicat 软件登录数据库之前，千万别忘了启动 MySQL 服务，否则数据库会
连接不成功。服务启动成功后，在菜单栏中单击"Connection"功能模块后，会弹出选择

框，选择"MySQL"，如图 3-42 所示。

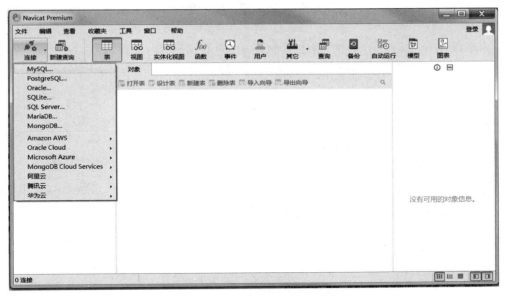

图 3-42　使用 Navicat 连接 MySQL

在弹出的"New Collection"界面中，需要我们填入正确的 Host Name/IP Address(主机名/IP 地址)、Port(端口号)、User Name(用户名)、Password(密码)等信息，然后单击"Test Connection"按钮，在提示我们连接成功后，单击"OK"按钮即可，如图 3-43 所示。

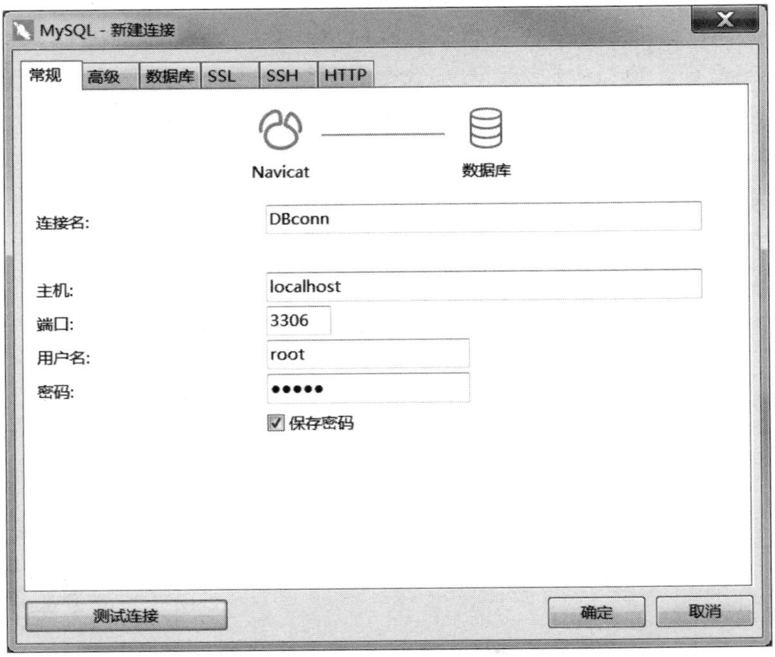

图 3-43　设置连接参数

3.5　本 章 小 结

本章以 Windows 平台为例，讲述了 MySQL 的下载、安装、配置、启动和关闭的过程。最后介绍基于客户端工具 Navicat 操作 MySQL 的方法。

3.6　思考与练习

1. MySQL 配置文件的文件名是什么？
2. 请简述 MySQL 的安装与配置过程。
3. 如何启动和停止 MySQL 服务器？
4. 以下关于 MySQL 的说法中，错误的是（　　　）。

 A. MySQL 是一种关系型数据库管理系统

 B. MySQL 软件是一种开放源码软件

 C. MySQL 服务器工作在客户端/服务器模式下，或嵌入式系统中

 D. MySQL 完全支持标准的 SQL 语句

5. MySQL 的默认端口号为（　　　）。

 A. 3306　　　　　　　B. 1433　　　　　　　C. 3307　　　　　　　D. 1521

6. （　　　）是 MySQL 服务器。

 A. MySQL　　　　　　B. MySQLD　　　　　C. MySQL Server　　D. MySQLS

7. MySQL 是一种（　　　）数据库管理系统。

 A. 层次型　　　　　　B. 网络型　　　　　　C. 关系型　　　　　　D. 对象型

8. 在 DOS 命令行窗口中输入（　　　）命令，再输入密码，可以登录 MySQL 数据库。

 A. mysql -uroot -p　　　　　　　　　B. net start mysql

 C. mysql -u -p　　　　　　　　　　　D. net mysql start

9. 下列选项中，（　　　）是 MySQL 默认提供的用户。

 A. admin　　　　　　B. test　　　　　　　C. root　　　　　　　D. user

10. MySQL 配置文件的文件名是（　　　）。

 A. admin.ini　　　　B. my.ini　　　　　　C. root.cnf　　　　　D. user.ini

第4章

使用 SQL 管理数据库和表

　　对数据库和数据库表的定义和管理,以及对数据执行添加、删除、修改和查询操作都是必不可少的工作。查询是指从数据库中获取用户所需要的数据,查询操作在数据库操作中经常用到,而且也是最重要的操作之一。添加是往数据库表中添加不存在的记录,修改是对已经存在的记录进行更新,删除则是删除数据库中已存在的记录。

　　查询数据库中的记录有多种方式,可以查询所有的数据,也可以根据自己的需要进行查询,还可以借助集合函数进行查询。通过不同的查询方式,可以获取不同的数据。

4.1　SQL 的基本知识特点

　　结构化查询语言(Structured Query Language,SQL)是一种非过程化语言,它与通常的高级语言不同,使用 SQL 时,只需说明做什么,不需要说明怎么做,具体操作全部由数据库管理系统自动完成。由于 SQL 语言功能丰富、操作灵活和简单易学,它已经被众多计算机公司所采用。经过不断地修改、扩充和完善,SQL 语言已经成为关系数据库的标准语言。

　　SQL 语言集数据查询、数据操纵、数据定义和数据控制功能于一体,是一个综合的、通用的、功能极强且又简洁易学的语言。其主要特点如下:

　　1. 综合统一

　　SQL 语言集数据定义语言、数据操纵语言、数据控制语言的功能于一体,语言风格统一,可以独立完成数据库生命周期中的全部活动,包括定义关系模式、录入数据以建立数据库、查询、更新、维护、数据库重构、数据库安全性控制等一系列操作,这就为数据库应用系统的开发提供了良好的环境。

　　2. 高度非过程化

　　非关系数据模型的数据操纵语言是面向过程的语言,要完成某项请求,必须指定存取路径。而用 SQL 语言进行数据操作,用户只需提出"做什么",而不必指明"怎么做"。因此,用户无须了解存取路径,存取路径的选择以及 SQL 语句的操作过程由系统自动完成。这不但大大减轻了用户负担,而且提高了数据独立性。

　　3. 用同一种语法结构提供两种使用方式

　　SQL 语言既是自含式语言,又是嵌入式语言。作为自含式语言,它能够独立地用于联机交互,用户可以在终端键盘上直接输入 SQL 命令对数据库进行操作;作为嵌入式语言,SQL 语句能够嵌入到高级语言(例如 C、PHP、Java、Python 等)程序中,供程序员设计程序时使用。而在两种不同的使用方式下,SQL 语言的语法结构基本上是一致的。这种以统一的语法结构提供两种不同使用方式的做法,为用户提供了极大的灵活性与便利性。

4. 语言简洁,易学易用

SQL 语言功能极强,但由于设计巧妙,语言十分简洁,完成数据查询、数据定义、数据操纵、数据控制的核心功能只用了 9 个动词:SELECT、CREATE、DROP、ALTER、INSERT、UPDATE、DELETE、GRANT、REVOKE,如表 4-1 所示,而且 SQL 语言语法简单,接近英语口语,因此易学易用。

表 4-1　SQL 语言的动词

SQL 功能	动　　词
数据查询	SELECT
数据定义	CREAT,DROP,ALTER
数据操纵	INSERT,UPDATE,DELETE
数据控制	GRANT,REVOKE

4.2　数据库定义与管理

1. 数据库创建

创建数据库是通过 SQL 语句 CREATE DATABASE 或 CREATE SCHEMA 命令来实现的。每个数据库都有一个数据库字符集和一个数据校验规则,不能为空。

语法格式为:

```
CREATE {DATABASE|SCHEMA} [IF NOT EXISTS] db_name
    [[DEFAULT]CHARACTER SET charset_name]
    [[DEFALUT]COLLATE collation_name]
```

说明:

- 数据库名 db_name:在文件系统中,MySQL 的数据库存储区将以目录方式表示 MySQL 数据库。因此,命令中的数据库名必须符合操作系统文件夹命名规则。值得一说的是,在 MySQL 中不区分大小写,在一定程度上方便使用。
- 如果指定了 CHARACTER SET charset_name 和 COLLATE collation_name,那么采用指定的字符集 charset_name 和校验规则 collation_name;如果没有指定,则会采用默认值。

【例 4-1】　创建一个名为 jxgl 的数据库,一般情况下,在创建之前要用 IF NOT EXISTS 命令先判断数据库是否不存在。

```
CREATE DATABASE IF NOT EXISTS jxgl;
```

执行结果如下:

```
[SQL]CREATE database jxgl;
```

受影响的行：1

时间：0.002s

结果显示数据库创建成功。为了检验数据库中是否已经存在名为 jxgl 的数据库，可以使用 SHOW DATABASES 命令查看所有数据库。如果查询结果显示已经存在 jxgl 数据库，说明数据库创建成功。

2. 选择数据库

在 MySQL 中，USE 命令用来完成一个数据库到另一个数据库的跳转。当用 CREATE DATABASE 语句创建数据库之后，该数据库不会自动成为当前数据库，需要用 USE 来指定当前数据库。

语法格式为：

```
USE <数据库名>
```

只有使用 USE 命令指定某个数据库作为当前数据库之后，才能够对该数据库及其存储的数据对象执行操作。

3. 修改数据库名称

对数据库的名称还可以进行修改操作，如果 MySQL 数据库的存储引擎是 MyISAM，那么只要修改 DATA 目录下的库名文件夹就可以了。但如果存储引擎是 InnoDB，是无法修改数据库名称的，只能修改字符集和校对规则。

语法格式为：

```
ALTER {DATABASE|SCHEMA}[db_name]
    [DEFAULT CHARACTER SET charset_name]
    |[[DEFAULT]COLLATE collation_name]
```

说明：

ALTER DATABASE 用于更改数据库的全局特性，用户必须具有数据库修改权限，才可以使用 ALTER DATABASE 修改数据库。

【例 4-2】　把 jxgl 数据库的字符集修改为 gbk2312。

```
ALTER DATABASE jxgl DEFAULT CHARACTER SET gb2312 DEFAULT COLLATE
    gb2312_chinese_ci;
```

4. 删除数据库

删除数据库是指在数据库系统中删除已经存在的数据库，删除数据库成功后，原来分配的空间将被收回。在删除数据库时，会删除数据库中的所有表和所有数据，因此，删除数据库时需要慎重考虑。如果要删除某个数据库，则可以先将该数据库备份，然后再进行删除。

删除数据库语法格式为：

```
DROP DATABASE[IF EXISTS]db_name;
```

【例 4-3】　删除前面创建的 jxgl 数据库。

```
DROP DATABASE jxgl;
```

当然，在删除之前也可以用 IF EXISTS 做一个判断，只有数据库存在的情况下，才执行删除数据库的动作，否则不删除。如果不做判断，直接删除，若删除的数据库不存在，就会出现错误提示。

5. 查看数据库

在 MySQL 中，可以使用 SHOW DATABASES 语句来查看当前用户权限的数据库列表。

语法格式为：

```
SHOW DATABASES;
```

【例 4-4】 查看当前用户可以使用的数据库列表。

```
SHOW DATABASES;
```

4.3   SQL 的数据表定义功能

4.3.1   常见的数据类型

为每个表的每个字段选择合适的数据类型是数据库设计过程中一个重要的步骤。合适的数据类型可以有效地节省数据库的存储空间，包括内存和外存，同时也可以提升数据的计算性能，节省数据的检索时间。数据库管理系统中常用的数据类型如下：

1. 数值类型

MySQL 支持所有的 ANSI/ISO SQL 92 数字类型。数字分为整数和小数，其中整数用整数类型表示，小数用浮点数类型和定点数类型表示。例如，学生的年龄设置为整数类型，学生的成绩设置为浮点数等。

整数类型是数据库中最基本的数据类型。标准 SQL 中支持 INTEGER 和 SMALLINT 这两类整数类型。MySQL 除了支持这两种类型外，还扩展了 TINYINT、MEDIUMINT 和 BIGINT，详情如表 4-2 所示，其中 INT 与 INTEGER 两个整数类型是同名词，可以互换。

表 4-2   MySQL 的整数类型表

整数类型	大小	表数范围（有符号）	表数范围（无符号）	作用
TINYINT	1 字节	−128～127	0～255	小整数值
SMALLINT	2 字节	−32768～32767	0～65535	大整数值
MEDIUMINT	3 字节	−8388608～8388607	0～16777215	大整数值
INT/INTEGER	4 字节	−2147483648～2147483647	0～4294967295	大整数值
BIGINT	8 字节	−9233372036854775808～9223372036854775807	0～18446744073709551615	极大整数值

浮点数类型包括单精度浮点数 FLOAT 类型和双精度浮点数 DOUBLE 类型，如

表 4-3 所示。

表 4-3 MySQL 的浮点数类型和定点数类型

浮点数类型	大小	表数范围(有符号)	表数范围(无符号)	作用
FLOAT	4 字节	$(-3.402823466E+38,$ $-1.175494351E-38)$	$0,(1.175494351E-38,$ $3.402823466E+38)$	单精度浮点数值
DOUBLE	8 字节	$(-1.7976931348623157E+308,$ $-2.2250738585072014E-308)$	$0,(2.2250738585072014E-308,$ $1.7976931348623157E+308)$	双精度浮点数值

定点数类型就是 DECIMAL 类型(DEC 和 DECIMAL 这两个定点数类型是同名词),如表 4-4 所示。

表 4-4 MySQL 的定点数类型

浮点数类型	大小	表 数 范 围	作 用
DECIMAL(M,D)	M+2	最小最大取值范围与 DOUBLE 相同; 指定 M 和 D 时,有效取值范围由 M 和 D 的大小决定	精度较高的小数值

注意:

在创建表时,数字类型的选择应遵循如下原则:

(1) 选择最小的可用类型,如果字段的值不会超过 127,则使用 TINYINT 比 INT 效果好。

(2) 如果完全都是数字的,即无小数点时,可以选择整数类型,比如年龄。

(3) 浮点类型用于可能具有小数部分的数,比如学生成绩。

(4) 在需要表示金额等货币类型时,应优先选择 DECIMAL 数据类型。

2. 日期时间类型

时间和日期数据被广泛使用,如新闻发布时间、商场活动的持续时间和职员的出生日期等。

MySQL 主要支持 5 种日期类型:DATE、TIME、YEAR、DATATIME 和 TIMESTAMP,如表 4-5 所示。其中,DATE 表示日期,默认格式为 YYYY-MM-DD;TIME 表示时间,默认格式为'HH:MM:SS';YEAR 表示年份;DATATIME 与 TIMESTAMP 是日期和时间的混合类型,默认格式为 YYYY-MM-DD HH:MM:SS。

从形式上来说,MySQL 日期类型的表示方法与字符串的表示方法相同(使用单引号引起来);本质上,MySQL 日期类型的数据是一个数值类型,可以参与简单的加、减运算。

表 4-5 MySQL 日期类型

类 型	格 式	取 值 范 围	0 值
TIME	'HH:MM:SS'	('-838:59:59', '838:59:59')	'00:00:00'
DATE	'YYYY-MM-DD'	('1000-01-01', '9999-12-31')	'0000-00-00'
YEAR	YYYY	(1901, 2155)	0000

续表

类　型	格　式	取 值 范 围	0 值
DATETIME	'YYYY-MM-DD HH:MM:SS'	('1000-01-01 00:00:00', '9999-12-31 23:59:59')	'0000-00-00 00:00:00'
TIMESTAMP	'YYYY-MM-DD HH:MM:SS'	('1970-01-01 00:00:01' UTC, '2038-01-19 03:14:07' UTC)	'0000-00-00 00:00:00'

3. 字符串类型

字符串类型的数据又可以分为普通的文本字符串类型（CHAR 和 VARCHAR）、可变类型（TEXT 和 BLOB）和特殊类型（SET 和 ENUM），如表 4-6 所示。

表 4-6　字符串类型表

字符串类型	大　小	描　述
CHAR(M)	0～255 字节	允许长度 0～M 个字符的定长字符串
VARCHAR(M)	0～65535 字节	允许长度 0～M 个字符的变长字符串
BINARY(M)	0～255 字节	允许长度 0～M 个字节的定长二进制字符串
VARBINARY(M)	0～65535 字节	允许长度 0～M 个字节的变长二进制字符串
TINYBLOB	0～255 字节	二进制形式的短文本数据（长度为不超过 255 个字符）
TINYTEXT	0～255 字节	短文本数据
BLOB	0～65535 字节	二进制形式的长文本数据
TEXT	0～65535 字节	长文本数据
MEDIUMBLOB	0～16777215 字节	二进制形式的中等长度文本数据
MEDIUMTEXT	0～16777215 字节	中等长度文本数据
LOGNGBLOB	0～4294967295 字节	二进制形式的极大文本数据
LONGTEXT	0～4294967295 字节	极大文本数据

（1）在普通的文本字符串类型中，CHAR 类型的长度被固定为创建表所声明的长度，取值为 1～255；VARCHAR 类型的值是变长的字符串，取值和 CHAR 一样。

在 MySQL 数据库中，碰到字符类型列，如 CHAR/VARCHAR 这一类，在定义长度时，声明的是字符长度，不是字节长度。举例来说，在 GBK 字符集下的 VARCHAR(30) 列中，能够保存 30 个汉字，占用 60 字节空间。在 UTF8 字符集下的 VARCHAR(30) 还是能保存 30 个汉字，但占用 90 个字节空间。即字符长度是不管保存的字符占多少字节，它是按照字符数计算的，跟其他常见数据库中默认定义长度为字节长度有所不同，在使用时务必注意。变长字符串类型的共同特点是最多容纳的字符数（即 n 的最大值）与字符集的设置有直接联系。

（2）TEXT 和 BLOB 类型，大小可以改变，其中 TEXT 类型适合存储长文本，而 BLOB 类型适合存储二进制数据，支持任何数据，如文本、声音和图像等。

注意：在创建表时，使用字符串类型时应遵循以下原则：

（1）从速度方面考虑，要选择固定的列，可以使用 CHAR 类型。

（2）要节省空间，使用动态的列，可以使用 VARCHAR 类型。

（3）要将列中的内容限制在一种选择，可以使用 ENUM 类型。

（4）允许在一个列中有多于一个的条目，可以使用 SET 类型。

（5）如果要搜索的内容不区分大小写，可以使用 TEXT 类型。

（6）如果要搜索的内容区分大小写，可以使用 BLOB 类型。

4. 复合类型

MySQL 数据库还支持两种复合数据类型 ENUM 和 SET，它们扩展了 SQL 规范。这些类型在技术上是字符串类型，但是可以被视为不同的数据类型。

ENUM 类型的字段只允许从一个集合中取得某一个值，有点类似于单选按钮的功能。例如，一个人的性别从集合{'男'，'女'}中取值，且只能取某一个值。

SET 类型的字段允许从一个集合中取多个值，有点类似于复选框的功能。例如，一个人的兴趣爱好可以从集合{'看电影'，'购物'，'听音乐'，'旅游'，'游泳'}中取值，且可以取多个值。

一个 ENUM 类型的数据最多可以包含 65535 个元素，一个 SET 类型的数据最多可以包含 64 个元素。

一个 ENUM 类型只允许从一个集合中取一个值，而 SET 类型允许从一个集合中取任意多个值。

5. 二进制类型

MySQL 主要支持 7 种二进制类型：BINARY、VARBINARY、BIT、TINYBLOB、BLOB、MEDIUMBLOB 和 LONGBLOB。二进制类型的字段主要用于存储由 0 和 1 组成的字符串，从某种意义上讲，二进制类型的数据是一种特殊格式的字符串。二进制类型与字符串类型的区别在于，字符串类型的数据以字符为单位进行存储，因此存在多种字符集、多种字符序；除了 BIT 型按位为单位进行存储，其他二进制类型的数据按字节为单位进行存储，仅存在二进制字符集 BINARY。

注意：TEX 与 BLOB 都可以用来存储长字符串，TEXT 主要用来存储文本字符串，例如新闻内容、博客日志等数据；BLOB 主要用来存储二进制数据，例如图片、音频、视频等二进制数据。在真正的项目中，更多的时候需要将图片、音频、视频等二进制数据，以文件的形式存储在操作系统的文件系统中，而不会存储在数据库表中，毕竟，处理这些二进制数据并不是数据库管理系统的强项。

6. 合适数据类型的选择

MySQL 支持各种各样的数据类型，为字段或变量选择合适的数据类型，不仅可以有效地节省存储空间，还可以有效地提升数据的计算性能。通常来说，数据类型的选择遵循以下原则：

（1）在符合应用要求（取值范围、精度）的前提下，尽量使用"短"数据类型。"短"数据类型的数据在外存（例如硬盘）、内存和缓存中需要更少的存储空间，查询连接的效率更高，计算速度更快。例如，对于存储字符串数据的字段，建议优先选用 CHAR（n）和

VARCHAR(n)，长度不够时选用 TEXT 数据类型。

（2）数据类型越简单越好。与字符串相比，整数处理开销更小，因此尽量使用整数代替字符串。

（3）尽量采用精确小数类型（例如 DECIMAL），而不采用浮点数类型。使用精确小数类型不仅能够保证数据计算更为精确，还可以节省储存空间，例如百分比使用 DECIMAL(4,2)即可。

（4）在 MySQL 中，应该用内置的日期和时间数据类型，而不是用字符串来存储日期和时间。

（5）尽量避免 NULL 字段，建议将字段指定为 NOT NULL 约束。这是因为，在 MySQL 中，含有空值的列很难进行查询优化，NULL 值会使索引的统计信息以及比较运算变得更加复杂。推荐使用 0、特殊值或者空字符串代替 NULL 值。

4.3.2　用 SQL 定义数据库表

数据库与表之间的关系是数据库由各种数据表组成，数据表是数据库中最重要的对象，用来存储和操作数据的逻辑结构。表由列和行组成，列是表数据的描述，行是表数据的实例。一个表包含若干个字段或记录。表的操作包括创建新表、修改表和删除表。这些操作都是数据库管理中最基本、最重要的操作。

1. 建表原则

为减少数据输入错误，并能使数据库高效工作，表设计应按照一定原则对信息进行分类，同时为确保表结构设计的合理性，通常还要对表进行规范化设计，以消除表中存在的冗余，保证一个表只围绕一个主题，并使得表容易维护。

2. 数据库表的信息存储分类原则

（1）每个表应该只包含关于一个主题的信息。当每个表只包含关于一个主题的信息时，就可以独立于其他主题来维护该主题的信息。例如，应将教师基本信息保存在"教师"表中。如果将这些基本信息保存在"授课"表中，则在删除某教师的授课信息，就会将其基本信息一同删除。

（2）表中不应包含重复信息，表间也不应有重复信息。每条信息只保存在一个表中，需要时只在一处进行更新，效率更高。例如，每个学生的学号、姓名、性别等信息，只在"学生"表中保存，而"成绩"表中不再保存这些信息。

3. 创建数据库表

创建数据库表的基本语法格式如下：

```
CREATE TABLE<表名>
    (<字段名><数据类型>[(<宽度>)][NULL|NOT NULL][PRIMARY KEY][UNIQUE]
    DEFAULT<默认值>
```

其中：

（1）NULL|NOT NULL：指定字段是否允许为空，默认为 NULL。

（2）PRIMARY KEY：字段设置为主键。

（3）UNIQUE：字段值唯一。

（4）DEFAULT＜默认值＞：指定字段的默认值。

（5）COMMENT：对指定字段进行注释。

（6）ENGINE：指定存储引擎,实际上就是如何存储数据、如何为存储的数据建立索引以及如何更新、查询数据。MySQL 常用的存储引擎有 InnoDB 存储引擎以及 MyISAM 存储引擎。

（7）DEFAULT CHARSET：指定字符集,简单地说就是一套文字符号及其编码、比较规则的集合。满足应用支持语言的要求,如果应用要处理的语言种类多,要在不同语言的国家发布,就应该选择 Unicode 字符集,就目前对 MySQL 来说,选择 utf-8。

（8）COLLATE：指定校验规则。

（9）FOREIGN KEY：指定外键。

后面的例子以一个名为 jxgl 的数据库为示例。该数据库中包括如下 4 个表。

（1）名为 student 的学生表。由学号（Sno）、姓名（Sname）、性别（Ssex）、出生年月（Sbirth）、专业号（Zno）、所在班（Sclass）6 个属性组成,可记为 student（Sno,Sname,Ssex,Sbirth,Zno,Sclass）。

（2）名为 course 的课程表。由课程号（Cno）、课程名（Cname）、学分（Ccredit）、开课院系（Cdept）4 个属性组成,可记为 course（Cno,Cname,Ccredit,Cdept）。

（3）名为 sc 的学生选课表。由学号（Sno）、课程号（Cno）、成绩（Grade）3 个属性组成,可记为 sc(Sno,Cno,Grade)。

（4）名为 specialty 的专业表。由专业号（Zno）、专业名（Zname）两个属性组成,可记为 specialty(Zno,Zname)。

【例 4-5】　建立一个学生表 student,它由学号（Sno）、姓名（Sname）、性别（Ssex）、出生年月（Sbirth）、专业号（Zno）、所在班（Sclass）6 个属性组成,其中学号为主码,姓名为非空字段。性别的默认值为"男"。外码 Zno 参照专业表中的主码。

```
CREATE TABLE 'student' (
    'Sno' VARCHAR(10) NOT NULL,
    'Sname' VARCHAR(20) NOT NULL,
    'Ssex' CHAR (2) NULL DEFAULT '男',
    'Sbirth' DATE NULL,
    'Zno' VARCHAR(4) NULL,
    'Sclass' VARCHAR(10) NULL,
    PRIMARY KEY ('Sno'));
```

【例 4-6】　建立课程表。其中课程号 Cno 是主码,课程名不能为空。

```
CREATE TABLE 'course' (
    'Cno' VARCHAR(8) NOT NULL,
    'Cname' VARCHAR(50) NOT NULL,
    'Ccredit' INT(11),
    'Cdept' VARCHAR(20),
```

```
    PRIMARY KEY ('Cno')
);
```

【例 4-7】 建立专业表。其中专业号 Cno 是主码，专业名不能为空。

```
CREATE TABLE 'specialty' (
    'Zno' VARCHAR(4) NOT NULL,
    'Zname' VARCHAR(50) DEFAULT NULL,
    PRIMARY KEY ('Zno')
);
```

【例 4-8】 建立选课表。其中主码是（Sno,Cno），外码 Sno 参照学生表中的主码 Sno，外码 Cno 参照课程表中的主码 Cno。

```
CREATE TABLE 'sc' (
    'Sno' VARCHAR(10) NOT NULL,
    'Cno' VARCHAR(8) NOT NULL,
    'Grade' INT(11) NOT NULL,
    PRIMARY KEY ('Sno',Cno),
    CONSTRAINT 'Cno' FOREIGN KEY ('Cno') REFERENCES 'course' ('Cno'),
    CONSTRAINT 'Sno' FOREIGN KEY ('Sno') REFERENCES 'student' ('Sno')
);
```

4. 删除数据表

删除数据表时会将与表有关的所有对象一起删掉。一旦删除基本表定义，表中的数据、在此表上建立的索引都将自动被删除，而建立在此表上的视图虽仍然保留，但已无法引用。因此，执行删除操作一定要格外小心。

删除数据表的语法格式为：

```
DROP TABLE<表名>
```

【例 4-9】 删除 student 表。

```
DROP TABLE student;
```

5. 修改表结构

修改表结构的一般语法格式为：

```
ALTER TABLE<表名>
    {ALTER COLUMN<字段名>新数据类型>(宽度>)[NULL| NOT NULL]
    |ADD 新字段名>数据类型>[完整性约束]
    |DROP COLUMN 字段名
    [,…n]}
```

其中：

（1）＜表名＞：指定需要修改的基本表。

（2）ALTER COLUMN：表明要修改表中的某个字段，＜字段名＞是要更改的字段的名称。

（3）ADD 子句：表明添加新字段。

（4）DROP COLUMN：表明删除字段。

【例 4-10】 在 student 表中增加入学时间（Scome）列，其数据类型为日期型。

```
ALTER TABLE student ADD Scome DATE;
```

不论基本表中原来是否已有数据，新增加的列一律为空值。

【例 4-11】 将学分的数据类型改为 TINYINT 类型。

```
ALTER TABLE course ALTER COLUMN Ccredit TINYINT;
```

修改原有的列定义有可能会破坏已有数据。

【例 4-12】 删除字段入学时间（Scome）。

```
ALTER TABLE student DROP COLUMN Scome;
```

6. 查看表

（1）显示表名。

使用 SHOW TABLES 语句显示指定数据库中存放的所有表名，其语法结构如下：

```
SHOW TABLES
```

【例 4-13】 显示 jxgl 数据库中所有表名。

```
SHOW TABLES;
```

（2）显示表的结构。

使用 SHOW COLUMNS 或 DESC 语句显示指定数据表的结构，其语法结构如下：

```
SHOW COLUMNS[表名]或 DESC[表名]
```

【例 4-14】 显示 jxgl 数据库中 student 表的结构。

```
SHOW COLUMNS student;
```

4.4　数据完整性约束

完整性约束是一组完整性规则的集合。它定义了数据模型必须遵守的语义约束，也规定了根据数据模型所构建的数据库中数据内部及其数据相互间联系所必须满足的语义约束。

在 MySQL 中，各种完整性约束是数据库关系模式定义的一部分，可以通过 CREATE TABLE 或 ALTER TABLE 语句来定义。一旦定义了完整性约束后，MySQL 服务器会随时检测处于更新状态的数据库内容是否符合相关的完整性约束，从而保证数据的一致性与正确性，这样可以防止操作对数据库的意外破坏，也能提高完整性检测的效率，还能减轻数据库编程人员的工作负担。

4.4.1　定义数据完整性

关系模型有三种完整性约束：实体完整性、参照完整性和用户定义完整性。下面分别介绍 MySQL 中这三种不同的完整性约束，以及其不同的设置和实现方式。

1. 实体完整性

实体完整性指表中行的完整性。这要求表中的所有行都有唯一的标识。具有唯一标识的列称为主关键字。主关键字是否可以修改，或整个列是否可以被删除，取决于主关键字与其他表之间要求的完整性。实体完整性规则规定基本关系的所有主关键字对应的主属性都不能取空值。例如，在学生的选课关系（学号，课程号，成绩）中，学号和课程号共同组成为主关键字，则学号和课程号两个属性都不能为空。因为没有学号的成绩或没有课程号的成绩都是不存在的。MySQL 中通过主键约束和候选键约束来实现实体完整性。

（1）主键约束。主键约束即在表中定义一个主键来唯一确定表中每一行数据的标识符。主键可以是表中的某一列或者多列的组合，其中由多列组合的主键称为复合主键。主键应该遵守下面的一些规则：

① 每个表只能定义一个主键。

② 主键值必须唯一标识表中的每一行，且不能为 NULL 值。即表中不可能存在两行数据有相同的主键值。这就是唯一性原则。一个列名只能在复合主键列表中出现一次。

③ 复合主键不能包含不必要的多余列。当把复合主键的某一列删除后，如果剩下的列构成的主键仍然满足唯一性原则，那么这个复合主键是不正确的。这就是最小化原则。

主键约束可以在 CREATE TABLE 或 ALTER TABLE 语句中指定关键字 PRIMARY KEY 来实现。实现方式有如下两种：

① 表的完整性约束。需要在表中所有列的属性定义后添加一条 PRIMARY KEY（＜列名＞，…）格式的子句。

② 列的完整性约束。只需在某个列的属性定义后面加上关键字 PRIMARY KEY 来实现。

【例 4-15】　创建一个与例 4-5 中基本学生信息表（student）结构相同的表 student_new，以列的完整性约束方式定义主键。

```
CREATE TABLE 'student_new' (
    'Sno' VARCHAR(10) NOT NULL PRIMARY KEY ('Sno') COMMENT '学号',
    'Sname' VARCHAR(20) NOT NULL COMMENT '姓名',
    'Ssex' CHAR(2) NULL DEFAULT '男' COMMENT '性别',
    'Sbirth' DATE NULL COMMENT '出生日期',
    'Zno' VARCHAR(4) NULL COMMENT '专业号',
    'Sclass' VARCHAR(10) NULL COMMENT '班级',
    KEY 'Zno' ('Zno'),
    CONSTRAINT 'Zno' FOREIGN KEY ('Zno') REFERENCES 'specialty' ('Zno')
)
ENGINE=InnoDB DEFAULT CHARSET=utf8 COLLATE=utf8_bin;
```

注意,当主键仅由一个列组成时,两种方法都可以用于定义主键约束;如果主键是由多个列组成时,只能用第 4 章定义主键约束的方式。

定义主键约束后,MySQL 会自动为主键创建一个唯一性索引,用于在查询中使用主键对数据进行快速检索,该索引名默认为 PRIMARY,也可以重新命名。

(2) 候选键约束。与主键一样,候选键可以是表中的某一列,也可以由表中的多列组合而成。候选键的值必须唯一,且不能为 NULL。候选键可以在 CREATE TABLE 或 ALTER TABLE 语句中指定关键字 UNIQUE 来定义,语法和主键约束相似。

MySQL 中候选键和主键之间有如下两点区别:

- 定义主键约束时,系统自动产生 PRIMARY KEY 索引;定义候选键约束时,系统自动产生 UNIQUE 索引。
- 表只能有一个主键,但是可以有多个候选键。

2. 参照完整性

参照完整性简单来说就是表间主键与外键的关系。当更新、删除、插入一个表中数据时,通过引用相互关联的另一个表中的数据,来检查对表的操作是否正确。

参照完整性要求关系中不允许引用不存在的实体。参照完整性与实体完整性是关系模型必须满足的完整性约束条件。参照完整性的目的是保证数据的一致性。比如两个关系 R 和 S。关系 R 中存在属性 F 是关系 R 的外码,属性 F 与关系 S 的主码 K 相对应(关系 R 和关系 S 不一定是不同的关系),则关系 R 中每个元组在 F 上的值必须为空值或者等于关系 S 中某个元组的主码值。这里,也称关系 S 为主表,关系 R 为从表。例如,在教师(职工号,姓名,性别,职称,系号)和系(系号,系名,办公地点)这两个关系中,存在着属性的引用,"教师"关系引用了"系"中的主码"系号",也就是说"系号"是"系"关系中的主码,也是"教师"关系中的外码。因此"教师"关系中系号的取值需要参照"系"关系中系号的值。

参照完整性是相关联的两个表之间的约束,具体地说,就是从表中每条记录外键的值必须在主表中存在,因此,如果在两个表之间建立了关联关系,则对一个表进行更新或修改操作会影响到另一个表的数据。

如果实施了参照完整性,当主表中没有相关记录时,不能将记录添加到从表中。也不能当从表中存在匹配的记录时,删除主表中的记录,如果在从表中有相关记录,不能更改主表中的主键值。实施了参照完整性后,当对表中主键字段进行操作时,系统会自动地检查主键字段,看看该字段是否被添加、修改、删除。如果对主键的操作违背了参照完整性,那么系统就会自动强制执行参照完整性。

例如,如果在学生基本信息表和选修课之间用学号建立关联,学生基本信息表是主表,选修课是从表,当向从表中插入一条新记录时,系统检查新记录的学号是否在主表中已存在,如果存在,则允许执行插入操作,否则拒绝插入,这就是参照完整性的应用。

MySQL 的参照完整性是执行 CREATE TABLE 或 ALTER TABLE 命令实现的。在创建或更新表时定义一个外键声明可实现参照完整性。其中外键声明有两种方式:

(1) 在表的某列属性定义后面加上"reference_definition"语法部分。

(2) 表的所有列属性定义后面加上"FOREIGN KEY (index_col_name,…)

reference_defimtion"。

reference_definition 语法格式为：

```
REFERENCES<表名>[<列名>[length]]
    [ASC|DESC][MATCH FULL|MATCH PARTIAL|MATCH SIMPLE]
    ON[DELETE|UPDATE]
    [RESTRICT|CASCADE|SET NULL|NO ACTION]
```

语法说明如下：

- <列名>：指定被参照的列名。外键可以引用父表中的主键或候选键，也可以引用父表中某些列的一个组合，但这个组合不能是父表中随机的一组列，必须保证该组合的取值在父表中是唯一的。外键的所有列值在父表中必须全部存在，也就是通过外键来对子表某些列取值进行限定与约束。

- <表名>：指定外键所参照的表名。这个表称为被参照表或父表，外键所在的表称参照表或子表。

- ON DELETE|ON UPDATE：指定参照动作相关的 SQL 语句。

- [RESTRICT|CASCADE|SET NULL|NO ACTION]：指定参照完整性约束的实现策略。当没有参照完整性实现策略时，两个参照动作会默认使用 RESTRICT。具体有下列四种策略：

  ① RESTRICT：限制策略，即当要删除或更新父表中被参照列上并在外键中出现的值时，系统拒绝对父表的删除或更新操作。

  ② CASCADE：级联策略，即当父表中删除或更新记录行时，系统会自动删除或更新子表中的匹配的记录行。

  ③ SET NULL：置空策略，即当从父表中删除或更新记录行时，设置子表与之对应的外键列的值为 NULL。该策略需要子表的外键没有声明限定词 NOT NULL。

  ④ NO ACTION：不采取实施策略，当一个相关的外键值在父表中时，不允许删除或更新父表中的键值。该策略的动作语义与 RESTRICT 相同。

【例 4-16】　建立选课表，其主码是（Sno，Cno），外码 Sno 参照学生表中的主码，外码 Cno 参照课程表中的主码。

```
CREATE TABLE 'sc' (
    'Sno' VARCHAR(10) NOT NULL,
    'Cno' VARCHAR(8) NOT NULL,
    'Grade' INT(11) NOT NULL,
    PRIMARY KEY ('Sno',Cno),
    CONSTRAINT 'Cno' FOREIGN KEY ('Cno') REFERENCES 'course' ('Cno'),
    CONSTRAINT 'Sno' FOREIGN KEY ('Sno') REFERENCES 'student' ('Sno')
);
```

例 4-16 通过关键字 PRIMARY KEY 定义了一个主键约束。同时通过关键字 FOREIGN KEY 定义了一个外键，创建了一个参照完整性约束，确保插入外键的每一个非空值都是父表中的主键值。对于本例来说,插入一条成绩数据到 sc 表之前,会查看这条成绩数据的 Sno 是否已经在表 student 的 Sno 列中。如果存在,则正常插入;否则系统会返回错误。

定义一个外键时,需要遵守下列规则:

(1)父表必须已经存在于数据库,或者是当前正在创建的表。如果是后一种情况,则父表与子表是同一个表,这样的表称为自参照表,这种结构称为自参照完整性。

(2)必须为父表定义主键。

(3)主键不能包含空值,但允许在外键中出现空值。也就是说,只要外键的每个非空值出现在指定的主键中,这个外键的内容就是正确的。

(4)在父表的表名后面指定列名或列名的组合。这个列或列组合必须是父表的主键或候选键。

(5)外键中列的数目必须和父表的主键中列的数目相同。

(6)外键中列的数据类型必须和父表主键中对应列的数据类型相同。

3. 用户定义完整性

用户定义完整性是针对某一应用环境的完整性约束条件,它反映了某一具体应用所涉及的数据必须满足的要求。

任何关系数据库系统都应该支持实体完整性和参照完整性。不同的关系数据库系统根据其应用环境的不同,往往需要一些特殊的约束条件,用户定义的完整性就是针对某一具体关系数据库的约束条件而提出的。它反映某一具体应用所涉及的数据必须满足的语义要求。

MySQL 支持三种用户定义完整性约束,分别是非空约束、CHECK 约束和触发器。这里主要介绍非空约束和 CHECK 约束,触发器将在第 7 章介绍。

(1)非空约束。非空约束可以通过 CREATE TABLE 或 ALTER TABLE 语句实现。在表中某个列定义后面,加上关键字 NOT NULL 作为限定词,来约束该列的取值不能为空。

(2)CHECK 约束。CHECK 约束也是通过 CREATE TABLE 或 ALTER TABLE 语句实现的,根据用户实际完整性要求来定义。它可以分别对列或表实施 CHECK 约束。

语法格式为:

```
CHECK<表达式>
```

语法说明如下:

<表达式>:SQL 表达式,用于指定需要检查的限定条件。

若将 CHECK 约束子句置于表中某个列的定义之后,则这种约束也称基于列的 CHECK 约束。

在更新表数据时,系统会检查更新后的数据行是否满足 CHECK 约束中的限定条件。MySQL 可以使用简单的表达式来实现 CHECK 约束,也允许使用复杂的表达式作为限定条件,例如,在限定条件中加入子查询。

【例 4-17】　在数据库 jxgl 中，创建选修表 sc_new，结构和选修表 sc 相同，要求表 sc_new 的 Sno 列的所有值均来源于表 student 的 Sno 列。

输入如下 SQL 语句：

```
CREATE TABLE 'sc_new' (
    'Sno' VARCHAR(10) NOT NULL CHECK(SNO IN (SELECT SNO FROM student)),
    'Cno' VARCHAR(8) NOT NULL CHECK(CNO IN (SELECT CNO FROM course)),
    'Grade' INT(11) NOT NULL,
    PRIMARY KEY ('Sno',Cno),
    CONSTRAINT 'Cno' FOREIGN KEY ('Cno') REFERENCES 'course' ('Cno'),
    CONSTRAINT 'Sno' FOREIGN KEY ('Sno') REFERENCES 'student' ('Sno')
);
```

在本例中，CHECK 约束使用了查询结果集，表示 sc_new 表的 Sno 字段取值自 student 表，表示 sc_new 表的 Cno 字段取值自 course 表。

本例中设置的 CHECK 约束和上例中设置的参照完整性约束效果相同。

注意，若将 CHECK 约束子句置于所有列的定义以及主键约束和外键定义之后，则这种约束也称基于表的 CHECK 约束。该约束可以同时对表中多个列设置限定条件。

【例 4-18】　在数据库 jxgl 中创建一个选修表 sc_test，与选修表 sc 的结构相同，要求表 Grade 字段值大于 0 且小于等于 100。

输入如下 SQL 语句：

```
CREATE TABLE 'sc_test' (
    'Sno' VARCHAR(10) NOT NULL CHECK(SNO IN (SELECT SNO FROM student)),
    'Cno' VARCHAR(8) NOT NULL CHECK(CNO IN (SELECT CNO FROM course)),
    'Grade' INT(11) NOT NULL,
    PRIMARY KEY ('Sno',Cno),
    CHECK(Grade>0 AND Grade<=100)
);
```

本例中 CHECK 约束条件是逻辑表达式，判断 Grade 是否在设置条件的范围，超出范围，数据库系统会报错。

4.4.2　完整性约束重命名

与数据库表一样，可以对完整性约束进行添加、删除和修改等操作，为了实现这些操作，需要对约束进行命名。命名完整性约束的方法是在完整性约束的定义语句之前加上关键字 CONSTRAINT 和约束名。

语法格式为：

CONSTANT<约束名>

语法说明如下：

＜约束名＞：指定约束的名字。

这个名字在完整性约束说明的前面被定义，在数据库中必须唯一。如果没有明确给出约束名,MySQL 会自动创建一个约束名。

请注意,如果没有给出约束名,系统会自动创建一个约束名。

【例 4-19】 在数据库 jxgl 中创建一个选修表 sc_test_new,和选修表 sc 的结构相同,将该表的主键约束命名为 PRIMARY_KEY_SC,并将它的外键命名为 FOREIGN_KEY_SC_SNO 和 FOREIGN_KEY_SC_CNO。

输入如下 SQL 语句:

```
CREATE TABLE 'sc_test_new' (
    'Sno' VARCHAR(10) NOT NULL CHECK(SNO IN (SELECT SNO FROM student)),
    'Cno' VARCHAR(8) NOT NULL CHECK(CNO IN (SELECT CNO FROM course)),
    'Grade' INT(11) NOT NULL,
    CONSTRAINT PRIMARY_KEY_SC PRIMARY KEY ('Sno',Cno), /* 命名主键约束名 */
    CONSTRAINT FOREIGN_KEY_SC_SNO FOREIGN KEY ('Cno') REFERENCES 'course'
                                        ('Cno'), /* 命名外键约束名 */
    CONSTRAINT FOREIGN_KEY_SC_CNO FOREIGN KEY ('Sno') REFERENCES 'student'
                                        ('Sno')
);
```

在定义完整性约束时,尽可能为其命名,以便在对完整性约束进行修改或删除时,可以更加容易引用。

注意:只能给基于表的完整性约束命名,而无法给基于列的完整性约束命名。

4.4.3 修改完整性约束

当对各种约束命名后,就可以用 ALTER TABLE 语句来更新与列或表有关的各种约束。语法格式为:

```
ADD FOREIGN KEY[<索引名>]<列名,…>
DROP PRIMARY KEY
DROP FOERIGN KEY<外键名>
```

注意:完整性约束不能直接被修改,如果要修改某个约束,实际上是用 ALTER TABLE 语句先删除该约束,然后再增加一个与该约束同名的新约束;使用从 ALTER TABLE 语句,可以独立地删除完整性约束,而不会删除表本身。如果使用 DROP TABLE 语句删除一个表,则表中所有的完整性约束都会被删除。

4.5 本 章 小 结

本章讲述了对数据的增删改查。在 MySQL 中,对数据库的查询是使用 SELECT 语句。本章主要介绍了 SELECT 语句的使用方法及语法要素,其中灵活运用 SELECT 语句对 MySQL 数据库进行各种方式的查询是学习重点。

4.6　思考与练习

1. MySQL 有哪些数据类型？有哪些运算符？

2. 数据类型选择的原则是什么？

3. 如何创建数据库、使用数据库、删除数据库？

4. 如何创建表、修改表、删除表？

5. SQL 的基本特点有哪些？

6. 下列不属于 MySQL 中常用数据类型的是（　　　）。

    A. INT　　　　　　　　B. VAR　　　　　　　　C. TIME　　　　　　　　D. CHAR

7. 当选择一个数值数据类型时，不属于应该考虑的因素是（　　　）。

    A. 数据类型数值的范围

    B. 列值所需要的存储空间数量

    C. 列的精度与标度（适用于浮点与定点数）

    D. 设计者的习惯

8. 用一组数据"准考证号：202101001、姓名：高水平、性别：男、出生日期：2005-8-1"来描述某个考生信息，其中"出生日期"数据可设置为（　　　）。

    A. 日期/时间型　　　B. 数字型　　　　　C. 货币型　　　　　D. 逻辑型

9. MySQL 支持的数据类型主要分成（　　　）。

    A. 1 类　　　　　　B. 2 类　　　　　　C. 3 类　　　　　　D. 4 类

10. 关系数据库中，外码是（　　　）。

    A. 在一个关系中定义了约束的一个或一组属性

    B. 在一个关系中定义了缺省值的一个或一组属性

    C. 在一个关系中的一个或一组属性是另一个关系的主码

    D. 在一个关系中用于唯一标识元组的一个或一组属性

11. 关系数据库中，主键标识元组的作用是通过（　　　）来实现的。

    A. 实体完整性规则　　　　　　　　B. 参照完整性规则

    C. 用户自定义的完整性　　　　　　D. 属性的值域

12. 根据关系模式的完整性规则，一个关系中的主键（　　　）。

    A. 不能有两个　　　　　　　　　　B. 不能成为另一个关系的外部键

    C. 不允许空值　　　　　　　　　　D. 可以取空值

13. 若规定工资表中基本工资不得超过 5000 元，则这个规定属于（　　　）。

    A. 关系完整性约束　　　　　　　　B. 实体完整性约束

    C. 参照完整性约束　　　　　　　　D. 用户定义完整性

14. 在数据表中，可以删除字段列的指令是（　　　）。

    A. ALTER TABLE…DELETE

    B. ALTER TABLE…DELETE COLUMN…

    C. ALTER TABLE…DROP…

   D. ALTER TABLE…DROP COLUMN…

15. 数据表中,可修改字段的数据类型的指令是( )。

   A. ALTER TABLE…ALTER COLUMN

   B. ALTER TABLE…MODIFY COLUMN…

   C. ALTER TABLE…UPDATE…

   D. ALTER TABLE…UPDATE COLUMN…

第5章

使用 SQL 管理表数据

对数据库中表数据执行添加、删除、修改和查询操作是必不可少的工作。查询是指从数据库中获取用户所需要的数据，查询操作在数据库操作中经常用到，而且也是最重要的操作之一。添加是向数据库表中添加不存在的记录，修改是对已经存在的记录进行更新，删除则是删除数据库中已存在的记录。

查询数据库中的记录有多种方式，可以查询所有的数据，也可以根据用户自己的需要进行查询，还可以借助集合函数进行查询。通过不同的查询方式，可以获取不同的数据。

5.1 SQL 的数据操纵功能

SQL 语言的数据操纵语句 DML 主要包括插入数据、修改数据和删除数据三种语句。

5.1.1 插入数据记录

插入数据是把新的记录插入到一个已有表中。插入数据使用语句 INSERT INTO，可分为以下几种情况。

1. 插入一行新记录

语法格式为：

```
INSERT INTO<表名>[(<列名 1>[,<列名 2>…])])VALUES(<值>)
```

其中：

- <表名>是指要插入新记录的表。
- <列名>是可选项，指定待添加数据的列，列出列名，则 VALUES 子句中值的排列顺序必须和列名表中的列名排列顺序一致，个数相等，数据类型一一对应；若省略列名，则 VALUES 子句中值的排列顺序必须和定义表时的列名排列顺序一致，个数相等，数据类型一一对应。
- VALUES 子句指定待添加数据的具体值。

【**例 5-1**】 在 student 表中插入一条学生记录(学号：'202011070339',姓名：梦欣怡,性别：女,出生年月：2002-06-18,专业号：1102,所在班：大数据 2001)。

```
INSERT INTO student VALUES ('202011070339', '梦欣怡', '女', '2002-06-18', '1102',
'大数据 2001');
```

注意：

- 必须用逗号将各个数据分隔开，字符型数据要用单引号括起来。
- INTO 子句中没有指定列名，则新插入的记录必须在每个属性列上均有值，且 VALUES 子句中值的排列顺序要和表中各属性列的排列顺序一致。

2. 插入一行的部分数据值

【例 5-2】　在 sc 表中插入一条选课记录('202011070339','58130540')。

```
INSERT INTO sc(Sno, Cno) VALUES ('202011070339 ', '58130540');
```

语句将 VALUES 子句中的值按照 INTO 子句中指定列名的顺序插入到表中。

对于 INTO 子句中没有出现的列，新插入的记录在这些列上将取空值，如 sc 表中的 grade 列即赋空值（NULL）。

但对于那些在表定义时有 NOT NULL 约束的属性列，则不能取空值。

3. 插入多行记录

用户可以从一个表中抽取数据插入另一表中，这可通过子查询来实现。

插入数据的命令语法格式为：

```
INSERT INTO<表名>[(<列名 1>[,<列名 2>…])]
子查询
```

【例 5-3】　建一点名表 studentlist（Sno，Sname，Ssex），其中字段含义分别是学生学号，学生姓名，学生性别，并把学生表中的相关数据插入到点名表中。

```
CREATE TABLE studentlist
(
    Sno CHAR(10),
    Sname VARCHAR(20),
    Ssex VARCHAR(10)
);
INSERT INTO studentlist(Sno,Sname,Ssex) SELECT Sno,Sname,Ssex FROM student;
```

5.1.2　修改数据记录

SQL 语言可以使用 UPDATE 语句对表中的一行或多行记录的某些列的值进行修改，其语法格式为：

```
UPDATE<表名>
    SET<列名>=<表达式>[,<列名>=<表达式>…]
    [WHERE<条件>]
```

其中：

- <表名>：是指要修改的表。
- SET 子句：给出要修改的列及其修改后的值。
- WHERE 子句指定待修改的记录应当满足的条件，WHERE 子句省略时，则修改表中的所有记录。

下面的示例修改一行记录。

【例 5-4】　把转专业的"郭爽"同学从"供应链 2001"转到"区块链 2001"。

```
UPDATE student SET Sclass='区块链 2001' WHERE Sname='郭爽';
```

下面的示例修改多行记录。

【例 5-5】　将所有课程的学分增加 1。

```
UPDATE course SET Ccredit=Ccredit+1;
```

【例 5-6】　把选修表中每个同学的成绩提高 5 分。

```
UPDATE sc SET Grade=Grade+5;
```

5.1.3　删除数据记录

使用 DELETE 语句可以删除表中的一行或多行记录，其语法格式为：

```
DELETE
FROM<表名>
[WHERE<条件>]
```

其中：

- <表名>：要删除数据的表。
- WHERE 子句：指定待删除的记录应当满足的条件，WHERE 子句省略时，则删除表中的所有记录。

下面的示例删除一行记录。

【例 5-7】　删除"马琦"同学的记录。

```
DELETE FROM student WHERE Sname='马琦';
```

下面的示例删除多行记录。

【例 5-8】　从学生表中删除所有工商 1401 班的同学记录。

```
DELETE FROM student WHERE Sclass='工商 1401';
```

【例 5-9】　删除学生表中的所有记录。

```
DELETE FROM student;
```

执行此语句后，student 表即为一个空表，但其定义仍存在于数据字典中。

5.1.4　使用 TRUNCATE 清空表数据

TRUNCATE 用于完全清空一个表，基本语法格式如下：

```
TRUNCATE[table]表名
```

【例 5-10】 清除 sc 表。

```
TRUNCATE table sc;
```

注意：TRUNCATE TABLE 与 DELETE 的区别如下。

- TRUNCATE TABLE 在功能上与不带 WHERE 子句的 DELETE 语句相同：两者均删除表中的全部行。但 TRUNCATE TABLE 比 DELETE 速度快，且使用的系统和事务日志资源少。DELETE 语句每次删除一行，会在事务日志中为所删除的每行记录一项。
- TRUNCATE TABLE 通过释放存储表数据所用的数据页来删除数据，且只在事务日志中记录页的释放。

TRUNCATE、DELETE、DROP 的比较如下。

- TRUNCATE TABLE：删除内容、释放空间但不删除定义。
- DELETE TABLE：删除内容不删除定义，不释放空间。
- DROP TABLE：删除内容和定义，释放空间。

5.2　SQL 的数据查询功能

查询功能是 SQL 语言的核心功能，是数据库中使用最多的操作，查询语句也是最复杂的一个语句。本节中的例子都是基于 jxgl 数据库的，数据表中的数据请参见 5.3 节。

5.2.1　查询语句 SELECT 的基本结构

SELECT 语句可以有效地从数据库的表或视图中访问和提取数据，并具有强大的单表和多表查询功能，正因为如此，SELECT 语句的可选项很多，语法也比较复杂。其一般格式为：

```
SELECT[ALL|DISTINCT]<目标列表达式>[[AS]<新列名>][,…n]
    FROM<表名或视图名>[[AS]<别名>][…n]
    [WHERE<条件表达式>]
    [GROUP BY<分组依据列>]
    [HAVING<条件表达式>]
    [ORDER BY<排序依据列>[ASC|DESC]][,…n]
    [LIMIT N,M]
```

其中：

- [ALL|DISTINCT]：指定在结果集中是否显示重复行。ALL 表示显示，为默认值；DISTINCT 表示不显示。
- <目标列表达式>[[AS]<新列名>][,…n]：指定为结果集选定的列。特别地，如果该处为"＊"，则表示输出所有列。
- <表名或视图名>[[AS]<别名>][,…n]：指定从其中检索数据的表或视图。
- [WHERE<条件表达式>]：指定数据检索的条件。

- ［GROUP BY＜分组依据列＞］：实现对数据的分组查询。
- ［HAVING＜条件表达式＞］：用于分组后的筛选条件。
- ［ORDER BY＜排序依据列＞］［ASC|DESC］］［,…n］：对结果集按＜排序依据列＞指定的列的值排序。其中 ASC 表示升序排列，为默认值；DESC 表示降序排列。
- ［LIMIT N,M］：表示只从查询结果集中输出从 N 到 M 行。

整个 SELECT 语句的含义是：根据 WHERE 子句的条件表达式，从 FROM 子句指定的基本表或视图中找出满足条件的元组，再按 SELECT 子句中的目标列表达式，选出元组中的属性值，形成结果表。如果有 GROUP 子句，则将结果按＜分组依据列＞的值进行分组，该属性列的值相等的元组为一个组，每个组产生结果表中的一条记录。通常会在分组中使用集函数。如果 GROUP 子句带 HAVING 短语，则只有满足指定条件的组才予以输出。如果有 ORDER 子句，则还需对结果按＜排序依据列＞的值升序或降序排列。

5.2.2　单表查询

1. 选择表中的若干列

下面的示例查询全部列。

【例 5-11】　查询全体学生的详细记录。

```
SELECT * FROM student;
```

该 SELECT 语句实际上是无条件地把 student 表的全部信息都查询出来，所以也称为全表查询，这是很常用的也是最简单的一种查询。

输出结果如图 5-1 所示。

sno	sname	ssex	sbirth	zno	sclass
202011070338	孙一凯	男	2000-10-11	1102	大数据2001
202011855228	唐晓	女	2002-11-05	1102	大数据2001
202011855321	蓝梅	女	2002-07-02	1102	大数据2001
202011855426	余小梅	女	2002-06-18	1102	大数据2001
202012040137	郑熙婷	女	2003-05-23	1214	区块链2001
202012855223	徐美利	女	2000-09-07	1214	区块链2001
202014070116	欧阳贝贝	女	2002-01-08	1407	健管2001
202014320425	曹平	女	2002-12-14	1407	健管2001
202014855302	李壮	男	2003-01-17	1409	智能医学2001
202014855308	马琦	男	2003-06-14	1409	智能医学2001
202014855328	刘梅红	女	2000-06-12	1407	健管2001
202014855406	王松	男	2003-10-06	1409	智能医学2001
202016855305	聂鹏飞	男	2002-08-25	1601	供应链2001
202016855313	郭爽	女	2001-02-14	1601	供应链2001
202018855212	李冬旭	男	2003-06-08	1805	智能感知2001
202018855232	王琴雪	女	2002-07-20	1805	智能感知2001

图 5-1　查询全体学生详细记录的结果

下面的示例查询指定列。

【例 5-12】　查询全体学生的学号与姓名。

```
SELECT Sno,Sname FROM student;
```

输出结果如图 5-2 所示。

目标列表达式中各个列的先后顺序可以与表中的顺序不一致。也就是说，用户在查询时可以根据应用的需要改变列的显示顺序。

【例 5-13】　查询全体学生的姓名、学号、所在班级。

```
SELECT Sname,Sno,Sclass FROM student;
```

输出结果如图 5-3 所示。

信息	结果 1	剖析	状态
Sno		Sname	
202011070338		孙一凯	
202011855228		唐晓	
202011855321		蓝梅	
202011855426		余小梅	
202012040137		郑熙婷	
202012855223		徐美利	
202014070116		欧阳贝贝	
202014320425		曹平	
202014855302		李壮	
202014855308		马琦	
202014855328		刘梅红	
202014855406		王松	
202016855305		聂鹏飞	
202016855313		郭爽	
202018855212		李冬旭	
202018855232		王琴雪	

图 5-2　查询全体学生的学号
与姓名的结果

信息	结果 1	剖析	状态
Sname	Sno		Sclass
孙一凯	202011070338		大数据2001
唐晓	202011855228		大数据2001
蓝梅	202011855321		大数据2001
余小梅	202011855426		大数据2001
郑熙婷	202012040137		区块链2001
徐美利	202012855223		区块链2001
欧阳贝贝	202014070116		健管2001
曹平	202014320425		健管2001
李壮	202014855302		智能医学2001
马琦	202014855308		智能医学2001
刘梅红	202014855328		健管2001
王松	202014855406		智能医学2001
聂鹏飞	202016855305		供应链2001
郭爽	202016855313		供应链2001
李冬旭	202018855212		智能感知2001
王琴雪	202018855232		智能感知2001

图 5-3　查询全体学生的姓名、学号、
所在班级的结果

结果表中列的顺序与基表中不同，是按查询要求先列出姓名属性，再列出学号属性和所在系属性。

下面示例查询经过计算的值。

SELECT 子句的＜目标列表达式＞不仅可以是表中的属性列，也可以是有关表达式，即可以将查询出来的属性列经过一定的计算后列出结果。

【例 5-14】　查询全体学生的姓名及其年龄。

```
SELECT Sname,YEAR(now())-YEAR(Sbirth) FROM student;
```

本例中，＜目标列表达式＞中第二项不是通常的列名，而是一个计算表达式，是用当前的年份减去学生的出生日期，这样所得的即为学生的年龄。其中，YEAR()是输出年份的函数，now()是输出当前日期的函数。

输出结果如图 5-4 所示。

表达式不仅可以是算术表达式，还可以是字符串常量、函数等。

【例 5-15】 查询全体学生的姓名、出生年份。

SELECT Sname AS 学生姓名, YEAR(Sbirth) AS 出生年份 FROM student;

输出结果如图 5-5 所示。

信息	解释 1	结果 1	剖析	状态

Sname	YEAR(now())-YEAR(Sbirth)
孙一凯	21
唐晓	19
蓝梅	19
余小梅	19
郑熙婷	18
徐美利	21
欧阳贝贝	19
曹平	19
李壮	18
马琦	18
刘梅红	21
王松	18
聂鹏飞	19
郭爽	20
李冬旭	18
王琴雪	19

图 5-4 查询全体学生的姓名
及其年龄的结果

信息	解释 1	结果 1	剖析	状态

学生姓名	出生年份
孙一凯	2000
唐晓	2002
蓝梅	2002
余小梅	2002
郑熙婷	2003
徐美利	2000
欧阳贝贝	2002
曹平	2002
李壮	2003
马琦	2003
刘梅红	2000
王松	2003
聂鹏飞	2002
郭爽	2001
李冬旭	2003
王琴雪	2002

图 5-5 查询全体学生的姓名及其出生
年份（列取别名）的结果

从上例可以看出用户可以通过指定别名来改变查询结果的列标题，这对于含算术表达式、常量、函数名的目标列表达式尤其有用。

2. 选择表中的若干元组

下面的示例消除取值重复的行。

【例 5-16】 查询所有选修过课的学生学号。

SELECT Sno FROM sc;

执行上面的 SELECT 语句后，输出结果如图 5-6 所示。

该查询结果里包含了许多重复行。如果想去掉结果表中的重复行，应使用 DISTINCT 短语：

SELECT DISTINCT Sno FROM sc;

输出结果如图 5-7 所示。

要查询满足条件的元组，可以通过 WHERE 子句实现。WHERE 子句常用的查询条件如表 5-1 所示。

图 5-6 查询所有选修过课的
学生学号的结果

图 5-7 查询所有选修过课的学生
学号(去除重复行的结果)

表 5-1 常用的查询条件

查 询 条 件	谓 词
比较(比较运算符)	=、>、>=、<、<=、<>(!=)、NOT
确定范围	BETWEEN…AND、NOT BETWEEN…AND
确定集合	IN、NOT IN
字符匹配	LIKE、NOT LIKE
空值	IS NULL、IS NOT NULL
多重条件	AND、OR

3. 比较大小

下面的示例比较大小。

【**例 5-17**】 查询"大数据 2001"班的全体学生名单。

```
SELECT Sname FROM student WHERE Sclass='大数据2001';
```

输出结果如图 5-8 所示。

【**例 5-18**】 查询所有"2001"年以前出生学生的姓名及其出生日期。

```
SELECT Sname,Sbirth FROM student WHERE Sbirth<'2001-01-01';
```

输出结果如图 5-9 所示。

【**例 5-19**】 查询考试成绩低于 75 的学生学号。

```
SELECT DISTINCT Sno FROM sc WHERE Grade<75;
```

这里使用了 DISTINCT 短语,会在结果集中去掉重复行。用在此处,使得当某个学生有多门课程不及格时,其学号也只列一次。

图 5-8　查询"大数据 2001"班的
全体学生名单的结果

图 5-9　查询所有"2001"年以前出生学生
的姓名及其出生日期的结果

输出的结果如图 5-10 所示。

【例 5-20】　查询在'2000-01-01' 和'2002-12-31'之间出生的学生的姓名、班级和出生日期。

```
SELECT Sname,Sclass,sbirth FROM student WHERE sbirth
    BETWEEN '2000-01-01' AND '2002-12-31';
```

输出结果如图 5-11 所示。

图 5-10　查询考试成绩低于 75 的
学生学号的结果

图 5-11　查询在两个日期之间出生学生的
姓名、班级和出生日期的结果

与 BETWEEN…AND…相对的谓词是 NOT BETWEEN…AND…。

【例 5-21】　查询不在'2000-01-01' 和'2002-12-31'之间出生的学生的姓名、班级和出生日期。

```
SELECT Sname,Sclass,sbirth FROM student WHERE sbirth
    NOT BETWEEN '2000-01-01' AND '2002-12-31';
```

输出结果如图 5-12 所示。

【例 5-22】　查询"区块链 2001"和"供应链 2001"班学生的姓名和性别。

```
SELECT Sname,Ssex FROM student WHERE Sclass IN('区块链 2001','供应链 2001');
```

输出结果如图 5-13 所示。

信息	解释 1	结果 1	剖析	状态

Sname	Sclass	sbirth
▶郑熙婷	区块链2001	2003-05-23
李壮	智能医学2001	2003-01-17
马琦	智能医学2001	2003-06-14
王松	智能医学2001	2003-10-06
李冬旭	智能感知2001	2003-06-08

图 5-12　查询不在两个日期之间出生学生
的姓名、班级和出生日期的结果

信息	解释 1	结果 1	剖析	状态

Sname	Ssex
▶郑熙婷	女
徐美利	女
聂鹏飞	男
郭爽	女

图 5-13　查询指定两个班级学生的
姓名和性别的结果

与 IN 相对的谓词是 NOT IN,用于查找属性值不属于指定集合的元组。

【例 5-23】　查询既不是"区块链 2001"也不是"供应链 2001"班的学生的姓名和性别。

SELECT Sname, Ssex FROM student WHERE Sclass NOT IN('区块链 2001','供应链 2001');

输出结果如图 5-15 所示。

谓词 LIKE 可以用来进行字符串的匹配。其语法格式如下：

[NOT]LIKE '<匹配串>'

其含义是查找指定的属性列值与<匹配串>相匹配的元组。

<匹配串>可以是一个完整的字符串,也可以含有以下通配符：

- %(百分号)：代表任意长度(长度可以为 0)的字符串。
- _(下横线)：代表任意单个字符。
- []：匹配[]中的任意一个字符。
- [^]：不匹配[]中的任意一个字符。

当<匹配串>中没有通配符时,"LIKE"的作用等同于"＝"。

信息	解释 1	结果 1	剖析	状态

Sname	Ssex
▶孙一凯	男
唐晓	女
蓝梅	女
余小梅	女
欧阳贝贝	女
曹平	女
李壮	男
马琦	男
刘梅红	女
王松	男
李冬旭	男
王琴雪	女

图 5-14　查询不在指定两个班级中
的学生姓名和性别的结果

【例 5-24】　查询所有姓李的学生的姓名、学号和性别。

SELECT Sname,Sno,Ssex FROM student WHERE Sname LIKE '李%';

输出结果如图 5-15 所示。

【例 5-25】　查询姓名中第二个字为"小"的学生的姓名和学号。

SELECT Sname,Sno FROM student WHERE Sname LIKE'_小%';

输出结果如图 5-16 所示。

【例 5-26】　查询所有不姓李的学生的姓名。

SELECT Sname FROM student WHERE Sname NOT LIKE'李%';

输出结果如图 5-17 所示。

图 5-15　查询姓李的学生姓名信息的结果

图 5-16　查询姓名第二个字为"小"的
学生姓名和学号的结果

空值（NULL）是没有值或值不确定，空值不可比较大小，因此不能用"＝"对空值进行运算，应该用"IS"。注意，空值不是空格、空字符串或 0。

【例 5-27】　某些学生选修某门课程后没有参加考试，所以有选课记录，但没有考试成绩，假设这些学生的成绩为空值（NULL）。下面我们来查一下缺少成绩的学生的学号和相应的课程号。

SELECT Sno,Cno FROM sc WHERE Grade IS NULL

输出结果如图 5-18 所示。

图 5-17　查询所有不姓李的学生姓名的结果

图 5-18　查询成绩为空的信息结果

由于 sc 表中的 grade 列都有数值，所以输出结果为空。

注意这里的"IS"不能用等号"＝"代替。

【例 5-28】　查询所有成绩记录的学生学号和课程号。

SELECT Sno,Cno FROM sc WHERE Grade IS NOT NULL;

输出结果如图 5-19 所示。

逻辑运算符 AND 和 OR 可用来联结多个查询条件。如果这两个运算符同时出现在同一个 WHERE 条件子句中，则 AND 的优先级高于 OR，但用户可以用括号改变优先级。

【例 5-29】 查询"智能感知 2001"班的男生的姓名和学号。

SELECT Sname,Sno FROM student WHERE Sclass='智能感知 2001' AND Ssex='男';

输出结果如图 5-20 所示。

图 5-19 查询所有成绩记录的学生
学号和课程号的结果

图 5-20 查询"智能感知 2001"班的
男生的姓名和学号的结果

4. 对查询结果排序

如果没有指定查询结果的显示顺序,DBMS 将按其最方便的顺序(通常是元组在表中的先后顺序)输出查询结果。用户也可以用 ORDER BY 子句指定按照一个或多个属性列的升序(ASC)或降序(DESC)重新排列查询结果,其中升序(ASC)为默认值。

【例 5-30】 查询选修了"58130540"课程的学生学号及其成绩,查询结果按分数降序排列。

SELECT Sno,Grade FROM sc WHERE Cno='58130540' ORDER BY Grade DESC;

输出结果如图 5-21 所示。

图 5-21 查询某课程学生的学号和成绩并按分降序排列的结果

前面已经提到,可能有些学生选修了"58130540"课程后没有参加考试,即成绩列为空值。用 ORDER BY 子句对查询结果按成绩排序时,若按降序排列,成绩为空值的元组将最后显示;若按升序排列,成绩为空值的元组将最先显示。

【例 5-31】 查询全体学生的情况,查询结果按所在系升序排列,对同一系中的学生按年龄降序排列。

SELECT * FROM student ORDER BY Sclass,Sbirth DESC;

输出结果如图 5-22 所示。

sno	sname	ssex	sbirth	zno	sclass
202016855305	聂鹏飞	男	2002-08-25	1601	供应链2001
202016855313	郭爽	女	2001-02-14	1601	供应链2001
202014320425	曹平	女	2002-12-14	1407	健管2001
202014070116	欧阳贝贝	女	2002-01-08	1407	健管2001
202014855328	刘梅红	女	2000-06-12	1407	健管2001
202012040137	郑美婷	女	2003-05-23	1214	区块链2001
202012855223	徐美利	女	2000-09-07	1214	区块链2001
202011855228	唐晓	女	2002-11-05	1102	大数据2001
202011855321	蓝梅	女	2002-07-02	1102	大数据2001
202011855426	余小梅	女	2002-06-18	1102	大数据2001
202011070338	孙一凯	男	2000-10-11	1102	大数据2001
202014855406	王松	男	2003-10-06	1409	智能医学2001
202014855308	马琦	男	2003-06-14	1409	智能医学2001
202014855302	李壮	男	2003-01-17	1409	智能医学2001
202018855212	李冬旭	男	2003-06-08	1805	智能感知2001
202018855232	王琴雪	女	2002-07-20	1805	智能感知2001

图 5-22　查询所有学生信息并按要求排序的结果

5. 使用集函数

为了进一步方便用户，增强检索功能，SQL 提供了许多集函数，主要包括：

- COUNT（[DISTINCT|ALL]＊）：统计元组个数。
- COUNT（[DISTINCT|ALL]＜列名＞）：统计一列中值的个数。
- SUM（[DISTINCT|ALL]＜列名＞）：计算一列值的总和（此列必须是数值型）。
- AVG（[DISTINCT|ALL]＜列名＞）：计算一列值的平均值（此列必须是数值型）。
- MAX（[DISTINCT|ALL]＜列名＞）：求一列值中的最大值。
- MIN（[DISTINCT|ALL]＜列名＞）：求一列值中的最小值。

如果指定 DISTINCT 短语，则表示在计算时要取消指定列中的重复值。如果不指定 DISTINCT 短语或指定 ALL 短语（ALL 为默认值），则表示不取消重复值。

【例 5-32】　查询学生总人数。

```
SELECT COUNT( * ) FROM student;
```

输出结果如图 5-23 所示。

【例 5-33】　查询选修了课程的学生人数。

```
SELECT COUNT(DISTINCT Sno) FROM sc;
```

输出结果如图 5-24 所示。

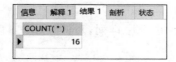

图 5-23　查询学生总人数的结果

图 5-24　查询选修了课程的学生人数的结果

　　学生每选修一门课,在 sc 中都有一条相应的记录,而一个学生一般都要选修多门课程,为避免重复计算学生人数,应该在 COUNT 函数中用 DISTINCT 短语。

【例 5-34】　计算选修课程号"58130540"的学生的平均成绩。

```
SELECT AVG(Grade) FROM sc WHERE Cno='58130540';
```

输出结果如图 5-25 所示。

【例 5-35】　查询选修课程号"58130540"的学生的最高分数。

```
SELECT MAX(Grade) FROM sc WHERE Cno='58130540';
```

输出结果如图 5-26 所示。

图 5-25　计算选修课程号"58130540"
　　　　　的学生平均成绩的结果

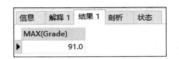

图 5-26　查询某门课学生最高分数的结果

【例 5-36】　查询选修课程号"58130540"的学生的最高分、最低分及平均分。

```
SELECT MAX(Grade), MIN(Grade), AVG(Grade) FROM sc WHERE Cno='58130540';
```

输出结果如图 5-27 所示。

6. 对查询结果分组

GROUP BY 子句可以将查询结果表的各行按一列或多列取值相等的原则进行分组。

对查询结果分组的目的是为了细化集函数的作用对象。如果未对查询结果分组,集函数将作用于整个查询结果,即整个查询结果只有一个函数值。否则,集函数将作用于每一个组,即每一组都有一个函数值。

【例 5-37】　查询各个课程号与相应的选课人数。

```
SELECT Cno,COUNT(Sno) FROM sc GROUP BY Cno;
```

输出结果如图 5-28 所示。

信息	解释 1	结果 1	剖析	状态
MAX(Grade)		MIN(Grade)		AVG(Grade)
91.0		77.0		84.33333

图 5-27　查询某门课的最高分、最低
　　　　　分和平均分的结果

信息	解释 1	结果 1	剖析	状态
Cno	COUNT(Sno)
11110140	1
11110470	2
11110930	1
18110140	2
18130320	3
18132220	2
58130540	3

图 5-28　查询各个课程号与相应
　　　　　的选课人数的结果

该 SELECT 语句对 sc 表按 Cno 的取值进行分组，所有具有相同 Cno 值的元组为一组，然后对每一组使用集函数 COUNT，以求得该组的学生人数。

如果分组后还要求按一定的条件对这些分组后的查询结果进行筛选，最终只输出满足指定条件的组，则可以使用 HAVING 短语指定筛选条件。

【例 5-38】　查询选修了 2 门以上课程的学生学号和选课数。

```
SELECT Sno,COUNT(Cno) FROM sc GROUP BY Sno HAVING COUNT(Cno)>2;
```

输出结果如图 5-29 所示。

选修课程超过 2 门的学生学号，首先需要用 GROUP BY 子句按 Sno 进行分组，再用集函数 COUNT 对每一组计数。如果某一组的元组数目大于 2，则表示此学生选修的课程数超过 2 门，应将其学号选出来。HAVING 短语指定选择组的条件，只有满足条件（即元组个数＞2）的组才会被选出来。

图 5-29　查询选修了 2 门以上课程的学生的学号和选课数的结果

WHERE 子句与 HAVING 短语的根本区别在于：作用对象不同。WHERE 子句作用于基本表或视图中的记录，从中选择满足条件的元组；HAVING 短语作用于分组查询后的结果，从中选择满足条件的结果。

5.2.3　连接查询

一个数据库中的多个表之间一般都存在某种内在联系，它们共同提供有用的信息。前面的查询都是针对一个表进行的。若一个查询同时涉及两个以上的表，则称之为连接查询。

1. 内连接

内连接是一种最常用的连接类型。使用内连接时，如果两个表的相关字段满足连接条件，则从这两个表中提取数据并组合成新的记录。

当连接运算符为"＝"时，称为等值连接。使用其他运算符时，称为非等值连接。

连接谓词中的列名为连接字段。连接条件中的各连接字段类型必须是可比的，但不必是相同的。例如，可以都是字符型，或都是日期型；也可以一个是整型，另一个是实型，整型和实型都是数值型，因此是可比的。但若一个是字符型，另一个是整型就不允许，因为它们是不可比的类型。

从概念上讲，DBMS 执行连接操作的过程是：首先在表 1 中找到第一个元组；然后从头开始顺序扫描或按索引扫描表 2，查找满足连接条件的元组，每找到一个元组，就将表 1 中的第一个元组与该元组拼接起来，形成结果表中的一个元组。表 2 全部扫描完毕后，再到表 1 中找第二个元组，然后再从头开始顺序扫描或按索引扫描表 2，查找满足连接条件的元组，每找到一个元组，就将表 1 中的第二个元组与该元组拼接起来，形成结果表中的一个元组。重复上述操作，直到表 1 全部元组都处理完毕为止。

【例 5-39】　查询每个学生及其选修课程的情况。

学生情况存放在 student 表中，学生选课情况存放在 sc 表中，所以本查询实际上同时涉及 student 与 sc 两个表中的数据。这两个表之间的联系是通过两个表都具有的属性

Sno 实现的。要查询学生及其选修课程的情况,就必须将这两个表中学号相同的元组连接起来。这是一个等值连接。

完成本查询的 SQL 语句为:

```
SELECT * FROM student,sc WHERE student.Sno=sc.Sno;
```

输出结果如图 5-30 所示。

sno	sname	ssex	sbirth	zno	sclass	sno(1)	cno	grade
202014855328	刘梅红	女	2000-06-12	1407	健管2001	202014855328	58130540	85.0
202014855406	王松	男	2003-10-06	1409	智能医学2001	202014855406	18110140	75.0
202012855223	徐美利	女	2000-09-07	1214	区块链2001	202012855223	18130320	60.0
202014070116	欧阳贝贝	女	2002-01-08	1407	健管2001	202014070116	11110930	65.0
202014855302	李壮	男	2003-01-17	1409	智能医学2001	202014855302	11110140	90.0
202011855228	唐晓	女	2002-11-05	1102	大数据2001	202011855228	18132220	96.0
202018855232	王琴雪	女	2002-07-20	1805	智能感知2001	202018855232	18110140	87.0
202014855328	刘梅红	女	2000-06-12	1407	健管2001	202014855328	18130320	96.0
202014855406	王松	男	2003-10-06	1409	智能医学2001	202014855406	11110470	86.0
202012855223	徐美利	女	2000-09-07	1214	区块链2001	202012855223	58130540	77.0
202014855406	王松	男	2003-10-06	1409	智能医学2001	202014855406	18132220	84.0
202014070116	欧阳贝贝	女	2002-01-08	1407	健管2001	202014070116	18130320	90.0
202011855321	蓝梅	女	2002-07-02	1102	大数据2001	202011855321	11110470	69.0
202018855232	王琴雪	女	2002-07-20	1805	智能感知2001	202018855232	58130540	91.0

图 5-30　查询每个学生及其选修课程的结果

该查询语句的另一个等价的写法是:

```
SELECT * FROM student JOIN sc ON student.Sno=sc.Sno;
```

输出结果如图 5-31 所示。

Sno	Sname	Ssex	Sbirth	Sclass	Cno	Grade
202014855328	刘梅红	女	2000-06-12	健管2001	58130540	85.0
202014855406	王松	男	2003-10-06	智能医学2001	18110140	75.0
202012855223	徐美利	女	2000-09-07	区块链2001	18130320	60.0
202014070116	欧阳贝贝	女	2002-01-08	健管2001	11110930	65.0
202014855302	李壮	男	2003-01-17	智能医学2001	11110140	90.0
202011855228	唐晓	女	2002-11-05	大数据2001	18132220	96.0
202018855232	王琴雪	女	2002-07-20	智能感知2001	18110140	87.0
202014855328	刘梅红	女	2000-06-12	健管2001	18130320	96.0
202014855406	王松	男	2003-10-06	智能医学2001	11110470	86.0
202012855223	徐美利	女	2000-09-07	区块链2001	58130540	77.0
202014855406	王松	男	2003-10-06	智能医学2001	18132220	84.0
202014070116	欧阳贝贝	女	2002-01-08	健管2001	18130320	90.0
202011855321	蓝梅	女	2002-07-02	大数据2001	11110470	69.0
202018855232	王琴雪	女	2002-07-20	智能感知2001	58130540	91.0

图 5-31　查询每个学生及其选修课程的结果(另一种表达法)

在上面的写法中用关键词 JOIN 连接表，用关键词 ON 描述连接条件。关键词 JOIN 也可以写成 INNER JOIN。

如果是按照两个表中的相同属性进行等值连接，且目标列中去掉了重复的属性列，但保留了所有不重复的属性列，则称之为自然连接。SQL 没有提供直接实现自然连接的语法，可以用等值连接来实现它。

【例 5-40】 自然连接 student 和 sc 表。

```
SELECT student. Sno,Sname,Ssex,Sbirth,Sclass,Cno, Grade
    FROM student,sc WHERE student.Sno=sc.Sno;
```

输出结果如图 5-32 所示。

Sno	Sname	Ssex	Sbirth	Sclass	Cno	Grade
202014855328	刘梅红	女	2000-06-12	健管2001	58130540	85.0
202014855406	王松	男	2003-10-06	智能医学2001	18110140	75.0
202012855223	徐美利	女	2000-09-07	区块链2001	18130320	60.0
202014070116	欧阳贝贝	女	2002-01-08	健管2001	11110930	65.0
202014855302	李壮	男	2003-01-17	智能医学2001	11110140	90.0
202011855228	唐晓	女	2002-11-05	大数据2001	18132220	96.0
202018855232	王琴雪	女	2002-07-20	智能感知2001	18110140	87.0
202014855328	刘梅红	女	2000-06-12	健管2001	18130320	96.0
202014855406	王松	男	2003-10-06	智能医学2001	11110470	86.0
202012855223	徐美利	女	2000-09-07	区块链2001	58130540	77.0
202014855406	王松	男	2003-10-06	智能医学2001	18132220	84.0
202014070116	欧阳贝贝	女	2002-01-08	健管2001	18130320	90.0
202011855321	蓝梅	女	2002-07-02	大数据2001	11110470	69.0
202018855232	王琴雪	女	2002-07-20	智能感知2001	58130540	91.0

图 5-32 自然连接 student 和 sc 表的结果

这个连接的另一种等价的写法是：

```
SELECT student. Sno,Sname,Ssex,Sbirth,Sclass,Cno,Grade
    FROM student INNER JOIN sc ON student.Sno=sc.Sno;
```

输出结果如图 5-33 所示。

在本查询中，由于 Sname、Ssex、Sbirth、Sclass、Cno 和 Grade 属性列在 student 与 sc 表中是唯一的，因此引用时可以去掉表名前缀。而 Sno 在两个表中都出现了，因此引用时必须加上表名前缀。该查询的执行结果不再出现 sc.Sno 列。

【例 5-41】 查询选修"58130540"课程且成绩在 90 分以上的所有学生的学号、姓名、课程号和成绩。

```
SELECT student.Sno,Sname,cno,grade FROM student, sc
    WHERE student.Sno=sc.Sno AND sc.Cno='58130540 ' AND sc.Grade> 90;
```

输出结果如图 5-34 所示。

与之等价的另外一种写法是：

图 5-33　自然连接 student 和 sc 表（另一种表达法）的结果

图 5-34　查询选修某门课满足条件学生的信息

```
SELECT student. Sno, Sname, Cno, Snarne FROM student JOIN sc ON student.Sno=sc.
    Sno WHERE sc.Cno='58130540' AND sc.Grade> 90;
```

输出结果如图 5-35 所示。

图 5-35　查询选修某门课满足条件学生的信息（另一种表达法）

【例 5-42】　查询每个学生及其选修的课程名和成绩。

```
SELECT student. Sno,Sname,Cname,Grade FROM student,sc,course
    WHERE student.Sno=sc.Sno AND sc.Cno=course.Cno;
```

输出结果如图 5-36 所示。

与之等价的另外一种写法是：

```
SELECT student.Sno, Sname, Cname, Grade FROM student
    JOIN sc ON student.Sno=sc.Sno
    JOIN course ON sc.Cno=course.Cno;
```

输出结果如图 5-37 所示。

图 5-36　查询每个学生及其选修的课程名和成绩的结果

图 5-37　查询每个学生及其选修的课程名和成绩（另一种表达法）的结果

2. 自连接

连接操作不仅可以在两个表之间进行，也可以是一个表与其自身进行连接，这种连接称为表的自身连接或自连接。

【例 5-43】　查询与"余小梅"在同一个班学习的学生的姓名和所在专业号。

在这个查询中我们需要连接两个 student 表，为区分它们，我们分别为 student 表取两个别名，一个是 a，另一个是 b，也可以在考虑问题时就把 student 表想成是一个表的两个副本，一个是 a 表，另一个是 b 表。

完成该查询的 SQL 语句为：

```
SELECT DISTINCT a.Sname FROM student a,student b
    WHERE a.Sclass=b.Sclass AND a.Sclass='大数据 2001';
```

输出结果如图 5-38 所示。

图 5-38　查询与"余小梅"在同一个班学习的学生的姓名和所在专业号的结果

3. 外连接

在通常的连接操作中,只有满足连接条件的元组才能作为结果输出。如在例 5-24 的结果表中只有 8 个学生的信息,而学生表(student)中一共有 16 个同学。缺少另外 8 个同学的原因在于其没有选课,在 SC 表中没有相应的元组。

但是有时我们想以 student 表为主体列出每个学生的基本情况及其选课情况,若某个学生没有选课,则只输出其基本情况的信息,其选课信息为空值即可,这时就需要使用左外连接。

【例 5-44】　查询所有同学的情况以及他们的选课情况。

```
SELECT student.Sno, Sname, Ssex, Sbirth, Sclass, Cno, Grade
    FROM student, sc WHERE student.Sno=sc.Sno;
```

输出结果如图 5-39 所示。

Sno	Sname	Ssex	Sbirth	Sclass	Cno	Grade
202014855328	刘梅红	女	2000-06-12	健管2001	58130540	85.0
202014855406	王松	男	2003-10-06	智能医学2001	18110140	75.0
202012855223	徐美利	女	2000-09-07	区块链2001	18130320	60.0
202014070116	欧阳贝贝	女	2002-01-08	健管2001	11110930	65.0
202014855302	李壮	男	2003-01-17	智能医学2001	11110140	90.0
202011855228	唐晓	女	2002-11-05	大数据2001	18132220	96.0
202018855232	王琴雪	女	2002-07-20	智能感知2001	18110140	87.0
202014855328	刘梅红	女	2000-06-12	健管2001	18130320	96.0
202014855406	王松	男	2003-10-06	智能医学2001	11110470	86.0
202012855223	徐美利	女	2000-09-07	区块链2001	58130540	77.0
202014855406	王松	男	2003-10-06	智能医学2001	18132220	84.0
202014070116	欧阳贝贝	女	2002-01-08	健管2001	18130320	90.0
202011855321	蓝梅	女	2002-07-02	大数据2001	11110470	69.0
202018855232	王琴雪	女	2002-07-20	智能感知2001	58130540	91.0

图 5-39　查询所有同学的情况以及其选课情况的结果

从上面的例子中可以看出,没有选课的同学的相应字段中应填入空值。
本例的另一个等价写法是:

```
SELECT student.Sno, Sname, Ssex, Sbirth, Sclass, Cno, Grade
    FROM student LEFT OUTER JOIN sc ON student.Sno=sc.Sno
```

输出结果如图 5-40 所示。
右外连接同理。

图 5-40　查询所有同学的情况以及其选课情况（另一种表达法）的结果

5.2.4　嵌套查询

在 SQL 语言中，一个 SELECT…FROM…WHERE 语句称为一个查询块。将一个查询块嵌套在另一个查询块的 WHERE 子句或 HAVING 短语条件中的查询称为嵌套查询或子查询。

请看下面的查询：

```
SELECT Sname FROM student WHERE Sno IN
    (SELECT Sno FROM sc WHERE Cno='18132220')
```

在这个查询中，下层查询块（SELECT Sno FROM sc WHERE Cno＝'18132220'）是嵌套在上层查询块（SELECT Sname FROM student WHERE Sno IN）的 WHERE 条件中的。上层的查询块又称为外层查询或父查询或主查询，下层查询块又称为内层查询或子查询。

SQL 语言允许多层嵌套查询，即一个子查询中还可以嵌套其他子查询。

需要特别指出的是，子查询的 SELECT 语句中不能使用 ORDER BY 子句，ORDER BY 子句永远只能对最终查询结果排序。

嵌套查询的求解方法是由内向外处理。即每个子查询在其上一级查询处理之前求解，子查询的结果用于建立其父查询的查找条件。

嵌套查询使得可以用一系列简单查询构成复杂的查询，从而明显增强了 SQL 的查询能力。

1. 带有 IN 谓词的子查询

带有 IN 谓词的子查询是指父查询与子查询之间用 IN 进行连接，判断某个属性列的值是否在子查询的结果中。由于在嵌套查询中，子查询的结果往往是一个集合，所以谓词 IN 是嵌套查询中最经常使用的谓词。

【例 5-45】　查询与"郭爽"在同一个班学习的学生。

确定"郭爽"所在班名：

SELECT Sclass FROM student WHERE Sname='郭爽';

输出结果为如图 5-41 所示。

查找所有在该班学习的学生：

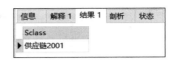

图 5-41　查询与"郭爽"所在班名的结果

SELECT * FROM student WHERE Sclass='供应链 2001';

输出结果如图 5-42 所示。

sno	sname	ssex	sbirth	zno	sclass
▶ 202016855305	聂鹏飞	男	2002-08-25	1601	供应链2001
202016855313	郭爽	女	2001-02-14	1601	供应链2001

图 5-42　查找所有在该班学习的学生信息

分步写查询毕竟比较麻烦，上述查询实际上可以直接用子查询来实现，即将第一步查询嵌入到第二步查询中，用以构造第二步查询的条件。这个例子可以直接用下面带有 IN 谓词的子查询实现：

SELECT * FROM student WHERE Sclass IN
    (SELECT Sclass FROM student WHERE Sname='郭爽');

输出结果如图 5-43 所示。

sno	sname	ssex	sbirth	zno	sclass
▶ 202016855305	聂鹏飞	男	2002-08-25	1601	供应链2001
202016855313	郭爽	女	2001-02-14	1601	供应链2001

图 5-43　查找所有在该班学习的学生信息(用 IN 方法)

2. 带有比较运算符的子查询

带有比较运算符的子查询是指父查询与子查询之间用比较运算符进行连接。当用户能确切知道内层查询返回单值时，可以用＞、＜、＝、＞＝、＜＝、!＝或＜＞等比较运算符。

在例 5-45 中由于一个学生只可能在一个系学习，也就是说内查询郭爽所在班的结果是一个唯一值，因此该查询也可以用比较运算符来实现。

【例 5-46】　用比较运算符实现例 5-45，其 SQL 语句如下：

SELECT * FROM student WHERE Sclass=(SELECT Sclass FROM student
    WHERE Sname='郭爽');

输出结果如图 5-44 所示。

3. 带有 EXISTS 谓词的子查询

EXISTS 是代表存在的量词。带有 EXISTS 谓词的子查询不返回任何实际数据，它

信息	解释 1	结果 1	剖析	状态		
sno		sname	ssex	sbirth	zno	sclass
▶ 202016855305		聂鹏飞	男	2002-08-25	1601	供应链2001
202016855313		郭爽	女	2001-02-14	1601	供应链2001

图 5-44　用比较运算符实现例 5-45 的结果

只产生逻辑真值 true 或逻辑假值 false。

【例 5-47】　查询所有选修了"18110140"课程的学生姓名。

```
SELECT Sname FROM student WHERE EXISTS
    (SELECT * FROM sc WHERE student.Sno=sc.Sno AND Cno='18110140');
```

输出结果如图 5-45 所示。

使用存在量词 EXISTS 后，若内层查询结果非空，则外层的 WHERE 子句返回真值，否则返回假值。

由 EXISTS 引出的子查询，其目标列表达式通常都用 *，因为带 EXISTS 的子查询只返回真值或假值，给出列名亦无实际意义。

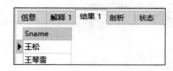

信息	解释 1	结果 1	剖析	状态
Sname				
▶ 王松				
王琴雪				

图 5-45　查询所有选修了"18110140"
课程的学生姓名的结果

这类查询与前面的不相关子查询有一个明显区别，即子查询的查询条件依赖于外层父查询的某个属性值（在本例中是依赖于 student 表的 Sno 值），我们称这类查询为相关子查询。求解相关子查询不能像求解不相关子查询那样，一次将子查询求解出来，然后求解父查询。相关子查询的内层查询由于与外层查询有关，因此必须反复求值。从概念上讲，相关子查询的一般处理过程是：首先取外层查询中 student 表的第一个元组，根据它与内层查询相关的属性值（即 Sno 值）处理内层查询，若 WHERE 子句返回值为真（即内层查询结果非空），则取此元组放入结果表；然后再检查 student 表的下一个元组；重复这一过程，直至 student 表全部检查完毕为止。

一些带 EXISTS 或 NOT EXISTS 谓词的子查询不能被其他形式的子查询等价替换，但所有带 IN 谓词、比较运算符、ANY 和 ALL 谓词的子查询都能用带 EXISTS 谓词的子查询等价替换。

5.3　示例 jxgl 数据库表结构和数据

本章 jxgl 数据库中各个表的数据如表 5-2～表 5-5 所示。

表 5-2　学生信息表 student

Sno	Sname	Ssex	Sbirth	Zno	Sclass
202011070338	孙一凯	男	2000/10/11	1102	大数据 2001
202011855228	唐晓	女	2002/11/5	1102	大数据 2001
202011855321	蓝梅	女	2002/7/2	1102	大数据 2001

续表

Sno	Sname	Ssex	Sbirth	Zno	Sclass
202011855426	余小梅	女	2002/6/18	1102	大数据 2001
202012040137	郑熙婷	女	2003/5/23	1214	区块链 2001
202012855223	徐美利	女	2000/9/7	1214	区块链 2001
202014070116	欧阳贝贝	女	2002/1/8	1407	健管 2001
202014320425	曹平	女	2002/12/14	1407	健管 2001
202014855302	李壮	男	2003/1/17	1409	智能医学 2001
202014855308	马琦	男	2003/6/14	1409	智能医学 2001
202014855328	刘梅红	女	2000/6/12	1407	健管 2001
202014855406	王松	男	2003/10/6	1409	智能医学 2001
202016855305	聂鹏飞	男	2002/8/25	1601	供应链 2001
202016855313	郭爽	女	2001/2/14	1601	供应链 2001
202018855212	李冬旭	男	2003/6/8	1805	智能感知 2001
202018855232	王琴雪	女	2002/7/20	1805	智能感知 2001

表 5-3　专业信息表 Specialty

Zno	Zname
1102	数据科学与大数据技术
1103	人工智能
1201	网络与新媒体
1214	区块链工程
1407	健康服务与管理
1409	智能医学工程
1601	供应链管理
1805	智能感知工程
1807	智能装备与系统

表 5-4　课程信息表 course

Cno	Cname	Ccredit	Cdept
11110140	大数据管理	3	人工智能学院
11110470	数据分析与可视化	3	人工智能学院
11110930	电子商务	2	人工智能学院

Cno	Cname	Ccredit	Cdept
11111260	客户关系管理	2	人工智能学院
11140260	新媒体运营	2	信息学院
18110140	Python 程序设计	3	信息学院
18111850	数据库原理	3	大数据学院
18112820	网站设计与开发	2	信息学院
18130320	Internet 技术及应用	2	信息学院
18132220	数据库技术及应用	2	大数据学院
18132370	Java 程序设计	2	信息学院
18132600	数据库原理与应用 A	3	大数据学院
58130060	Python 程序设计	3	信息学院
58130540	大数据技术及应用	3	大数据学院

表 5-5　选课信息表 sc

Sno	Cno	Grade
202014855328	58130540	85
202014855406	18110140	75
202012855223	18130320	60
202014070116	11110930	65
202014855302	11110140	90
202011855228	18132220	96
202018855232	18110140	87
202014855328	18130320	96
202014855406	11110470	86
202012855223	58130540	77
202014855406	18132220	84
202014070116	18130320	90
202011855321	11110470	69
202018855232	58130540	91

5.4　本　章　小　结

本章讲述了对数据的增删改查。在 MySQL 中,对数据库的查询是使用 SELECT 语句。本章主要介绍了 SELECT 语句的使用方法及语法要素,其中灵活运用 SELECT 语句对 MySQL 数据库进行各种方式的查询是学习重点。

5.5　思 考 与 练 习

1. 若用如下的 SQL 语句创建的一个 t_student 表:

CREATE TABLE t_student(NO C(4) NOT NULL,NAME C(8) NOT NULL, SEX C(2),AGE N(2))

以下 SQL 语句中,能够正常执行的是(　　　)。

A. INSERT INTO t_student VALUES ('2101','冷如霜',女,18)

B. INSERT INTO t_student VALUES ('2101','冷如霜',NULL,NULL)

C. INSERT INTO t_student VALUES (NULL,'冷如霜','女','18')

D. INSERT INTO t_student VALUES ('2101',NULL,'女',18)

2. 有 student 表,包含学号(ID)、姓名(NAME)、性别(SEX)等,以下语句中,统计女学生人数的语句是(　　　)。

A. SELECT COUNT(ID) FROM student

B. SELECT COUNT(ID) FROM student where SEX＝'女'

C. SELECT COUNT(ID) FROM student GROUP BY SEX

D. SELECT SEX FROM student WHERE SEX＝"女"

3. 如果 DELETE 语句中没有使用 WHERE 子句,则下列叙述中正确的是(　　　)。

A. 删除指定数据表中的最后一条记录

B. 删除指定数据表中的全部记录

C. 不删除任何记录

D. 删除指定数据表中的第一条记录

4. 下列关于 DROP、TRUNCATE 和 DELETE 命令的描述中,正确的是(　　　)。

A. 三者都能删除数据表的结构

B. 三者都只删除数据表中的数据

C. 三者都只删除数据表的结构

D. 三者都能删除数据表中的数据

5. 使用 SQL 语句查询学生信息表 tbl_student 中的所有数据,并按学生学号 stu_id 升序排列,正确的语句是(　　　)。

A. SELECT ＊ FROM tbl_student ORDER BY stu_id ASC;

B. SELECT ＊ FROM tbl_student ORDER BY stu_id DESC;

C. SELECT ＊ FROM tbl_student stu_id ORDER BY ASC;

　　D. SELECT ＊ FROM tbl_student stu_id ORDER BY DESC；

6. 在 MySQL 中，NULL 的含义是（　　　）。

　　A. 数值 0　　　　　　　B. 无值　　　　　　　C. 空串　　　　　　　D. FALSE

7. 关于 SELECT 语句，以下描述错误的是（　　　）。

　　A. SELECT 语句用于查询一个表或多个表的数据。

　　B. SELECT 语句属于数据操作语言（DML）。

　　C. SELECT 语句的列必须是基于表的列的。

　　D. SELECT 语句表示数据库中一组特定的数据记录。

8. 在语句"SELECT ＊ FROM student WHERe s_name LIKE '％ 晓％';"中，WHERE 关键字表示的含义是（　　　）。

　　A. 条件　　　　　　　B. 在哪里　　　　　　　C. 模糊查询　　　　　D. 逻辑运算

9. 查询 tb_book 表中 userno 字段的记录，并去除重复值的 SQL 语言是（　　　）。

　　A. SELECT DISTINCT userno FROM tb_book；

　　B. SELECT userno DISTINCT FROM tb_book；

　　C. SELECT DISTINCT（userno） FROM tb_book；

　　D. SELECT userno FROM DISTINCT tb_book；

10. 查询 tb001 数据表中的前 5 条记录，并升序排列的 SQL 语言是（　　　）。

　　A. SELECT ＊ FROM tb001 WHERE ORDER BY id ASC LIMIT 0，5；

　　B. SELECT ＊ FROM tb001 WHERE ORDER BY id DESC LIMIT 0，5；

　　C. SELECT ＊ FROM tb001 WHERE ORDER BY id GROUP BY LIMIT 0，5；

　　D. SELECT ＊ FROM tb001 WHERE ORDER BY id ORDER LIMIT 0，5；

11. 在下列 SQL 语言中，条件"BETWEEN 20 AND 30"表示年龄为 20～30 的是（　　　）。

　　A. 包括 20 岁和 30 岁　　　　　　　B. 不包括 20 岁和 30 岁

　　C. 包括 20 岁，不包括 30 岁　　　　D. 不包括 20 岁，包括 30 岁

12. SQL 语言中，删除 EMP 表中全部数据的命令正确的是（　　　）。

　　A. DELETE ＊ FROM emp　　　　　　B. DROP TABLE emp

　　C. TRUNCATE TABLE emp　　　　　　D. 没有正确答案

13. 下面正确表示 Employees 表中有多少非 NULL 的 Region 列的 SQL 语句是（　　　）。

　　A. SELECTCOUNT（＊） FROM Employees

　　B. SELECTCOUNT（ALL Region） FROM Employees

　　C. SELECTCOUNT（Distinct Region） FROM Employees

　　D. SELECTSUM（ALL Region） FROM Employees

14. 下面可以通过聚合函数的结果来过滤查询结果集的 SQL 子句是（　　　）。

　　A. WHERE 子句　　　　　　　　　　B. GROUP BY 子句

　　C. HAVING 子句　　　　　　　　　　D. ORDER BY 子句

15. 数据库管理系统中负责数据模式定义的语言是（　　　）。

　　A. 数据定义语言　　　　　　　　　　B. 数据管理语言

　　C. 数据操纵语言　　　　　　　　　　D. 数据控制语言

16. 若要求查找 S 表中,姓名的第一个字为"王"的学生学号和姓名。下面列出的 SQL 语句中,正确的 SQL 是(　　)。

    A. SELECT Sno,SNAME FROM S WHERE SNAME = '王%'

    B. SELECT Sno,SNAME FROM S WHERE SNAME LIKE '王%'

    C. SELECT Sno,SNAME FROM S WHERE SNAME LIKE '王_'

    D. 全部正确

17. 若要求"查询选修了 3 门以上课程的学生的学生号",正确的 SQL 语句是(　　)。

    A. SELECT Sno FROM SC GROUP BY Sno WHERE COUNT(*)＞ 3

    B. SELECT Sno FROM SC GROUP BY Sno HAVING (COUNT(*)＞ 3)

    C. SELECT Sno FROM SC ORDER BY Sno WHERE COUNT(*)＞ 3

    D. SELECT Sno FROM SC ORDER BY Sno HAVING COUNT(*)＞= 3

18. 对下面的查询语句描述正确的是(　　)。

```
SELECT StudentID, Name, (SELECT COUNT( * ) FROM StudentExam
WHERE StudentExam.StudentID = Student.StudentID) AS ExamsTaken
FROM Student
ORDER BY ExamsTaken DESC
```

    A. 从 Student 表中查找 StudentID 和 Name,并按升序排列

    B. 从 Student 表中查找 StudentID 和 Name,并按降序排列

    C. 从 Student 表中查找 StudentID、Name 和考试次数

    D. 从 Student 表中查找 StudentID、Name,并从 StudentExam 表中查找与 StudentID 一致的学生考试次数,并按降序排列

19. 在学生选课表(sc)中,查询选修 20 号课程(课程号 CH)的学生的学号(XH)及其成绩(GD)。查询结果按分数的降序排列。实现该功能,正确的 SQL 语句是(　　)。

    A. SELECT XH, GD FROM sc WHERE CH='20' ORDER BY GD DESC;

    B. SELECT XH, GD FROM sc WHERE CH='20' ORDER BY GD ASC;

    C. SELECT XH, GD FROM sc WHERE CH='20' GROUP BY GD DESC;

    D. SELECT XH, GD FROM sc WHERE CH='20' GROUP BY GD ASC;

20. 现要从学生选课表(sc)中查找缺少学习成绩(G)的学生学号和课程号,相应的 SQL 语句如下,将其补充完整:

```
SELECT S#,C# FROM sc WHERE (    )
```

    A. G=O   B. G<=O   C. G= NULL   D. G IS NULL

21. SELECT * FROM city limit 5,10 描述正确的是(　　)。

    A. 获取第 6 条到第 10 条记录   B. 获取第 5 条到第 10 条记录

    C. 获取第 6 条到第 15 条记录   D. 获取第 5 条到第 15 条记录

22. 若用如下的 SQL 创建一个表 s:

```
CREATE TABLE s( S# char( 16) NOT NULL,
    Sname CHAR(8)  NOT NULL,sex CHAR(2), age INTEGER)
```

可向表 s 中插入的是（　　　）。

  A.（'991001','李明芳',女,'23'）

  B.（'990746','张民',NULL, NULL）

  C.（NULL,'陈道明','男',35）

  D.（'992345',NULL,'女',25）

23. 删除 tb001 数据表中 id＝2 的记录,语法格式是（　　　）。

  A. DELETE FROM tb001 VALUE id＝'2';

  B. DELETE INTO tb001 WHERE id＝'2';

  C. DELETE FROM tb001 WHERE id＝'2';

  D. UPDATE FROM tb001 WHERE id＝'2';

24. 语句 UPDATE student SET s_name ＝'王军' WHERE s_id ＝1 的操作结果是（　　　）。

  A. 添加姓名叫王军的记录   B. 删除姓名叫王军的记录

  C. 返回姓名叫王军的记录   D. 更新 s_id 为 1 的姓名为王军

25. 修改操作的语句 UPDATE student SET s_name ＝'王军',操作结果是（　　　）。

  A. 只把姓名叫王军的记录进行更新

  B. 只把字段名 s_name 改成'王军'

  C. 表中的所有人姓名都更新为王军

  D. 更新语句不完整,不能执行

26. 以下指令无法增加记录的是（　　　）。

  A. INSERT INTO … VALUES … B. INSERT INTO … SELECT…

  C. INSERT INTO … SET …   D. INSERT INTO … UPDATE…

27. 对于 REPLACE 语句描述错误的是（　　　）。

  A. REPLACE 语句返回一个数字以表示受影响的行,包含删除行和插入行的总和

  B. 通过返回值可以判断是否增加了新行还是替换了原有行

  C. 因主键重复插入失败时直接更新原有行

  D. 因主键重复插入失败时先删除原有行再插入新行

28. 关于 DELETE 和 TRUNCATE TABLE 区别,描述错误的是（　　　）。

  A. DELETE 可以删除特定范围的数据

  B. 两者执行效率一样

  C. DELETE 返回被删除的记录行数

  D. TRUNCATE TABLE 返回值为 0

29. 在使用 SQL 语句删除数据时,如果 DELETE 语句后面没有 WHERE 条件值,那么将删除指定数据表中的（　　　）数据。

  A. 部分   B. 全部

  C. 指定的一条数据   D. 以上皆可

30. 若有关系 R（A,B,C,D）和 S（C,D,E）,则与表达式 Π3,4,7（δ4＜5（R×S））等价

的 SQL 语句如下：

```
SELECT ( 1 ) FROM ( 2 ) WHERE ( 3 );
```

(1) A. A,B,C,D,E   B. C,D,E

　　C. R.A，R.B，R.C，R.D，S.E   D. R.C，R.D，S.E

(2) A. R   B. S   C. R,S   D. RS

(3) A. D<C   B. R.D<S.C   C. R.D<R.C   D. S.D<R.C

31. 某销售公司数据库的零件 P(零件号,零件名称,供应商,供应商所在地,单价,库
存量)关系如表 1 所示,其中同一种零件可由不同的供应商供应,一个供应商可以供应多
种零件。零件关系的主键为(1),该关系存在冗余以及插入异常和删除异常等问题。
为了解决这一问题需要将零件关系分解为(2)。

零件号	零件名称	供应商	供应商所在地	单价(元)	库存量
010023	P2	S1	北京市海淀区 58 号	22.8	380
010024	P3	S1	北京市海淀区 58 号	280	1.35
010022	P1	S2	河北省保定市雄安新区 1 号	65.6	160
010023	P2	S2	河北省保定市雄安新区 1 号	28	1280
010024	P3	S2	河北省保定市雄安新区 1 号	260	3900
010022	P1	S3	天津市塘沽区 65 号	66.8	2860
...	...	...	...	...	...

(1)

　　A. 零件号,零件名称   B. 零件号,供应商

　　C. 零件号,供应商所在地   D. 供应商,供应商所在地

(2)

　　A. P1(零件号,零件名称,单价)、P2(供应商,供应商所在地,库存量)

　　B. P1(零件号,零件名称)、P2(供应商,供应商所在地,单价,库存量)

　　C. P1(零件号,零件名称)、P2(零件号,供应商,单价,库存量)、P3(供应商,供应
　　　　商所在地)

　　D. P1(零件号,零件名称)、P2(零件号,单价,库存量)、P3(供应商,供应商所在
　　　　地)、P4(供应商所在地,库存量)

对零件关系 P,查询各种零件的平均单价、最高单价与最低单价之间差价的 SQL 语
句为：

```
SELECT 零件号,( 3 )FROM P( 4 );
```

(3)

　　A. 零件名称,AVG(单价),MAX(单价)-MIN(单价)

　　B. 供应商,AVG(单价),MAX(单价)-MIN(单价)

　　C. 零件名称,AVG 单价,MAX 单价 - MIN 单价

　　D. 供应商,AVG 单价,MAX 单价 - MIN 单价

（　4　）

    A. ORDER BY 供应商　　　　　　　　B. ORDER BY 零件号

    C. GROUP BY 供应商　　　　　　　　D. GROUP BY 零件号

对零件关系 P，查询库存量大于等于 100 小于等于 500 的零件"P1"的供应商及库存量，要求供应商地址包含"雄安"。实现该查询的 SQL 语句为：

SELECT 零件名称,供应商名,库存量 FROM P WHERE （　5　）AND（　6　）;

（　5　）

    A. 零件名称＝ 'P1' AND 库存量 BETWEEN 100 AND 500

    B. 零件名称＝ 'P1' AND 库存量 BETWEEN 100 TO 500

    C. 零件名称＝ 'P1' OR 库存量 BETWEEN 100 AND 500

    D. 零件名称＝ 'P1' OR 库存量 BETWEEN 100 TO 500

（　6　）

    A. 供应商所在地 IN '％雄安％'

    B. 供应商所在地 LIKE '＿＿雄安％'

    C. 供应商所在地 LIKE '％雄安％'

    D. 供应商所在地 LIKE '雄安％'

第 6 章

视图和索引

视图是从一个或多个表中导出的表,是一种虚拟存在的表。视图就像一个窗口,通过这个窗口可以看到系统专门提供的数据。这样,用户可以不用看到整个数据表中的数据,而只关心对自己有用的数据。视图可以使用户的操作更方便,并且还可以保障数据库系统的安全,提高对表操作的快捷性与安全性。

索引是一种特殊的数据库结构,其作用相当于一本书的目录,可以用来快速查询数据库表中的特定记录。索引是提高数据库性能的重要方式。

6.1 视 图 概 述

作为常用的数据库对象,视图(view)为数据查询提供了一条捷径;视图是一个虚拟表,其内容由查询定义,即视图中的数据并不像表、索引那样需要占用存储空间,视图中保存的仅仅是一条 SELECT 语句,其数据源来自数据库表,或者其他视图。不过,它同真实的表一样,视图包含一系列带有名称的列和行数据。但是,视图并不在数据库中以存储的数据的形式存在。行和列数据来自定义视图的查询所引用的表,且在引用视图时动态生成。当基本表发生变化时,视图的数据也会随之变化。

视图是存储在数据库中的查询的 SQL 语句,使用它主要出于两种原因:第一是安全性,视图可以隐藏一些数据,例如,学生信息表,可以用视图只显示学号、姓名、性别、班级,而不显示年龄和家庭住址信息等;第二是可使复杂的查询易于理解和使用。

视图与基本表之间的对应关系如图 6-1 所示。

6.1.1 视图的优势

对其所引用的基础表来说,视图的作用类似于筛选。定义视图的筛选可以来自当前或其他数据库的一个或多个表,或者是其他视图。通过视图进行查询没有任何限制,通过它们进行数据修改时的限制也很少。

视图的优势体现在如下几点:

1. 增强数据安全性

同一个数据库表可以创建不同的视图,为不同的用户分配不同的视图,这样就可以实现不同的用户只能查询或修改与之对应的数据,继而增强了数据的安全访问控制。

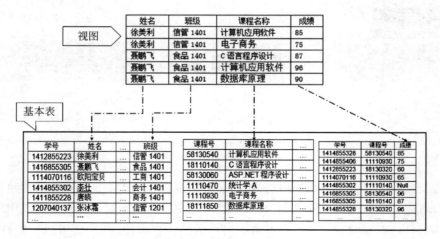

图 6-1　视图与基本表之间的对应关系

2. 提高灵活性，操作变简单

有灵活性的功能需求后，需要修改表的结构而导致工作量比较大。那么可以使用虚拟表的形式达到减少修改的效果。例如，假如因为某种需要，T_A 表与 T_B 表需要进行合并起来组成一个新的表 T_C。最后，T_A 表与 T_B 表都不会存在了。而由于原来程序中编写 SQL 分别是基于 T_A 表与 T_B 表的查询，这就意味着需要重新编写大量的SQL（改成向 T_C 表去操作数据）。通过视图就可以做到不修改。定义两个视图名字还是原来的基本表名 T_A 和 T_B。T_A、T_B 视图完成从 T_C 表中取出内容。

使用视图可以简化数据查询操作，对于经常使用，但结构复杂的 SELECT 语句，建议将其封装为一个视图。

3. 提高数据的逻辑独立性

如果没有视图，应用程序一定是建立在数据库表上的；而有了视图之后，应用程序就可以建立在视图之上，从而使应用程序和数据库表结构在一定程度上实现了逻辑分离。视图在以下两个方面使应用程序与数据逻辑独立。

（1）使用视图可以向应用程序屏蔽表结构，此时即便表结构发生变化（例如表的字段名发生变化），只需重新定义视图或者修改视图的定义，无须修改应用程序即可使应用程序正常运行。

（2）使用视图可以向数据库表屏蔽应用程序，此时即便应用程序发生变化，只需重新定义视图或者修改视图的定义，无须修改数据库表结构即可使应用程序正常运行。

6.1.2　视图的工作机制

当调用视图时，才会执行视图中的 SQL，进行取数据操作。视图的内容没有存储，而是在视图被引用的时候才派生出数据。这样不会占用空间，由于是即时引用，视图的内容总是与真实表的内容一致。

6.2 视图定义和管理

6.2.1 创建视图

创建视图需要具有 CREATE VIEW 的权限,同时应该具有查询涉及列的 SELECT 权限。在 MySQL 数据库下面的 user 表中保存着这些权限信息,可以使用 SELECT 语句查询。具体方法将在第 9 章 MySQL 权限管理中进行介绍。

创建视图的语法格式为:

```
CREATE [ALGORITHM={undefined|merge|temptable}]
    VIEW 视图名 [(视图列表)]
    AS 查询语句
    [WITH [CASCADED|LOCAL]CHECK OPTION]
```

其中:

- "视图名"参数表示要创建的视图名称。
- ALGORITHM 是可选参数,表示视图选择的算法;undefined 选项表示 MySQL 自动选择要使用的算法;merge 选项表示将使用视图的语句与视图的定义合起来,使得视图定义的某部分取代语句的对应部分;temptable 选择表示将视图的结果存入临时表,然后使用临时表执行语句。
- "查询语句"参数是一个完整的查询语句,表示从某个表中查出某些满足条件的记录,将这些记录导入视图中。
- CASCADED 是可选参数,表示更新视图时要满足所有相关视图和表的条件,该参数为默认值;LOCAL 表示更新视图时,要满足该视图本身的定义条件即可。
- WITH CHECK OPTION 是可选参数,表示更新视图时要保证在该视图的权限范围之内。

【例 6-1】 在 student 表上创建一个简单的视图,视图名为 student_view1。

```
CREATE VIEW student_view1 AS SELECT * FROM student;
```

【例 6-2】 在 student 表上创建一个名为 student_view2 的视图,包含学生的姓名、课程名以及对应的成绩。

```
CREATE VIEW student_view2(Sname,Cname,Grade)
    AS SELECT Sname,Cname,Grade
    FROM student s, course c,sc
    WHERE s.Sno=sc.Sno AND c.Cno=sc.Cno;
```

视图定义后,就可以如同查询基本表那样对视图进行查询。

【例 6-3】 在查询"王松"的所有已修课程的成绩时,就可以借助视图很方便地完成查询。

```
SELECT * FROM student_view2
```

```
WHERE Sname='王松';
```

创建视图时需要注意以下几点：

（1）运行创建视图的语句时需要用户具有创建视图（CREATE VIEW）的权限，若加了［OR REPLACE］，则还需要用户具有删除视图（DROP VIEW）的权限。

（2）SELECT 语句不能包含 FROM 子句中的子查询。

（3）SELECT 语句不能引用系统或用户变量。

（4）SELECT 语句不能引用预处理语句参数。

（5）在存储子程序内，定义不能引用子程序参数或局部变量。

（6）在定义中引用的表或视图必须存在，但是，创建了视图后，能够舍弃定义引用的表或视图。要想检查视图定义是否存在这类问题，可使用 CHECK TABLE 语句。

（7）在定义中不能引用 temporary 表，不能创建 temporary 视图。

（8）在视图定义中命名的表必须已存在。

（9）不能将触发程序与视图关联在一起。

（10）在视图定义中允许使用 ORDER BY，但是，如果从特定视图进行了选择，而该视图使用了具有自己 ORDER BY 的语句，它将被忽略。

注意：使用视图查询时，若其关联的基本表中添加了新字段，则该视图将不包括新字段。如果与视图相关联的表或视图被删除，则该视图将不能使用。

6.2.2　删除视图

删除视图时，只能删除视图的定义，不会删除数据。另外，用户必须拥有 DROP 权限。

删除视图的语法格式为：

```
DROP VIEW [IF EXISTS]
    view_name [,view_name2]…
    RESTRICT|CASCADE]
```

其中，view_name 是视图名，如果声明了 IF EXISTS，当视图不存在时，也不会出现错误信息。还可以声明 RESTRICT 和 CASCADE，但它们没什么影响。使用 DROP VIEW 可以一次删除多个视图。

【例 6-4】　下面将删除视图 student_view1。

```
DROP VIEW IF EXISTS student_view1
```

6.2.3　查看视图定义

查看视图是指查看数据库中已经存在的视图的定义。查看视图必须要有 SHOW VIEW 的权限。查看视图的方法包括以下几条语句，它们从不同的角度显示视图的相关信息。

（1）DESCRIBE 语句，语法格式为：

```
DESCRIBE 视图名称 或者 DESC 视图名称
```

（2）SHOW TABLE STATUS 语句，语法格式为：

```
SHOW TABLE STATUS LIKE '视图名'
```

（3）SHOW CREATE VIEW 语句，语法格式为：

```
SHOW CREATE VIEW '视图名'
```

（4）查询 information_schem 数据库下的 views 表，语法格式为：

```
SELECT * FROM information_schema.views WHERE table_name='视图名';
```

【例 6-5】 查看 student_view2 视图的信息。

方式 1：

```
DESCRIBE student_view2;
```

方式 2：

```
SHOW TABLE STATUS LIKE 'student_view2'
```

方式 3：

```
SHOW CREATE VIEW student_view2;
```

方式 4：

```
SELECT * FROM information_schema.views WHERE table_name=student_view2;
```

6.2.4 修改视图定义

修改视图是指修改数据库中已存在表的定义。当基本表的某些字段发生改变时，可以通过修改视图来保持视图和基本表之间的一致。MySQL 中通过 CREATE OR REPLACE VIEW 语句或者 ALTER 语句来修改视图。

CREATE OR REPLACE 语句格式为：

```
CREATE OR REPLACE [ALGORITHM={undefined|merge|temptable}]
    VIEW 视图名 [{属性清单}]
    AS SELECT 语句
     [WITH [CASCADED|LOCAL]CHECK OPTION];
```

这里的所有参数都与创建视图的参数一样。

【例 6-6】 使用 CREATE OR REPLACE VIEW 修改视图 student_view2 的列名为姓名、选修课、成绩。

```
CREATE OR REPLACE VIEW
    student_view2(姓名,选修课,成绩)
    AS SELECT Sname,Cname,Grade
    FROM student s, course c,sc
    WHERE s.Sno=sc.Sno AND c.Cno=sc.Cno;
```

ALTER 语句格式如下：

```
ALTER [ALGORITHM={undefined|merge|temptable}]
    VIEW 视图名 [{属性清单}]
    AS SELECT 语句
     [WITH [CASCADED|LOCAL]CHECK OPTION];
```

这里的所有参数都与创建视图的参数一样。

【例 6-7】　student_view2 用 ALTER 命令，把列名再改为 Sname、Cname、Grade。

```
ALTER VIEW student_view2(Sname,Cname,Grade)
    AS SELECT Sname,Cname,Grade
    FROM student s, course c,sc
    WHERE s.Sno=sc.Sno AND c.Cno=sc.Cno;
```

6.3　通过视图更新数据操作

对视图的更新其实就是对表的更新，更新视图是指通过视图来插入（INSERT）、更新（UPDATE）和删除（DELETE）表中的数据。因为视图是一个虚拟表，其中没有数据。通过视图更新时，都是转换到基本表来更新。更新视图时，只能更新权限范围内的数据。超出了范围，就不能更新。

【例 6-8】　下面在视图 student_view3 中对视图进行更新。

```
CREATE VIEW student_view3(Sno,Sname,Ssex,Sbirth)
    AS SELECT Sno,Sname,Ssex,Sbirth
    FROM student
    WHERE Sno='202014855328';
```

通过视图对 student 表进行更新，如下：

```
UPDATE student_view3
    SET Sno='202014855328',Sname='张红梅',Ssex='女',Sbirth='2002-03-28';
```

更新完后，再用 SELECT * FROM student_view3 进行查询，若发现没有查询到任何数据，就会奇怪为什么会没有数据了呢？原因是对检查视图进行更新操作时，只有满足检查条件的更新操作才能顺利执行。

检查视图分为 LOCAL 检查视图与 CASCADE 检查视图。WITH CHECK OPTION 的值为 1 时，表示 LOCAL（LOCAL 视图），通过检查视图对表进行更新操作时，只有满足了视图检查条件的更新语句才能够顺利执行；值为 2 时表示 CASCADE（级联视图，在视图的基础上再次创建另一个视图），通过级联视图对表进行更新操作时，只有满足所有针对该视图的所有视图的检查条件的更新语句才能够顺利执行。

使用原则：尽量不要更新视图。

更新视图的语法与 UPDATE 语法一样，以下情况视图无法更新。

（1）视图中包含 sum()、count()等聚集函数。

（2）视图中包含 UNION、UNION ALL、DISTINCT、GROUP BY、HAVING 等关键字。

（3）常量视图，比如 CREATE VIEW view_now AS SELECT now()。

（4）视图中包含子查询。

（5）由不可更新的视图导出的视图。

（6）创建视图时 ALGORITHM 为 temptable 类型。

（7）视图对应的表上存在没有默认值的列，而且该列没有包含在视图里。

（8）WITH［CASCADED｜LOCAL］CHECK OPTION 也将决定视图是否可以更新，其中 LOCAL 参数表示更新视图时要满足该视图本身定义的条件即可，CASCADED 参数表示更新视图时要满足所有相关视图和表的条件及默认值。

6.4　索　　引

在关系数据库中，索引是一种独立存在的，对数据库表中一列或多列的值进行排序的存储结构。通俗地说，数据库中的索引类似词典的索引，当需要查找某个词语时，首先查找索引，因为索引是有序的，能够快速地找到，当在索引中找到需要查找的词语后，便能快速找到该词语所在的页，以及需要的内容。由于索引比词典要小得多，因此，查找时的效率就会更高。

索引提供指向存储在表的指定列中的数据值的指针，根据指定的排序顺序对指针排序。数据库使用索引找到特定值，然后通过指针找到包含该值所在的行。

当表中有大量记录时，若要对表进行查询，第一种搜索信息方式是全表搜索，即将所有记录均取出，和查询条件进行对比，返回满足条件的记录，这样做会消耗大量数据库系统时间，并造成大量磁盘 I/O 操作；第二种就是在表中建立索引，在索引中找到符合查询条件的索引值，通过保存在索引中的指针快速找到表中对应的记录。

MySQL 中几乎所有数据类型都可进行索引，但不同存储引擎的索引方式不尽相同，有的存储引擎不一定支持所有的数据类型，相关的规则请查看 MySQL 的帮助手册。

6.4.1　索引的特点

索引提高了数据查询的效率，但索引带来的不都是高效率。过多的索引也会造成数据库维护的低效率。

1. 索引的优点

（1）通过创建唯一索引，可以保证数据库表中每一行数据的唯一性。

（2）可提高数据查询速度，这也是创建索引最主要的原因。

（3）创建索引，可以实现数据的参照完整性，即只有创建索引后，字段才能成为外键，才能实现表之间的关联，进而实现参照完整性。

（4）在使用分组和排序查询时，索引会提高分组和排序的速度。

2. 索引的缺点

（1）创建和维护索引需要耗费时间，随着数据量的增加所耗费的维护时间也会同时增加，并且在对数据表进行数据的插入、修改和删除时，系统同样需要维护相关的索引，这样会造成数据维护的效率低下。

（2）索引单独存储在存储设备中，占据存储空间。当打开数据表时，索引也会同时打开，同样会占据内存空间，过多的索引，占用的存储空间有可能超过数据表本身，耗费系统资源。

3. 创建索引的原则

由于索引存在各种优缺点，因此，在创建索引时，应该遵循一些规则以扬长避短。

（1）索引并非越多越好，过多的索引，会造成存储空间和内存空间的浪费，使数据维护的效率低下。

（2）避免对要经常更新的表建立过多的索引，且索引字段要尽量少。

（3）数据量少的表，可以不建立索引，因为数据量较少，查询速度也很快。

（4）在数据表中不同值较多的字段上建立索引，而值较少的字段上不用建立索引。如 student 表中的 ssex 字段，值只有"男"和"女"两个值，没有必要建立索引，如果建立索引，不仅不会提高查询的速度，还会降低数据更新的速度。

（5）如果某个字段的值具有唯一性，则尽量采用唯一索引，不仅可以提高查询速度，而且还能检查数据的唯一性。

（6）当表的修改（UPDATE、INSERT、DELETE）操作远远大于检索（SELECT）操作时不应该创建索引。

（7）在进行频繁分组和排序的字段或字段组合上建立索引或组合索引，能提高效率。

6.4.2 索引的分类

MySQL 的索引包括普通索引、唯一性索引、全文索引、单列索引、多列索引和空间索引等。它们的含义和特点如下。

1. 普通索引

在创建普通索引时，不附加任何限制条件。这类索引可以创建在任何数据类型中，其值是否唯一和非空由字段本身的完整性约束条件决定。建立普通索引以后，查询时可以通过索引进行查询。例如，在 student 表的 Sname 字段上建立一个普通索引。查询记录时，就可以根据该索引进行查询。

2. 唯一性索引

使用 UNIQUE 参数可以设置索引为唯一性索引。在创建唯一性索引时，限制该索引的值必须是唯一的。例如，在 student 表的 Sno 字段中创建唯一性索引，那么 Sno 字段的值就必须是唯一的。通过唯一性索引，可以更快速地确定某条记录。主键就是一种特殊唯一性索引。

3. 全文索引

全文索引类型为 FULLTEXT，在定义索引的字段上支持值的全文查找，允许在这些索引字段中插入重复值和空值。全文索引可以在 CHAR、VARCHAR 或 TEXT 类型字段上建立。MySQL 中只有 MyISAM 存储引擎支持全文索引。

4. 单列索引

在表中的单个字段上创建索引。单列索引只根据该字段进行索引。单列索引可以是普通索引,也可以是唯一性索引,还可以是全文索引。只要保证该索引只对应一个字段即可。

5. 多列索引

多列索引是在表的多个字段上创建一个索引。该索引指向创建时对应的多个字段,可以通过这几个字段进行查询。但是,只有查询条件中使用了这些字段中第一个字段时,索引才会被使用。例如,在表中的 Sbirth 和 Ssex 字段上建立个多列索引,那么,只有查询条件使用了 Sbirth 字段时该索引才会被使用。

6. 空间索引

使用 SPATIAL 参数可以设置索引为空间索引。空间索引只能建立在空间数据类型上,这样可以提高系统获取空间数据的效率。MySQL 中的空间数据类型包括 GEOMETRY 和 POINT、LINESTRING 和 POLYGON 等。目前只有 MyISAM 存储引擎支持空间检索,而且索引的字段不能为空值。对于初学者来说,很少会用到这类索引。

6.4.3　索引的定义和管理

1. 创建索引

创建索引是指在某个表的一列或多列上建立一个索引。

创建索引方法主要如下。

(1) 直接创建索引,有以下三种方式。

方式一:在创建表时创建索引。

语法格式为:

```
CREATE TABLE table_name
(
    属性名,数据类型 [完整性约束],
    属性名,数据类型 [完整性约束],
    ...
    属性名,数据类型 [完整性约束],
    INDEX|KEY [索引名](属性名 [(长度)] [ASC|DESC])
);
```

其中 INDEX 或 KEY 参数用来指定字段为索引,索引名参数用来指定要创建索引的名称。属性名参数用来指定索引索要关联的字段名称,长度参数用来指定索引的长度,ASC 用于指定为升序,DESC 用于指定为降序。

方式二:在已有的表中创建索引。

语法格式为:

```
CREATE INDEX 索引名 ON 表名 (属性名 [(长度)] [ASC|DESC]);
```

使用 CREATE INDEX 语句创建索引,这是最基本的创建索引方式,并且这种方法最灵活，可以定制创建出符合自己需要的索引。在使用这种方式创建索引时，可以使用许多选项，例如指定数据页的充满度、进行排序、整理统计信息等，这样可以优化索引。使用这种方法，可以指定索引的类型、唯一性和复合性，也就是说，既可以创建聚簇索引，也可以创建非聚簇索引；既可以在一个列上创建索引，也可以在两个或者两个以上的列上创建索引。

方式三：使用 ALTER TABLE 语句来创建索引。

语法格式为：

```
ALTER TABLE table_name
    ADD INDEX|KEY [索引名](属性名 [(长度)] [ASC|DESC])
```

（2）间接创建索引，例如在表中定义主键约束或者唯一性键约束时，同时也创建了索引。

通过定义主键约束或者唯一性键约束，也可以间接创建索引。主键约束是一种保持数据完整性的逻辑，它限制表中的记录有相同的主键记录。在创建主键约束时，系统自动创建了一个唯一性的聚簇索引。虽然，在逻辑上，主键约束是一种重要的结构，但是，在物理结构上，与主键约束相对应的结构是唯一性的聚簇索引。换句话说，在物理实现上，不存在主键约束，而只存在唯一性的聚簇索引。同样，在创建唯一性键约束时，也同时创建了索引，这种索引则是唯一性的非聚簇索引。因此，当使用约束创建索引时，索引的类型和特征基本上都已经确定了，由用户定制的余地比较小。

当在表上定义主键或者唯一性键约束时，如果表中已经有了使用 CREATE INDEX 语句创建的标准索引时，那么主键约束或者唯一性键约束创建的索引覆盖以前创建的标准索引。也就是说，主键约束或者唯一性键约束创建的索引的优先级高于使用 CREATE INDEX 语句创建的索引。

2. 普通索引

创建一个普通索引时，不需要加任何 UNIQUE、FULLTEXT 或者 SPARIAL 参数。

【例 6-9】　创建一个新表 student，包含 INT 型的 studentid 字段、VARCHAR（20）类型的 Sname 字段和 INT 型的 Sage 字段。在表的 Sname 字段的前 10 个字符上建立普通索引。

```
CREATE TABLE student_index(
    studentid INT NOT NULL PRIMARY KEY,
    Sname VARCHAR(20),
    Sage INT,
    INDEX name_index (Sname(10))
);
```

创建完成后我们可以通过 EXPLAIN 语句输出在表中查找 Sname='王松'的记录时，采用"EXPLAIN SELECT * FROM student_index WHERE Sname='王松'"，检查 name_index 索引是否被使用。

【例 6-10】　用 CREATE INDEX 命令在刚才新创建的 student 表中添加 age 索引。

```
CREATE INDEX age_index ON student_index (Sage);
```

用 SHOW CREATE TABLE student_index 查看 student_index 的表结构,可以看到多了一个 age_index 索引。

【例 6-11】　用 ALTER TABLE 命令在 Sname 字段的前 5 个字节上创建降序排序普通索引。

```
ALTER TABLE student ADD INDEX name_index5 (Sname(5) DESC);
```

现在在 student 表中的 Sname 字段上有两个索引,区别只是索引名称和索引长度的不同。那么查找 Sname='abcdefg'时将使用哪一个索引,可以通过"EXPLAIN SELECT * FROM student1 WHERE Sname='abcdefg'"命令检查。

由显示结果可知,使用的索引有 name_index 和 name_index5 两个索引。但数据库使用了 name_index 索引。

3. 唯一索引

创建唯一性索引时,需要使用 UNIQUE 参数进行约束。

【例 6-12】　创建新表 student1,在表的 id 字段上建立名为 id_index 的唯一索引,以升序排列。

```
CREATE TABLE student1(
    studentid INT NOT NULL PRIMARY KEY,
    Sname VARCHAR(20),
    Sage INT,
    INDEX name_index(Sname (10))
);
```

其他两种方法与创建普通索引类似,只是要加 UNIQUE 关键字。

【例 6-13】　使用 CREATE INDEX 命令在表 student1 的 Sname 字段上创建唯一索引。

```
CREATE UNIQUE INDEX name_index13 ON student1 (sname);
```

【例 6-14】　使用 ALTER TABLE 命令在表 student1 的 Sage 字段上创建唯一性索引。

```
ALTER TABLE student1 ADD UNIQUE INDEX (Sage);
```

最后查看表的索引命令为"SHOW INDEX FROM student1;",应该有四个唯一性索引。其中,第一个 id 索引是系统创建的(当用 UNQIUE 限定 id 字段时,系统会默认创建一个唯一性索引),后面三个是用户自己创建的。由于在 id 字段上创建索引时,指定了索引名称 id_index,与系统在该字段上创建的 id 索引名称不一样,所以不会发生冲突。如果在创建表时就在 id 字段上创建索引,则会覆盖系统在该 id 字段创建的唯一性索引。

4. 全文索引(fulltext index)

全文索引只能创建在 CHAR、VARCHAR 或者 TEXT 类型的字段上。直到 MySQL 5.6 版本,InnoDB 引擎才开始支持全文索引。以前只有 MyISAM 存储引擎支持全文检索。

【例6-15】 创建表 student2，并指定 CHAR(20)字段类型的字段 info 为全文索引。

```
CREATE TABLE student2(
    id INT NOT NULL PRIMARY KEY auto_increment,
    info CHAR(20),
    FULLTEXT INDEX info_index(info)
);
```

用 SHOW CREATE TABLE student2 命令可以查看表的结构。

注意，如果 MySQL 的版本低于 5.6，就必须指明表的存储引擎为 MyISAM，否则会报错。

5. 多列索引

多列索引是在多个字段上创建一个索引。

【例6-16】 创建表 student3，在类型 CHAR(20)的 Sname 字段上和 INT 类型的 Sage 字段上创建多列索引。

```
CREATE TABLE student3(
    id INT NOT NULL PRIMARY KEY,
    Sname CHAR(20),
    Sage INT,
    INDEX name_age_index(Sname,Sage)
);
```

6. 查看索引

在实际使用索引的过程中，有时需要对表的索引信息进行查询，了解在表中已建立的索引。

语法格式为：

```
SHOW INDEX FROM table_name [FROM db_name];
```

语法的另一种形式。这两个语句是等价的：

```
SHOW INDEX FROM mytable FROM mydb;
SHOW INDEX FROM mydb.mytable;
```

【例6-17】 查看 student 中索引的详细信息。

```
SHOW INDEX FROM student;
```

会返回表索引信息，包含以下字段：

- Table：表的名称。
- Non_unique：索引能不能包括重复词，不能则为 0。如果可以，则为 1。
- Key_name：索引名。
- Seq_in_index：索引中的列序列号，从 1 开始。
- Column_name：列名。
- Collation：列以什么方式存储在索引中。在 MySQL 中，有值 'A'（升序）或

NULL(无分类)。

- Cardinality：索引中唯一值的数目的估计值。通过运行 ANALYZE TABLE 或 myisamchk -a 可以更新。基数根据被存储为整数的统计数据来计数,所以即使对于小型表,该值也没有必要是精确的。基数越大,当进行联合时,MySQL 使用该索引的机会就越大。
- Sub_part：如果列只是被部分地编入索引,则为被编入索引的字符的数目。如果整列被编入索引,则为 NULL。
- Packed：指示关键字如何被压缩。如果没有被压缩,则为 NULL。
- Null：如果列含有 NULL,则含有 YES。如果没有,则该列含有 NO。
- Index_type：用过的索引方法(BTREE, FULLTEXT, HASH, RTREE)。
- Comment：多种注释。

7. 删除索引

在 MySQL 中,创建索引后,如果用户不再使用该索引,则可以删除它们。因为这些已经被建立且不经常使用的索引,一方面可能会占用系统资源,另一方面也可能导致更新速度下降,会极大地影响数据表的性能。所以,在用户不需要该表的索引时,可以手动删除它们。

删除索引可以使用 ALTER TABLE 或 DROP INDEX 语句来实现。DROP INDEX 可以在 ALTER TABLE 内部作为一条语句处理。

语法格式为：

```
DROP INDEX index_name ON table_name;
ALTER TABLE table_name DROP INDEX index_name;
ALTER TABLE table_name DROP primary KEY;
```

其中,在前面的两条语句中,都删除了 table_name 中的索引 index_name。而在最后一条语句中,只删除 PRIMARY KEY 索引,因为一个表只可能有一个 PRIMARY KEY 索引,因此不需要指定索引名。

【例 6-18】 下面删除 student 中的索引 name_index。

```
DROP INDEX name_index ON student;
```

【例 6-19】 删除 student2 上的 PRIMARY KEY 索引。

```
ALTER TABLE student1 DROP PRIMARY KEY;
```

再使用 SHOW INDEX 命令查看 student 的索引时,会发现已经没有主键索引了。

注意：如果从表中删除某列,则索引会受影响。对于多列组合的索引,如果删除其中的某列,则该列也会从索引中删除。如果删除组成索引的所有列,则将删除整个索引。

6.4.4　设计原则和注意事项

1. 索引的设计原则

(1) 选择唯一性索引。唯一性索引的值是唯一的,可以更快速通过该索引来确定某条记录。例如,学生表中学号是具有唯一性的字段。为该字段建立唯一性索引可以很快确定某个学生的信息。如果使用姓名,可能存在同名现象,从而降低查询速度。

（2）为经常需要排序、分组和联合操作的字段建立索引。经常需要 ORDER BY、GROUP BY、DISTINCT 和 UNION 等操作的字段,排序操作会浪费很多时间。如果为其建立索引,可以有效地避免排序操作。

（3）为常作为查询条件的字段建立索引。如果某个字段经常用来做查询条件,那么该字段的查询速度会影响整个表的查询速度。因此,为这样的字段建立索引,可以提高整个表的查询速度。

（4）限制索引的数目。索引的数目不是越多越好。每个索引都需要占用磁盘空间,索引越多,需要的磁盘空间就越大。修改表时,对索引的重构和更新很麻烦。越多的索引,会使更新表变得很浪费时间。

（5）尽量使用数据量少的索引。如果索引的值很长,那么查询的速度会受到影响。例如,对一个 CHAR(100) 类型的字段进行全文检索需要的时间肯定要比对 CHAR(10)类型的字段需要的时间多。

（6）尽量使用前缀来索引。如果索引字段的值很长,最好使用值的前缀来索引。例如,TEXT 和 BLOC 类型的字段,进行全文检索会很浪费时间。如果只检索字段前面的若干个字符,这样可以提高检索速度。

（7）删除不再使用或者很少使用的索引。表中的数据被大量更新,或者数据的使用方式被改变后,原有的一些索引可能不再需要。数据库管理员应当定期找出这些索引,将它们删除,从而减少索引对更新操作的影响。

2. 合理使用索引注意事项

索引是针对数据库表中的某些列。因此,在创建索引时,应该仔细考虑在哪些列上可以创建索引,在哪些列上不能创建索引。一般来说,应该在这些列上创建索引。

（1）在经常需要搜索的列上创建索引,可以加快搜索的速度。

（2）在作为主键的列上创建索引,强制该列的唯一性和组织表中数据的排列结构。

（3）在经常用于连接的列上创建索引,这些列主要是一些外键,可以加快连接的速度。

（4）在经常需要根据范围进行搜索的列上创建索引,因为索引已经排序,其指定的范围是连续的。

（5）在经常需要排序的列上创建索引,因为索引已经排序,这样查询可以利用索引的排序,加快排序查询时间。

（6）经常使用在 WHERE 子句中的列上创建索引,加快条件的判断速度。

3. 不合理使用索引的注意事项

一般来说,不应该创建索引的列具有下列特点:

（1）对于那些在查询中很少使用或者参考的列不应该创建索引。

很少使用到的列,有索引或者无索引,并不能提高查询速度。相反,由于增加了索引,反而降低了系统的维护速度和增大了空间需求。

（2）对于那些只有很少数据值的列也不应该增加索引。

由于列的取值很少,例如学生表的性别列,在查询的结果中,结果集的数据行占了表中数据行的很大比例,即需要在表中搜索的数据行的比例很大。增加索引,并不能明显加快检索速度。

(3) 对于那些定义为 TEXT、IMAGE 和 BIT 数据类型的列不应该增加索引。

主要是由于列的数据量要么相当大,要么取值很少。

(4) 当修改性能远远大于检索性能时,不应该创建索引。

由于修改性能和检索性能是互相矛盾的。当增加索引时,会提高检索性能,但是会降低修改性能。当减少索引时,会提高修改性能,降低检索性能。因此,当修改性能远远大于检索性能时,不应该创建索引。

6.5　本 章 小 结

本章介绍了数据库中视图的含义和作用,并讲解了创建视图、修改视图和删除视图的方法。然后介绍了数据库的索引的基础知识、创建索引的方法和删除索引的方法,设计索引的基本原则,要结合表的实际情况进行设计。

6.6　思 考 与 练 习

1. 请解释视图与表的区别有哪些?

2. 请简述使用视图的优点有哪些?

3. 创建视图时应注意哪些问题?

4. 如何通过视图更新表? 应该注意哪些问题?

5. 在数据库系统中,视图是一个(　　　)。

　　A. 真实存在的表,并保存了待查询的数据

　　B. 真实存在的表,只有部分数据来源于基本表

　　C. 虚拟表,查询时只能从一个基本表中导出

　　D. 虚拟表,查询时可以从一个或者多个基本表或视图中导出

6. 下面关于视图概念的优点中,叙述错误的是(　　　)。

　　A. 视图对于数据库的重构造提供了一定程度的逻辑独立性

　　B. 简化了用户观点

　　C. 视图机制方便不同用户以同样的方式看待同一数据

　　D. 对机密数据提供了自动的安全保护功能

7. 在下列关于视图的叙述中,正确的是(　　　)。

　　A. 当某一视图被删除后,由该视图导出的其他视图也将被删除

　　B. 若导出某视图的基本表被删除了,但该视图不受任何影响

　　C. 视图一旦建立,就不能被删除

　　D. 当修改某一视图时,导出该视图的基本表也随之被修改

8. 创建视图需要具有的权限是(　　　)。

A. CREATE VIEW

B. SHOW VIEW

C. DROP VIEW

D. DROP

9. 不可对视图执行的操作有（　　　）。

A. SELECT

B. INSERT

C. DELETE

D. CREATE INDEX

10. 在 tb_name 表中创建一个名为 name_view 的视图，并设置视图的属性为 name、pwd、user，执行语句是（　　　）。

A. CREATE VIEW name_view（name，pwd，user）AS SELECT name，pwd，user FROM tb_name；

B. SHOW VIEW name_view（name，pwd，user）AS SELECT name，pwd，user FROM tb_name；

C. DROP VIEW name_view（name，pwd，user）AS SELECT name，pwd，user FROM tb_name；

D. SELECT ＊ FROM name_view（name，pwd，user）AS SELECT name，pwd，user FROM tb_name；

11. 下面创建的视图为不可以更新的语句是（　　　）。

A. CREATE VIEW book view1（a_sort，a_book）AS SELECT sort，books，COUNT（name）FROM tb_book；

B. CREATE VIEW book view1（a_sort，a_book）AS SELECT sort，books，FROM tb_book；

C. CREATE VIEW book view1（a_sort，a_book）AS SELECT sort，books，WHERE FROM tb_book；

D. 以上都不对

12. 已知关系模式：图书（图书编号，图书类型，图书名称，作者，出版社，出版日期，ISBN），图书编号唯一识别一本图书。建立“计算机”类图书的视图 Computer_book，并要求进行修改、插入操作时保证该视图只有计算机类的图书。实现上述要求的 SQL 语句如下：

```
CREATE( 1 )
  AS SELECT 图书编号,图书名称,作者,出版社,出版日期
  FROM 图书
  WHERE 图书类型='计算机'
( 2 );
```

（　1　）

A. TABLE Computer_book

B. VIEW Computer_book

C. Computer_book TABLE

D. Computer_bookVIEW

（　2　）

A. FORALL

B. PUBLIC

C. WITH CHECK OPTION

D. WITH GRANT OPTION

13. 请简述索引的概念及其作用。

14. 请列举索引的几种分类。

15. 请分别简述在 MySQL 中创建、查看和删除索引的 SQL 语句。

16. 请简述使用索引的弊端。

17. 下面关于创建和管理索引正确的描述是(　　)。

    A. 创建索引是为了便于全表扫描

    B. 索引会加快 DELETE、UPDATE 和 INSERT 语句的执行速度

    C. 索引被用于快速找到想要的记录

    D. 大量使用索引可以提高数据库的整体性能

18. 有关索引说法错误的是(　　)。

    A. 索引的目的是为增加数据操作的速度

    B. 索引是数据库内部使用的对象

    C. 索引建立得太多,会降低数据增加删除修改速度

    D. 只能为一个字段建立索引

19. 以下不是 MySQL 索引类型的是(　　)。

    A. 单列索引　　　B. 多列索引　　　　C. 并行索引　　　　D. 唯一索引

20. SQL 语言中的 DROP INDEX 语句的作用是(　　)。

    A. 删除索引　　　B. 更新索引　　　　C. 建立索引　　　　D. 修改索引

21. 在 SQL 语言中支持建立聚簇索引,这样可以提高查询效率。下面属性列适宜建立聚簇索引的是(　　)。

    A. 经常查询的属性列　　　　　　　　B. 主属性

    C. 非主属性　　　　　　　　　　　　D. 经常更新的属性列

22. 在 score 数据表中给 math 字段添加名称为 math_score 索引的语句中,正确的是(　　)。

    A. CREATE INDEX index_name ON score (math);

    B. CREATE INDEX score ON score (math_score);

    C. CREATE INDEX math_score ON studentinfo(math);

    D. CREATE INDEX math_score ON score(math);

第 7 章

MySQL 触发器与事件调度器

MySQL 数据库管理系统中关于触发器、事件调度器的操作，主要包含触发器和事件的创建、使用、查看和删除。触发器是由事件来触发某个操作。这些事件包括 INSERT 语句、UPDATE 语句和 DELETE 语句。

当数据库系统执行这些事件时，就会激活触发器执行相应的操作，本章将介绍触发器的含义、作用，创建触发器、查看触发器和删除触发器的方法，以及各种事件的触发器的执行情况。事件调度器（Event Scheduler），可以用作定时执行某些特定任务（例如：删除记录、对数据进行汇总，等等），来取代原先只能由操作系统的计划任务来执行的工作。

7.1 触 发 器

触发器（Trigger）是用户定义在数据表上的一类由事件驱动的特殊过程。一旦定义，任何用户对表的增（INSERT）、删（DELETE）、改（UPDATE）操作均由服务器自动激活相应的触发器。触发器是一个功能强大的工具，可以使每个站点在有数据修改时自动强制执行其业务规则。通过触发器，可以使多个不同的用户能够在保持数据完整性和一致性的良好环境中进行修改操作。

7.1.1 概念

触发器是一种特殊的存储过程，它的执行不是由程序调用，也不是手工启动，而是通过事件进行触发从而执行，当对一个表进行操作（INSERT、DELETE、UPDATE）时就会激活它并执行。触发器经常用于加强数据的完整性约束和业务规则等。触发器类似于约束，但比约束更灵活，具有更精细和更强大的数据控制能力。

数据库触发器有以下的作用：

1. 安全性

可以基于数据库的值，使用户具有操作数据库的某种权利。可以基于时间限制用户的操作，例如不允许下班后和节假日修改数据库数据。可以基于数据库中的数据限制用户的操作，例如不允许学生的分数大于满分。

2. 审计

可以跟踪用户对数据库的操作。审计用户操作数据库的语句。把用户对数据库的更新写入审计表。

3. 实现复杂的数据完整性规则

实现非标准的数据完整性检查和约束。触发器可产生比规则更为复杂的限制。与规则不同,触发器可以引用列或数据库对象。例如,触发器可回退任何企图吃进超过自己保证金的期货。提供可变的缺省值。

4. 实现复杂的非标准的数据库相关完整性规则

(1) 触发器可以对数据库中相关的表进行连环更新。

(2) 在修改或删除时级联修改或删除其他表中的与之匹配的行。

(3) 在修改或删除时把其他表中与之匹配的行设成 NULL 值。

(4) 在修改或删除时把其他表中与之匹配的行级联设成缺省值。

(5) 触发器能够拒绝或回退那些破坏相关完整性的变化,取消试图进行数据更新的事务。当插入一个与其主键不匹配的外部键时,这种触发器会起作用。

(6) 同步实时地复制表中的数据。

(7) 自动计算数据值,如果数据的值达到了一定要求,则进行特定的处理。

7.1.2　创建使用触发器

触发器是与表有关的命名数据库对象,当表中出现特定事件时,将激活该对象。在 MySQL 中,创建触发器的基本语法格式如下:

```
CREATE TRIGGER trigger_name trigger_time trigger_event
    ON tbl_name FOR EACH ROW trigger_stmt
```

触发器与命名为 tbl_name 的表相关。tbl_name 必须引用永久性表。不能将触发器与 temporary 表或视图关联起来。

trigger_time 是触发器的动作时间。它可以是 before 或 after,以指明触发器是在激活它的语句之前或之后触发。

trigger_event 指明了激活触发器的语句类型。trigger_event 可以是下述值之一:

(1) INSERT:将新行插入表时激活触发器,例如,通过 INSERT、LOAD DATA 和 REPLACE 语句。

(2) UPDATE:更改某一行时激活触发器,例如,通过 UPDATE 语句。

(3) DELETE:从表中删除某一行时激活触发器,例如,通过 DELETE 和 REPLACE 语句。

特别提醒,trigger_event 与以表操作方式激活触发器的 SQL 语句并不类似,这点很重要。例如,关于 INSERT 的 BERFOR 触发器不仅能被 INSERT 语句激活,也能被 LOAD DATA 语句激活。可能会造成混淆的例子之一是 INSERT INTO … ON DUPLICATE UPDATE…语法:BEFORE INSERT 触发器对于每一行将激活,后跟 AFTER INSERT 触发器,或 BEFORE UPDATE 和 AFTER UPDATE 触发器,具体情况取决于行上是否有重复键。

对于具有相同触发器动作时间和事件的给定表,不能有两个触发器。

例如,对于某一个表,不能有两个 BEFORE UPDATE 触发器。但可以有一个

BEFORE UPDATE 触发器和一个 BEFORE INSERT 触发器，或一个 BEFORE UPDATE 触发器和一个 AFTER UPDATE 触发器。

trigger_stmt 是当触发器激活时执行的语句。如果你打算执行多条语句，可使用 BEGIN … END 复合语句结构。这样，就能使用存储子程序中允许的相同语句。

【例 7-1】 创建一个表 tb，其中只有一列 a。在表上创建一个触发器，每次插入操作时，将用户变量 count 的值加 1。

```
CREATE TABLE tb(a INT);
    SET @count =0;
    CREATE TRIGGER tb1_insert AFTER INSERT
    ON tb FOR EACH ROW
    SET @count =@count+1;
```

执行结果如图 7-1 所示。

向 tb 中插入一行数据：

```
INSERT INTO tb VALUES(11); SELECT @count;
```

执行结果如图 7-2 所示。

再向 tb 中插入一行数据：

```
INSERT INTO tb VALUES(21); SELECT @count;
```

执行结果如图 7-3 所示。

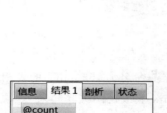

图 7-1　在表上创建触发器

图 7-2　向表中插入数据　　　　　图 7-3　插入数据并获取计数器

可以看出每次插入数据都会触发 SET @count =@count+1 语句使得@count 自增 1。触发器的使用比较简单，不过仍有些需要我们注意的地方。

触发器不能调用将数据返回客户端的存储程序，也不能使用采用 CALL 语句的动态 SQL（允许存储程序通过参数将数据返回触发器）。

触发器不能使用以显式或隐式方式开始或结束事务的语句，如 START TRANSACTION、COMMIT 或 ROLLBACK。使用 OLD 和 NEW 关键字，能够访问受触发器影响的行中的列（OLD 和 NEW 不区分大小写）。

在 INSERT 触发器中，仅能使用 NEW.col_name，没有旧行。在 DELETE 触发器中，仅能使用 OLD.col_name，没有新行。

在 UPDATE 触发器中，可以使用 OLD.col_name 来引用更新前的某一行的列，也能使用 NEW.col_name 来引用更新后的行中的列。用 OLD 命名的列是只读的。用户可以引用它，但不能更改它。对于用 NEW 命名的列，如果具有 SELECT 权限，可引用它。

在 BEFORE 触发器中，如果你具有 UPDATE 权限，可使用 SET NEW.col_name =

value 更改它的值。这意味着，用户可以使用触发器来更改将要插入到新行中的值，或用于更新行的值。

在 BEFORE 触发器中，AUTO_INCREMENT 列的 NEW 值为 0，不是实际插入新记录时自动生成的序列号。

通过使用 BEGIN … END 结构，能够定义执行多条语句的触发器。在 BEGIN 块中，还能使用存储子程序中允许的其他语法，如条件和循环等。但是，正如存储子程序那样，定义执行多条语句的触发器时，如果使用 MySQL 程序来输入触发器，需要重新定义语句分隔符，以便能够在触发器定义中使用字符";"。

【例 7-2】 创建一个由 DELETE 触发多个执行语句的触发器 tb_delete，每次删除记录时，都把删除记录的 a 字段的值赋值给用户变量@old_value。@count 记录删除的个数。代码如下：

```
SET @old_value=NULL, @count=0;
DELIMITER ##
CREATE TRIGGER tb_delete AFTER DELETE
    ON tb FOR EACH ROW
    BEGIN
        SET @old_value = OLD.a;
        SET @count =@count+1;
    END ##
DELIMITER ;
```

执行结果如图 7-4 所示。

我们用 DELETE 删除所有数据 a＝21 后，查看@old_value 和@count 代码如下：

```
DELETE FROM tb WHERE a=21; SELECT @old_value,@count;
```

执行结果如图 7-5 所示。

图 7-4　创建一个由 delete 触发
　　　　多个执行语句的触发器

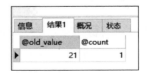

图 7-5　执行 DELETE 操作并获取
　　　　触发器中变量的值

结果符合我们预期。

【例 7-3】 定义一个 UPDATE 触发器，用于检查更新每一行时将使用的新值，并更改值，使之位于 0～100。它必须是 BEFORE 触发器，这是因为，需要在将值用于更新行之前对其进行检查，代码如下：

```
DELIMITER //
CREATE TRIGGER upd_check BEFORE UPDATE ON tb
    FOR EACH ROW
```

```
    BEGIN
        IF new.a < 0 THEN
            SET new.a = 0;
            ELSEIF new.a > 100 THEN
            SET new.a = 100;
        END IF;
        END; //
DELIMITER ;
```

执行结果如图 7-6 所示。

当我们把数据都更新为 102 后查看数据，应该都是 100，代码如下：

```
UPDATE tb SET a=102 ; SELECT * FROM tb;
```

执行结果如图 7-7 所示。

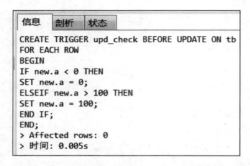

图 7-6　定义一个 UPDATE 的触发器

图 7-7　执行 UPDATE 操作并获取
触发器中变量的值

7.1.3　查看触发器

可以通过执行以下命令查看触发器的状态、语法等信息，但是因为不能查看指定的触发器，所以每次返回所有的触发器信息，使用起来很不方便。查看触发器的代码如下：

```
SHOW TRIGGERS;
```

另一种方法是查询系统表 information_schema.triggers，这种方式可以查询指定触发器的指定信息，操作起来明显方便得多。

【例 7-4】　查询名称为 tb1_insert 的触发器。

```
SELECT * FROM information_schema.triggers WHERE trigger_name = 'tb1_insert';
```

执行结果如图 7-8 所示。

7.1.4　删除触发器

在 MySQL 中，删除触发器的基本语法格式如下：

信息	结果 1	剖析	状态	
TRIGGER_CATALOG		def		
TRIGGER_SCHEMA		jxgl		
TRIGGER_NAME		tb1_insert		
EVENT_MANIPULA...		INSERT		
EVENT_OBJECT_CA...		def		
EVENT_OBJECT_SC...		jxgl		
EVENT_OBJECT_TA...		tb		
ACTION_ORDER		0		
ACTION_CONDITIO...				
ACTION_STATEME...		SET @count =@count+1		
ACTION_ORIENTAT...		ROW		
ACTION_TIMING		AFTER		

图 7-8　查询名称为 **tb1_insert** 的触发器

```
DROP TRIGGER [schema_name.]trigger_name 触发器
```

数据库(schema_name)是可选的。如果省略了 schema，将从当前数据库中删除触发器。

【例 7-5】　删除触发器 tb1_insert。

```
DROP TRIGGER tb1_insert;
```

执行结果如图 7-9 所示。

图 7-9　删除触发器

7.1.5　对触发器的进一步说明

下面是使用触发器的一些限制：

触发器不能调用将数据返回客户端的存储过程，也不能使用采用 CALL 语句的动态 SQL(允许存储过程通过参数将数据返回触发器)。

触发器不能使用以显式或隐式方式开始或结束事务的语句，如 START TRANSACTION、COMMIT 或 ROLLBACK。此外还需要注意以下两点：

(1) MySQL 触发器针对行来操作，因此当处理大数据集时可能效率很低。

(2) 触发器不能保证原子性，例如在 MyISAM 中，当一个更新触发器在更新一个表后，触发对另外一个表的更新，若触发器失败，不会回滚第一个表的更新。InnoDB 中的触发器和操作则是在一个事务中完成，是原子操作。

7.2　事　　件

7.2.1　事件概念

自 MySQL 5.1.0 起，增加了一个非常有特色的功能：事件调度器（Event Scheduler），可以用作定时执行某些特定任务（例如：删除记录、对数据进行汇总等等），来取代原先只能由操作系统的计划任务来执行的工作。更值得一提的是 MySQL 的事件调度器可以精确到每秒钟执行一个任务，而操作系统的计划任务（如 Linux 下的 cron 或 Windows 下的任务计划）只能精确到每分钟执行一次。

事件调度器有时也可称为临时触发器，因为事件调度器是基于特定时间周期触发来执行某些任务，而触发器是基于某个表所产生的事件触发的，区别也就在这里。

7.2.2　创建事件

在 MySQL 中，创建事件的基本语法格式如下：

```
CREATE EVENT [IF NOT EXISTS] event_name
    ON SCHEDULE schedule
    [ON COMPLETION [NOT] PRESERVE]
    [ENABLE | DISABLE]
    [COMMENT 'comment']
    DO sql_statement;
    schedule:
    AT TIMESTAMP [+ INTERVAL INTERVAL]
    | EVERY INTERVAL [STARTS TIMESTAMP] [ENDS TIMESTAMP]
    INTERVAL:
    quantity {YEAR | QUARTER | MONTH | DAY | HOUR | MINUTE |
              WEEK | SECOND | YEAR_MONTH | DAY_HOUR | DAY_MINUTE |
              DAY_SECOND | HOUR_MINUTE | HOUR_SECOND | MINUTE_SECOND}
```

参数详细说明如下：

- [IF NOT EXISTS]：使用 IF NOT EXISTS，只有在同名 EVENT 不存在时才创建，否则忽略。建议不使用以保证 EVENT 创建成功。
- event_name：名称最大长度可以是 64 个字节。名字必须是当前 Database 中唯一的，同一个数据库不能有同名的 EVENT。使用 EVENT 常见的工作是创建表、插入数据、删除数据、清空表、删除表。
- ON SCHEDULE：计划任务，有两种设定计划任务的方式：
  - ◆ AT 时间戳，用来完成单次的计划任务。
  - ◆ EVERY 时间（单位）的数量时间单位[STARTS 时间戳][ENDS 时间戳]，用来完成重复的计划任务。

在两种计划任务中，时间戳可以是任意的 TIMESTAMP 和 DATETIME 数据类型，时间戳需要大于当前时间。

在重复的计划任务中，时间（单位）的数量可以是任意非空（Not Null）的整数，时间单位是关键词：YEAR、MONTH、DAY、HOUR、MINUTE 或者 SECOND。

提示：其他的时间单位也是合法的，如 QUARTER、WEEK、YEAR_MONTH、DAY_HOUR、DAY_MINUTE、DAY_SECOND、HOUR_MINUTE、HOUR_SECOND、MINUTE_SECOND，不建议使用这些不标准的时间单位。

- ON COMPLETION：该参数表示"当这个事件不会再发生的时候"，即当单次计划任务执行完毕后或当重复性的计划任务执行到了 ENDS 阶段。而 PRESERVE 的作用是使事件在执行完毕后不会被 DROP 掉，建议使用该参数，以便于查看 EVENT 具体信息。
- [ENABLE | DISABLE]：参数 ENABLE 和 DISABLE 表示设定事件的状态。ENABLE 表示系统将执行这个事件。DISABLE 表示系统不执行该事件。

可以用如下命令关闭或开启事件：

```
ALTER EVENT event_name  ENABLE/DISABLE
```

- [COMMENT 'comment']：注释会出现在元数据中，它存储在 information_schema 表的 COMMENT 列，最大长度为 64 个字节。'comment'表示将注释内容放在单引号之间，建议使用注释以表达更全面的信息。
- DO sql_statement：表示该 EVENT 需要执行的 SQL 语句或存储过程。这里的 SQL 语句可以是复合语句。

使用 BEGIN 和 END 标识符将复合 SQL 语句按照执行顺序放在之间。当然 SQL 语句是有限制的，对它的限制跟函数 FUNCTION 和触发器 TRIGGER 中对 SQL 语句的限制是一样的，如果你在函数 FUNCTION 和触发器 TRIGGER 中不能使用某些 SQL，同样地在 EVENT 中也不能使用。

【例 7-6】　创建一个立即启动的事件，创建后查看学生信息代码如下：

```
CREATE EVENT direct
    ON SCHEDULE AT NOW( )
    DO INSERT INTO student VALUES('202014855323', '孟见妮', '女',
                                  '2006-06-12', '1407', '健管 2001');
    SELECT * FROM student WHERE sno='2020148553';
```

执行结果如图 7-10 所示。

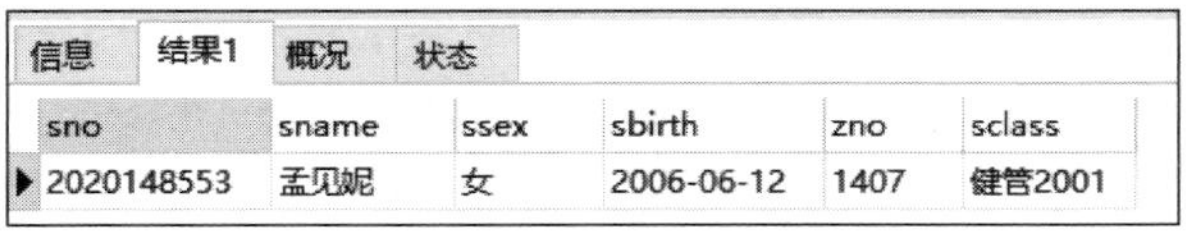

信息	结果1	概况	状态		
sno	sname	ssex	sbirth	zno	sclass
2020148553	孟见妮	女	2006-06-12	1407	健管2001

图 7-10　创建一个立即启动的事件

注意，在使用时间调度器这个功能之前必须确保 event_scheduler 已开启，可执行 SET GLOBAL event_scheduler ＝ 1，或者可以在配置 my.ini 文件中加上 event_ scheduler ＝ 1 或 SET GLOBAL event_scheduler ＝ ON 来开启，也可以直接在启动命令加上"-event_scheduler＝1"。

【例 7-7】 创建一个 30 秒后启动的事件，创建后查看学生信息，代码如下：

```
CREATE EVENT thirtyseconds
    ON SCHEDULE AT current_timestamp+interval 30 second
    DO INSERT INTO student VALUES('2020148553', '刘冉红', '女',
                                  '2003-06-12', '1407', '健管 2001');
    SELECT * FROM student WHERE sno='2020148553';
```

执行结果如图 7-11 所示。

图 7-11 创建一个 30 秒后启动的事件

30 秒后再执行：

```
SELECT * FROM student WHERE sno='1414855329';
```

执行结果如图 7-12 所示。

图 7-12 30 秒后查询数据

7.2.3 修改事件

在 MySQL 中，修改事件的基本语法格式如下：

```
ALTER EVENT event_name
    [ON SCHEDULE schedule]
    [RENAME TO new_event_name]
    [ON COMPLETION [NOT] PRESERVE]
    [COMMENT 'comment']
    [ENABLE | DISABLE]
    [DO sql_statement]
```

临时关闭事件：

```
ALTER EVENT event_name DISABLE;
```

如果对 event_name 执行了 ALTER EVENT event_name DISABLE，那么当重新启动 MySQL 服务器后，该 event_name 将被删除。

开启事件：

`ALTER EVENT event_nam ENABLE;`

【例 7-8】 将事件 thirtyseconds 的名称改成 event_30。

`ALTER EVENT thirtyseconds　RENAME TO event_30;`

执行结果如图 7-13 所示。

图 7-13　修改事件名称

7.2.4　删除事件

删除事件的语法很简单，如下所示：

`DROP EVENT [IF EXISTS] event_name;`

如果事件不存在，会产生 error 1513（hy000）：unknown event 错误，因此最好加上 IF EXISTS。

【例 7-9】 删除名为 thirtyseconds 的事件。

`DROP EVENT thirtyseconds;`

图 7-14　删除事件

执行结果如图 7-14 所示。

7.3　本 章 小 结

本章介绍了在 MySQL 数据库管理系统中关于触发器、事件调度器的操作，主要包含触发器和事件的创建、使用、查看和删除。通过本章的学习，大家不仅可以掌握触发器和时间的基本概念，还能通过练习对其进行各种熟练的操作。

7.4　思 考 与 练 习

1. 什么是触发器？
2. 如何定义、删除和查看触发器？
3. 使用触发器有哪些限制？
4. 请解释什么是事件？
5. 请简述事件的作用。
6. 如何创建、修改和删除事件？

7. 请简述事件与触发器的区别。

8. MySQL 中，激活触发器的命令包括（　　）。

    A. CREATE、DROP、INSERT

    B. SELECT、CREATE、UPDATE

    C. INSERT、DELETE、UPDATE

    D. CREATE、DELETE、UPDATE

9. 下列关于 MySQL 触发器的描述中，错误的是（　　）。

    A. 触发器的执行是自动的

    B. 触发器多用来保证数据的完整性

    C. 触发器可以创建在表或视图上

    D. 一个触发器只能定义在一个基本表上

10. 关于 CREATE TRIGGER 的作用描述正确的是（　　）。

    A. 创建触发器　　　　　　　　　　B. 查看触发器

    C. 应用触发器　　　　　　　　　　D. 删除触发器

11. 下列语句中哪条语句用于查看触发器（　　）。

    A. SELECT ＊ FROM TRIGGERS

    B. SELECT ＊ FROM information_schema

    C. SHOW TRIGGERS

    D. SELECT ＊ FROM students.triggers

12. 删除触发器的指令是（　　）。

    A. CREATE TRIGGER 触发器名称

    B. DROP DATABASE 触发器名称

    C. DROP TRIGGERS 触发器名称

    D. SHOW TRIGGERS 触发器名称

13. 应用触发器的执行顺序是（　　）。

    A. 表操作、BEFORE 触发器、AFTER 触发器

    B. BEFORE 触发器、表操作、AFTER 触发器

    C. BEFORE 触发器、AFTER 触发器、表操作

    D. AFTER 触发器、BEFORE 触发器、表操作

14. 使用触发器可以实现数据库的审计操作，记载数据的变化、操作数据库的用户、数据库的操作、操作时间等。请完成如下任务：

（1）使用触发器审计雇员表的工资变化，并验证之。

• 创建雇员表 empsa。其中，empno 为雇员编号；empname 为雇员姓名；empsal 为雇员的工资字段。

• 创建审计表 ad。其中，oempsal 字段记录更新前的工资旧值；nempsal 字段记录更改后的工资新值；user 为操作的用户；time 字段保存更改的时间。

• 创建审计雇员表的工资变化的触发器。

• 验证触发器。

（2）触发器可以实现删除主表信息时,级联删除子表中引用主表的相关记录。要求创建一个部门表 dept 和雇员表 emp,当删除 dept 表中的一个部门信息后,级联删除 emp 表中属于该部门的雇员信息的触发器,并验证之。

- 创建部门表 dept(dno,dname),字段分别为部门编号和部门名称,并插入三行数据:(1,'工程部'),(2,'财务部'),(3,'后勤部')。
- 创建雇员表 emp(eno,ename,dno),字段分别为雇员编号、雇员姓名、部门编号,并插入三行数据:('1', '王明', '1'), ('2', '张梅', '1'), ('3', '丁一凡', '2')。
- 创建一个部门表 dept 和雇员表 emp,当删除 dept 表中的一个部门信息后,级联删除 emp 表中属于该部门的雇员信息的触发器。

验证触发器,删除 dept 表中 dno 为 1 的部门,查看 emp 表中的数据。

15. 设有如下创建数据库对象的部分语句:

```
CREATE EVENT Test ON  SCHEDULE  EVERY 1 WEEK
    STARTS  CURDATE()+ INTERVAL 1 WEEK
    ENDS "2021-6-30"
    DO
    BEGIN
      ...
    END
```

关于上述语句,下列叙述中错误的是(　　　)。

    A. 创建了一个名称为 Test 的事件

    B. Test 事件从创建之时开始执行

    C. Test 事件每周自动执行一次

    D. Test 事件的结束时间是 2021 年 6 月 30 日

第 8 章

MySQL 存储过程与函数

在数据库中,存储过程和存储函数是一些用户定义的 SQL 语句集合。存储过程是可以存储在服务器中的一组 SQL 语句。存储过程可以被程序、触发器或另一个存储过程调用。

存储过程和函数可以避免开发人员重复地编写相同的 SQL 语句,而且存储过程和函数是在 MySQL 服务器中存储和执行的,可以减少客户端和服务器端之间的数据传输,同时具有执行速度快、提高系统性能、确保数据库安全等诸多优点。

本章将介绍存储过程和函数的含义、作用以及创建、使用、查看、修改及删除存储过程及函数的方法。

8.1 存储过程与函数简介

8.1.1 存储过程的概念

我们常用的操作数据库语言 SQL 语句在执行时需要先编译,然后执行,而存储过程(Stored Procedure)是一组为了完成特定功能的 SQL 语句集,经编译后存储在数据库中,用户通过指定存储过程的名字并给定参数(如果该存储过程带有参数)来调用执行它。

一个存储过程是一个可编程的函数,它在数据库中创建并保存。它可以由 SQL 语句和一些特殊的控制结构组成。当希望在不同的应用程序或平台上执行相同的函数,或者封装特定功能时,存储过程是非常有用的。数据库中的存储过程可以看作是对编程中面向对象方法的模拟。它允许控制数据的访问方式。

存储过程的优点如下。

(1)存储过程增强了 SQL 语言的功能和灵活性。存储过程可以用流控制语句编写,有很强的灵活性,可以完成复杂的判断和较复杂的运算。

(2)存储过程允许标准组件是编程。存储过程被创建后,可以在程序中被多次调用,而不必重新编写该存储过程的 SQL 语句。而且数据库专业人员可以随时对存储过程进行修改,对应用程序源代码毫无影响。

(3)存储过程能实现较快的执行速度。如果某一操作包含大量的 transaction-SQL 代码或分别被多次执行,那么存储过程要比批处理的执行速度快很多。因为存储过程是预编译的。在首次运行一个存储过程时查询,优化器对其进行分析优化,并且给出最终被存储在系统表中的执行计划。而批处理的 transaction-SQL 语句在每次运行时都要进行编译和优化,速度相对要慢一些。

(4) 存储过程能过减少网络流量。针对同一个数据库对象的操作(如查询、修改),如果这一操作所涉及的 transaction-SQL 语句被组织成存储过程,那么当在客户计算机上调用该存储过程时,网络中传送的只是该调用语句,从而大大减少了网络流量并降低了网络负载。

(5) 存储过程可被作为一种安全机制来充分利用。系统管理员通过执行某一存储过程的权限进行限制,能够实现对相应数据的访问权限的限制,避免了非授权用户对数据的访问,保证了数据的安全。

存储过程是数据库存储的一个重要的功能,但是 MySQL 在 5.0 以前并不支持存储过程,这使得 MySQL 在应用上大打折扣。好在 MySQL 5.0 终于已经开始支持存储过程,这样既可以大大提高数据库的处理速度,同时也可以提高数据库编程的灵活性。

存储过程的缺点如下:

(1) 编写存储过程比编写单个 SQL 语句复杂,需要用户具有丰富的经验。

(2) 编写存储过程时需要创建这些数据库对象的权限。

8.1.2　存储过程和函数区别

存储过程和函数存在以下几个区别:

(1) 一般来说,存储过程实现的功能要复杂一点,而函数的实现的功能针对性比较强。存储过程,功能强大,可以执行包括修改表等一系列数据库操作;用户定义函数不能用于执行一组修改全局数据库状态的操作。

(2) 对于存储过程来说可以返回参数,如记录集,而函数只能返回值或者表对象。函数只能返回一个变量;而存储过程可以返回多个。存储过程的参数可以有 IN、OUT 和 INOUT 三种类型,而函数只能有 IN 类;存储过程声明时不需要返回类型,而函数声明时需要描述返回类型,且函数体中必须包含一个有效的 RETURN 语句。

(3) 存储过程,可以使用非确定函数,不允许在用户定义函数主体中内置非确定函数。

(4) 存储过程一般是作为一个独立的部分来执行(EXECUTE 语句执行),而函数可以作为查询语句的一个部分来调用(SELECT 调用),由于函数可以返回一个表对象,因此它可以在查询语句中位于 FROM 关键字的后面。SQL 语句中不可用存储过程,而可以使用函数。

8.2　存储过程与函数操作

在创建存储过程时,当前用户必须具有创建存储过程的权限。当前登录的是 root 用户,可以通过 SELECT create_routine_priv FROM mysql.user WHERE user='root'查询该用户是否具有创建存储过程的权限。若显示为 Y,说明当前用户具有创建存储过程的权限。

8.2.1 创建和使用存储过程和函数

1. 存储过程

创建存储过程的语法格式为：

```
CREATE PROCEDURE sp_name ([proc_parameter[,…]])
    [characteristic …] routine_body
```

其中，

- sp_name 参数是存储过程的名称。
- proc_parameter 表示存储过程的参数列表。
- characteristic 参数指定存储过程的特性。
- routine_body 参数是 SQL 代码的内容，可以用 BEGIN…END 来标志 SQL 代码的开始和结束。

proc_parameter 中的每个参数由 3 部分组成。这 3 部分分别是输入输出类型、参数名称和参数类型。其形式如下：

```
[ IN |OUT| INOUT ] param_name type
```

其中，

- IN 表示输入参数。
- OUT 表示输出参数。
- INOUT 是输入，也可以是输出。
- param_name 参数是存储过程的参数名称。
- type 参数指定存储过程的参数类型，该类型可以是 MySQL 数据库的任意数据类型。

characteristic 参数有多个取值。其取值说明如下：

- language SQL：说明 routine_body 部分是由 SQL 语言的语句组成，这也是数据库系统默认的语言。
- [not] deterministic：指明存储过程的执行结果是否是确定的。deterministic 表示结果是确定的。每次执行存储过程时，相同的输入会得到相同的输出。not deterministic 表示结果是非确定的，相同的输入可能得到不同的输出。默认情况下，结果是非确定的。
- { contains SQL | no SQL | reads SQL data | modifies SQL data }：指明子程序使用 SQL 语句的限制。contains SQL 表示子程序包含 SQL 语句，但不包含读或写数据的语句；no SQL 表示子程序中不包含 SQL 语句；reads SQL data 表示子程序中包含读数据的语句；modifies SQL data 表示子程序中包含写数据的语句。默认情况下，系统会指定为 contains SQL。
- SQL security { definer | invoker }：指明谁有权限来执行。definer 表示只有定义者自己才能够执行；invoker 表示调用者可以执行。默认情况下，系统指定的权限是 definer。

- comment 'string'：注释信息。

创建存储过程时，系统默认指定 contains SQL，表示存储过程中使用了 SQL 语句。但是，如果存储过程中没有使用 SQL 语句，最好设置为 no SQL。而且，存储过程中最好在 comment 部分对存储过程进行简单的注释，以便以后在阅读存储过程的代码时更加方便。

调用存储过程的语法格式为：

```
CALL sp_name([parameter[,…]])
```

其中，

- sp_name 为存储过程的名称，如果要调用某个特定数据库的存储过程，则需要在前面加上该数据库的名称。
- parameter 为调用该存储过程所用的参数，这条语句中的参数个数必须总是等于存储过程的参数个数。

2. 创建存储函数

创建存储函数语法格式为：

```
CREATE FUNCTION sp_name ([func_parameter[,…]])
    RETURNS Type
    [characteristic …] routine_body
```

其中，

- sp_name 参数是存储函数的名称。
- func_parameter 表示存储函数的参数列表。
- returns type 指定返回值的类型。
- characteristic 参数指定存储函数的特性，该参数的取值与存储过程中的取值是一样的。
- routine_body 参数是 SQL 代码的内容，可以用 BEGIN…end 来标志 SQL 代码的开始和结束。

func_parameter 可以由多个参数组成，其中每个参数由参数名称和参数类型组成，其形式如下：

```
param_name type
```

其中，

- param_name 参数是存储函数的参数名称。
- type 参数指定存储函数的参数类型，该类型可以是 MySQL 数据库的任意数据类型。

调用存储函数语法格式为：

```
SELECT sp_name([func_parameter[,…]])
```

在 MySQL 中，存储函数的使用方法与 MySQL 内部函数的使用方法是一样的。换而言之，用户自己定义的存储函数与 MySQL 内部函数是一个性质的。区别在于，存储函数是用户自己定义的，而内部函数是 MySQL 的开发者定义的。

3. DELIMITER 命令

在 MySQL 命令行的客户端中，服务器处理语句默认以分号"；"为结束标志，如果有一行命令以分号结束，那么按回车键后，MySQL 将会执行该命令。但在存储过程中，可能要输入较多的语句，并且每条语句都含分号。如果还以分号作为结束标志，那么执行完第一个分号语句后，就会认为程序结束。即 MySQL 默认的语句结束符为分号，和存储过程中的语句结束符冲突。那么，可以用 MySQL DELIMITER 来改变默认的结束标志。

DELIMITER 格式语法为：

```
DELIMITER $$
```

说明，$ $ 是用户定义的结束符，通常使用一些特殊的符号。当使用 DELIMITER 命令时，应该避免使用反斜杠\字符，因为那是 MySQL 转移字符。

【例 8-1】　把结束符改为♯♯，执行 SELECT 1＋1♯♯，如图 8-1 所示。

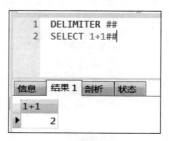

图 8-1　把结束符改为♯♯

【例 8-2】　下面是一个存储过程的简单例子，根据学号查询学生的姓名。

```
DELIMITER $$
CREATE PROCEDURE getnamebysno(IN xh CHAR(10), OUT name CHAR(20))
    BEGIN
        SELECT sname INTO name FROM student WHERE sno=xh;
    END $$
DELIMITER ;
```

执行结果如图 8-2 所示。

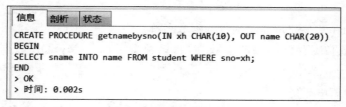

图 8-2　根据学号查询学生的姓名

说明：MySQL 中默认的语句结束符为分号";"。存储过程中的 SQL 语句需要分号来结束。为了避免冲突,首先用 DELIMITER ＄＄ 将 MySQL 的结束符设置为 ＄＄。最后再 DELIMITER 来将结束符恢复成分号。这与创建触发器时是一样的。

可以调用 getnamebysno 存储过程,首先我们定义一个用户变量@name,用 call 调用 getnamebysno 存储过程,结果放到@name 中,最后输出@name 的值。

执行结果如图 8-3 和图 8-4 所示。

图 8-3　定义 name 变量　　　　　图 8-4　获取 name 变量的值

【例 8-3】　下面创建一个名为 name_from_student 的存储函数。

```
DELIMITER $$
CREATE FUNCTION numofstudent( )
returns integer
BEGIN
return(SELECT COUNT( * ) FROM student);
END$$
DELIMITER ;
```

执行结果如图 8-5 所示。

说明：RETURN 子句中包含 SELECT 语句时,SELECT 语句的返回结果只能是一行且只有一列值。存储函数的使用和 MySQL 内部函数的使用方法一样,可以像调用系统函数一样,直接调用自定义函数,执行结果如图 8-6 所示。

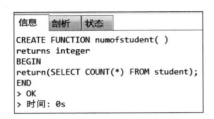

图 8-5　创建一个名为 name_from_student
　　　　　的存储函数

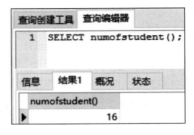

图 8-6　调用名为 name_from_student
　　　　　的存储函数

8.2.2 局部变量的使用

在存储过程中可以使用局部变量，在 MySQL 5.1 以后，变量是不区分大小写的。局部变量可以在子程序中声明并使用，其作用范围是在 BEGIN…END 程序中。在存储过程中使用局部变量首先需要定义局部变量，MySQL 提供了 DECLARE 语句定义局部变量。

1. DECLARE 语句声明局部变量

存储过程和函数可以定义和使用变量，它们可以用来存储临时结果。用户可以使用 DECLARE 关键字来定义变量，然后可以为变量赋值。DECLARE 语句声明局部的变量只适用于 BEGIN…END 程序段中。

DECLARE 语法格式：

```
DECLARE var_name1 [,var_name2] … type [ default value ]
```

其中，

- var_name1、var_name2 参数是声明的变量的名称，这里可以定义多个变量。
- type 参数用来指明变量的类型。
- defalut value 字句将变量默认值设置为 value，没有使用 default 字句，默认是 NULL。

可以用下列命令声明两个字符型变量：

```
DECLARE str1,str2 VARCHAR(6);
```

2. 用 SET 语句给变量赋值

SET 语法格式为：

```
SET var_name = exper[,var_name = exper]
```

其中，

- var_name 参数是变量名。
- expr 参数是赋值的表达式。可以为多个变量赋值。用逗号隔开。

可以用下列命令在存储过程中给局部变量赋值：

```
SET str1='abc',str2='123';
```

SET 可以直接声明用户变量，不需要声明类型，DECLARE 必须指定类型。

SET 位置可以任意，DECLARE 必须在复合语句的开头，在任何其他语句之前。

DECLARE 定义的变量的作用范围是 BEGIN…END 块内，只能在块中使用。SET 定义的变量用户变量。在变量定义时，变量名前使用@符号修饰，如 SET @var＝12。

3. 使用 SELECT 语句给变量赋值

语法格式为：

```
SELECT col_name[,…] INTO var_name[, …] table_expr
```

其中，

- col_name 是列名。
- var_name 是要赋值的变量名。
- table_var 是 SELECT 语句中的 FROM 子句以及后面的部分。

【例 8-4】　定义一个存储过程,作用是输出两个字符串拼接后的值。

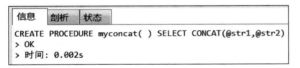

执行结果如图 8-7 所示。

如果直接调用该存储过程,则会输出 Null,因为没有定义 @str1 和 @str2,执行结果如图 8-8 所示。

图 8-7　定义存储函数 myconcat

图 8-8　调用存储函数 myconcat

如果定义 @str1 和 @str2 后再调用,就比较好了,执行结果如图 8-9 和图 8-10 所示。

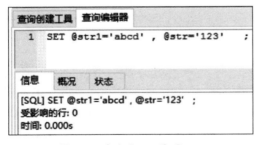

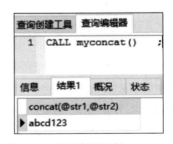

图 8-9　定义 @str1 和 @str2

图 8-10　调用存储函数 myconcat

8.2.3　定义条件和处理程序

定义条件是事先定义程序执行过程中遇到的问题,处理程序是定义在遇到问题时应当采取的处理方式。

在高级编程语言中,为了提高语言的安全性,提供了异常处理机制。对于 MySQL 软件,也提供了一种机制来提高安全性,那就是本节要介绍的条件。

1. 定义条件

条件的定义和处理主要用于定义在处理过程中遇到问题时，所需的相应处理步骤。语法为：

```
DECLARE condition_name CONDITION FOR condition_value
condition_value
SQLstate[value] SQLstate_value
| MySQL_error_code
```

其中，

- condition_name 参数表示的是所有定义的条件，用来实现设置条件的类型。
- SQLstate_value 和 MySQL_error_code 用来设置条件的错误。

【例 8-5】　下面定义"error 1111（13d12）"这个错误，名称为 can_not_find。可以用两种不同的方法来定义，代码如下：

方法一，使用 SQLstate_value：

```
DECLARE can_not_find CONDITION FOR SQLstate  '13d12';
```

方法二，使用 MySQL_error_code：

```
DECLARE  can_not_find CONDITION FOR 1111;
```

2. 定义处理程序

MySQL 中可以使用 DECLARE 关键字来定义处理程序。其基本语法如下：

```
DECLARE handler_type HANDLER FRO
condition_value[,…] sp_statement
handler_type:
    CONTINUE | EXIT | UNDO
condition_value:
    SQLstate [value] SQLstate_value |
condition_name | SQLwarning
      | not found | SQLexception  | MySQL_error_code
```

其中，handler_type 参数指明错误的处理方式，该参数有 3 个取值。这 3 个取值分别是 CONTINUE、EXIT 和 UNDO。

- CONTINUE 表示遇到错误不进行处理，继续向下执行。
- EXIT 表示遇到错误后马上退出。
- UNDO 表示遇到错误后撤回之前的操作，MySQL 中暂时还不支持这种处理方式。

通常情况下，执行过程中遇到错误应该立刻停止执行下面的语句，并且撤回前面的操作。但是，MySQL 中现在还不能支持 UNDO 操作。因此，遇到错误时最好执行 EXIT 操作。如果事先能够预测错误类型，并且进行相应的处理，那么可以执行 CONTINUE 操作。

condition_value 参数指明错误类型，该参数有 6 个取值。

- SQLstate_value 和 MySQL_error_code 与条件定义中的是同一个意思。
- condition_name 是 DECLARE 定义的条件名称。
- SQLwarning 表示所有以 01 开头的 SQLstate_value 值。
- not found 表示所有以 02 开头的 SQLstate_value 值。
- SQLexception 表示所有没有被 SQLwarning 或 not found 捕获的 SQLstate_value 值。
- sp_statement 表示一些存储过程或函数的执行语句。

下面是定义处理程序的几种方式。代码如下：

方法一，捕获 SQLstate_value：

```
DECLARE continue HANDLER FOR SQLstate '42s02'
SET @info='can not find';
```

方法二，捕获 MySQL_error_code：

```
DECLARE CONTINUE HANDLER FOR 1146 SET @info='can not find';
```

方法三，先定义条件，然后调用：

```
DECLARE  can_not_find  CONDITION FOR 1146 ;
DECLARE continue HANDLER FOR can_not_find SET @info='can not find';
```

方法四，使用 SQLwarning：

```
DECLARE EXIT HANDLER FOR SQLwarning SET @info='error';
```

方法五，使用 not found：

```
DECLARE EXIT HANDLER FOR not found SET @info='can not find';
```

方法六，使用 SQLexception：

```
DECLARE EXIT HANDLER FOR SQLexception SET @info='error';
```

上述代码是 6 种定义处理程序的方法。方法一是捕获 SQLstate_value 值。如果遇到 SQLstate_value 值为 42s02，执行 CONTINUE 操作，并输出"can not find"信息。方法二是捕获 MySQL_error_code 值。如果遇到 MySQL_error_code 值为 1146，执行 CONTINUE 操作，并输出"can not find"信息。方法三是先定义条件，然后再调用条件。这里先定义 can_not_find 条件，遇到 1146 错误就执行 CONTINUE 操作。方法四是使用 SQLwarning。SQLwarning 捕获所有以 01 开头的 SQLstate_value 值，然后执行 EXIT 操作，并输出"error"信息。方法五是使用 not found。not found 捕获所有以 02 开头的 SQLstate_value 值，然后执行 EXIT 操作，并输出"can not find"信息。方法六是使用 SQLexception。SQLexception 捕获所有没有被 SQLwarning 或 not found 捕获的 SQLstate_value 值，然后执行 EXIT 操作，并输出"error"信息。

8.2.4 游标的使用

在存储过程或自定义函数中的查询可能会返回多条记录，我们可以使用光标来逐条读取查询结果集中的记录。光标在很多其他的书籍中被称为游标。光标的使用包括光标的声明、打开光标、使用光标和关闭光标。需要注意的是，光标必须在处理程序之前声明，在变量和条件之后声明。

可以认为游标就是一个 cursor，就是一个标识，用来标识数据取到什么地方了。你也可以把它理解成数组的下标。游标具有以下特性：

（1）只读的，不能更新的。

（2）游标是不能滚动的，也就是只能在一个方向上进行遍历，不能在记录之间随意进退，不能跳过某些记录。

（3）不敏感的，不敏感意为服务器可以或不可以复制它的结果表。

游标（cursor）必须在声明处理程序之前被声明，并且变量和条件必须在声明游标或处理程序之前被声明。因此对于游标的使用一般需要如下 4 个步骤。

1. 声明游标

语法格式为：

```
DECLARE cursorname CURSOR FOR select_statement
```

其中，

- cursorname 是游标的名称，游标名称使用与表名同样的规则。
- select_statement 是一个 SELECT 语句，返回的是一行或多行的数据。

这个语句声明一个游标，也可以在存储过程中定义多个游标，但是一个块中的每一个游标必须有唯一的名字。特别提醒，这里的 SELECT 子句不能有 INTO 子句。

2. 打开游标

声明游标后，要使用游标从中提取数据，就必须先打开游标。在 MySQL 中，使用 OPEN 语句打开游标。

语法格式为：

```
OPEN cursor_name
```

在程序中，一个游标可以打开多次，由于其他的用户或程序本身已经更新了表，所以每次打开结果可能不同。

3. 读取数据

游标打开后，就可以使用 FETCH…INTO 语句从中读取数据。

语法格式为：

```
FETCH cursor_name INTO var_name [,var_name] …
```

其中，var_name 是存放数据的变量名。

FETCH…INTO 语句与 SELECT…INTO 语句具有相同的意义，FETCT 语句是将游标指向的一行数据赋给一些变量，子句中变量的数目必须等于声明游标时 SELECT 子句中列的数目。

4. 关闭游标

游标使用完以后，要及时关闭。关闭游标使用 CLOSE 语句。语法格式为：

```
CLOSE cursorname
```

语句参数的含义与 OPEN 语句中相同。例如，关闭游标 scur2：

```
CLOSE scur2;
```

【例 8-6】　利用游标读取 student 表中总人数，此功能可以使用 count 函数直接完成，此实例主要为演示游标的使用方法。

```
DELIMITER $$
CREATE PROCEDURE studentcount(out num integer)
BEGIN
DECLARE temp CHAR(20);
DECLARE done int default false;
DECLARE cur CURSOR FOR SELECT sno FROM student;
DECLARE CONTINUE HANDLER FOR not found SET done=true;
SET num=0;
OPEN cur;
read_loop: LOOP
    FETCH cur INTO temp;
    IF done then
        LEAVE read_loop;
END IF;
SET num=num+1;
END LOOP;
CLOSE cur;
END$$
DELIMITER ;
```

执行结果如图 8-11 所示。

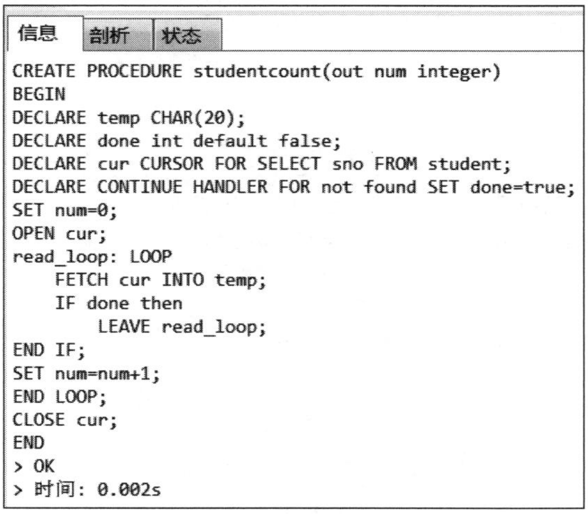

图 8-11　利用游标读取 student 表中总人数

注意：游标只能在存储过程或存储函数中使用，示例中语句无法单独运行。

调用如图 8-12 和图 8-13 所示。

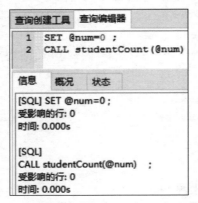

图 8-12　游标只能在存储过程或存储函数中使用

图 8-13　从变量中获取结果

8.2.5　流程的控制

存储过程和函数中可以使用流程控制来控制语句的执行。MySQL 中可以使用 IF 语句、CASE 语句、LOOP 语句、LEAVE 语句、ITERATE 语句、REPEAT 语句和 WHILE 语句来进行流程控制。

1. IF 语句

IF 语句用来进行条件判断。根据是否满足条件，将执行不同的语句。其语法的基本形式如下：

```
IF search_condition THEN statement_list
[ELSEIF search_condition THEN statement_list]
...
[ELSE search_condition THEN statement_list]
END IF
```

其中，

- search_condition 参数表示条件判断语句；
- statement_list 参数表示不同条件的执行语句。

【例 8-7】　运用流程判断，通过传入学号，查询 student 表中学号所对应的姓名。

```
DELIMITER $$
CREATE PROCEDURE getnamebysno(IN xh CHAR(12), OUT name CHAR(20))
BEGIN
IF xh IS NULL OR xh='' THEN
    SELECT * FROM student;
ELSE
    SELECT sname INTO name FROM student WHERE sno=xh;
END IF;
```

```
END $$
DELIMITER ;
```

使用 CALL 关键字调用存储过程：

```
CALL getnamebysno('202011855228',@p_name);
SELECT @P_name ;
```

执行结果如图 8-14 所示。

图 8-14　使用 CALL 关键字

2. CASE 语句

CASE 语句也用来进行条件判断，其可以实现比 IF 语句更为复杂的条件判断。

CASE 语句的基本形式 1 为：

```
CASE case_value
    WHEN when_value1 THEN statement_list1
     [WHEN when_value2 THEN statement_list2]
    ...
     [ELSE defaultvalue]
END CASE
```

其中，

- case_value 参数表示条件判断的变量；
- when_value 参数表示变量的取值；
- statement_list 参数表示不同条件的执行语句。

CASE 函数对表达式 case_value 进行测试，如果 case_value 等于 when_value1，则返回 statement_list1，以此类推，如果条件不符合所有的 when 条件，就返回默认值 defaultvalue。

【例 8-8】　利用 CASE 语句的第 1 种形式，显示 student 表中的性别。

```
SELECT sname,(
    CASE ssex
        WHEN '男' THEN '男生'
        WHEN '女' THEN '女生'
        ELSE '未知'
    END
)
AS 性别
FROM student LIMIT 0,5
```

信息	结果 1	剖析	状态
sname		性别	
孙凯		男生	
唐晓		女生	
蓝梅		女生	
余小梅		女生	
郑熙婷		女生	

图 8-15　使用 CASE 语句基本形式 1

执行结果如图 8-15 所示。

由上述例子可以看出来，在制作报表时，CASE 语句非常有用，比如 T_customer 表中的 flevel 字段是整数类型，它记录着客户的级别，如果是 1 代表 VIP 用户，如果是 2 就是高级用户，如果是 3 就是普通用户，在制作报表时不应该把 1、2、3 这样的数字显示在报表中而应该显示它的文字，这里就可以用 CASE 函数来实现。

CASE 语句的基本形式 2 为：

```
CASE
WHEN condition1 THEN returnvalue1
WHEN condition2 THEN returnvalue2
WHEN condition3 THEN returnvalue3
ELSE  defaultvalue
END
```

解释：condition1、condition2、condition3 为条件表达式。CASE 函数对各个表达式从前向后进行测试。如果 condition1 为真时，就返回条件 1 的对应值 returnvalue1，否则如果 condition2 为真时，就返回 returnvalue2，以此类推。如果都不符合条件就返回默认值 defaultvalue。这种用法没有只对一个表达式进行判断，因此使用起来更加灵活，比如下面的 SQL 语句：判断一个学生的成绩等级，如果成绩大于等于 85，则为优秀；如果小于 85 而大于等于 60，则为良；如果小于 60 则为不及格。

【例 8-9】　通过 CASE 语句判断 sc 表中成绩的等级。

```
SELECT sno,grade,(
    CASE
        WHEN grade >= 85 THEN '优秀'
        WHEN 60<=grade && grade<85 THEN '良'
        ELSE '不及格'
    END
)
AS 成绩
FROM sc LIMIT 0,5
```

信息	结果 1	剖析	状态

sno	grade	成绩
202014855328	85.0	优秀
202014855406	75.0	良
202012855223	60.0	良
202014070116	65.0	良
202014855302	90.0	优秀

图 8-16　使用 CASE 语句基本形式 2

执行结果如图 8-16 所示。

3. LOOP 语句

LOOP 语句可以使某些特定的语句重复执行，实现简单的循环。LOOP 没有停止循环的语句。要结合 LEAVE 离开退出循环，或是 ITERATE 继续迭代。基本语法形式如下：

```
[begin_label:] LOOP
    statement_list
END LOOP [end_label]
```

其中，

- begin_label 和 end_label 是循环开始和结束标志，可以省略。
- statement_list 参数表示不同条件的执行语句。

【例 8-10】　LOOP 语句的应用。

```
add_num:LOOP
SET @count=@count+1;
END LOOP add_num
```

4. LEAVE 语句

LEAVE 语句主要用于跳出循环。语法形式如下：

```
LEVEL label
```

其中 label 参数表示循环标志。

【例 8-11】　LEAVE 语句的应用。

```
add_num:LOOP
SET @count=@count+1;
IF @count=10 THEN LEAVE add_num;
END LOOP add_num
```

5. ITERATE 语句

ITERATE 语句主要用于跳出本次循环，然后进入下一轮循环。基本语法形式为：

```
ITERATE label
```

其中，label 参数表示循环标志。

【例 8-12】　ITERATE 语句的应用。

```
add_num:loop
SET @count=@count+1;
IF @count=10 then LEAVE add_num;
ELSEIF mod(@count,2)=0 then iterate add_num;
END LOOP add_num
```

6. REPEAT 语句的应用

REPEAT 语句是有条件控制的循环语句。当满足特定条件时，就会跳出循环语句。基本语法如下：

```
[begin_label:] REPEAT
    statement_list
    UNTIL search_confition
END REPEAT [end_label]
```

其中，

- search_condition 参数表示条件判断语句。
- statement_list 参数表示不同条件的执行语句。

【例 8-13】　REPEAT 语句的使用。

```
SET @count=@count+1;
UNTIL @count=10;
END repeat
```

7. WHILE 语句的应用

WHILE 语句也是有条件控制的循环语句。WHILE 语句是当满足条件时，执行循环内的语句。语句基本形式如下：

```
[begin_label:] WHILE search_condition DO
    statement_list
END WHILE [end_label]
```

其中，

- search_condition 参数表示条件判断语句满足该条件时执行循环；
- statement_list 参数表示循环时执行的语句。

【例 8-14】 WHILE 语句的应用。

```
WHILE @count<10 DO
SET @count=@count+1;
END while
```

8.2.6 查看存储过程或函数

创建存储过程或函数后，用户可以查看存储过程或函数的状态和定义，下面介绍查看存储过程或函数的语句。

1. 查看存储过程或函数的状态

查看存储状态时需要通过 show status 语句，该语句还适用于查看自定义函数的状态。

语法格式为：

```
SHOW {procedure | function} status [LIKE 'pattern'];
```

参数说明如下：

- procedure 关键字表示查询存储过程。
- function 表示查询自定义函数。
- LIKE 'pattern'参数用来匹配存储过程或自定义函数的名称。如果不指定该参数，则会查看所有的存储过程或自定义函数。

【例 8-15】 查看 getnamebysno 存储过程的状态。

```
SHOW PROCEDURE STATUS LIKE 'getnamebysno'
```

执行结果如图 8-17 所示。

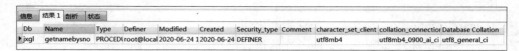

信息	结果 1	剖析	状态							
Db	Name	Type	Definer	Modified	Created	Security_type	Comment	character_set_client	collation_connection	Database Collation
▶ jxgl	getnamebysno	PROCEDU	root@local	2020-06-24 1	2020-06-24	DEFINER		utf8mb4	utf8mb4_0900_ai_ci	utf8_general_ci

图 8-17 查看 getnamebysno 存储过程的状态

2. 查看存储过程或函数的具体信息

如果要查看存储过程或函数的详细信息，要使用 SHOW CREATE 语句。语法格式为：

```
SHOW CREATE { PROCEDURE | FUNCTION} sp_name;
```

在上述基本语法中，

- PROCEDURE 表示查询存储过程。
- FUNCTION 表示查询自定义函数。
- 参数 sp_name 表示存储过程或自定义函数的名称。

【例 8-16】 查看 getnamebysno 自定义函数的具体信息,包含函数的名称、定义、字符集等信息。

```
SHOW CREATE PROCEDURE getnamebysno
```

执行结果如图 8-18 所示。

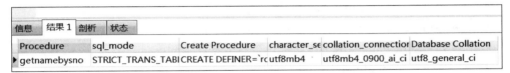

图 8-18　查看 **getnamebysno** 自定义函数的具体信息

3. 查看所有的存储过程

创建存储过程或自定义函数成功后,这些信息会存储在 information_schema 数据库下的 routines 表中,routines 表中存储着所有的存储过程和自定义函数的信息。

用户可以通过执行 SELECT 语句查询该表中的所有记录,也可以查看单条记录的信息,查询单条记录的信息要用 routine_name 字段指定存储过程或自定义函数的名称,否则,将会查询出所有的存储过程和自定义函数的内容。

格式为:

```
SELECT * FROM information_schema.routines [where routine_name = '名称'];
```

【例 8-17】 通过 SELECT 语句查询出存储过程 getnamebysno 的信息。

```
SELECT * FROM information_schema.routines
WHERE routine_name = 'getnamebysno'
```

执行结果如图 8-19 所示。

	信息	结果 1	剖析	状态			
	SPECIFIC_NAME	ROUTINE_CATALOG	ROUTINE_SCHEMA	ROUTINE_NAME	ROUTINE_TYPE	DATA_TYPE	C
▶	getnamebysno	def	jxgl	getnamebysno	PROCEDURE		(

图 8-19　通过 **SELECT** 语句查询出存储过程 **getnamebysno** 的信息

4. 修改存储过程或函数

修改存储过程或函数是指修改已经定义好的存储过程和函数。MySQL 中通过 ALTER PROCEDURE 语句来修改存储过程。本小节将详细讲解修改存储过程的方法。

MySQL 中修改存储过程语句的语法形式如下:

```
ALTER PROCEDURE sp_name [characteristic …]
```

```
characteristic:
{ contains SQL | no SQL | reads SQL data | modifies SQL data }
| SQL security { definer | invoker }
| comment 'string'
```

其中，

- sp_name 参数表示存储过程的名称。
- characteristic 参数指定存储函数的特性。
- contains SQL 表示子程序包含 SQL 语句，但不包含读或写数据的语句。
- no SQL 表示子程序中不包含 SQL 语句。
- reads SQL data 表示子程序中包含读数据的语句。
- modifies SQL data 表示子程序中包含写数据的语句。
- SQL security { definer | invoker }指明谁有权限来执行。
- definer 表示只有定义者自己才能够执行。
- invoker 表示调用者可以执行。
- comment 'string'是注释信息。

【例 8-18】 修改存储过程 studentcount 的定义。将读写权限改为 modifies SQL data，并指明调用者可以执行。

```
ALTER PROCEDURE studentcount
modifies SQL data
SQL security invoker;
```

执行结果如图 8-20 所示。

图 8-20　修改存储过程 studentcount 的定义

【例 8-19】 使用先删除后修改的方法修改存储过程。

```
DROP PROCEDURE IF EXISTS studentcount;
DELIMITER $$
CREATE PROCEDURE studentcount ( )
BEGIN
SELECT COUNT( * ) FROM student;
END$$
DELIMITER ;
```

执行结果如图 8-21 所示。

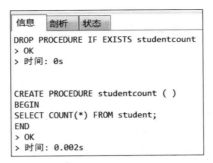

图 8-21 使用先删除后修改的方法修改存储过程

8.2.7 删除存储过程或函数

存储过程创建后需要删除时要使用 DROP PROCEDURE 语句。在此之前,必须确认该存储过程没有任何依赖关系,否则会导致其他与之相关的存储过程无法运行。删除存储过程指删除数据库中已经存在的存储过程。

语法格式为:

DROP PROCEDURE [IF EXISTS]sp_name;

其中,

- sp_name 参数表示存储过程的名称。
- IF EXISTS 子句是 MySQL 的扩展,如果程序或函数不存在,可以防止删除命令发生错误。

【例 8-20】 删除存储过程 studentcount。

DROP PROCEDURE IF EXISTS studentcount;

执行结果如图 8-22 所示。

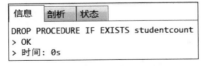

图 8-22 删除存储过程

8.3 本章小结

本章详细地讲述了存储过程和存储函数,以及两者的优缺点和区别,存储过程和存储函数都是用户自定义的 SQL 语句集。它们都存储在服务器端,只要调用就可以在服务器端执行。在创建存储过程或函数过程中涉及变量、游标的定义和使用,以及对流程的控制,这些都是本章的重点。接着还介绍了如何查看、修改以及删除存储过程或函数。

8.4　思考与练习

1. 什么是存储过程、存储函数？两者有何异同点？

2. 举例说明存储过程和存储函数的定义与调用。

3. 存储过程有哪些优点？

4. 查看存储函数状态的方法有哪些？

5. 请简述游标在存储过程中的作用。

6. 游标有什么用？有什么特性？如何声明、打开、关闭游标？

7. 存储过程和存储函数的主要区别在于（　　　　）。

   A. 存储函数可以被其他应用程序调用，而存储过程不能被其他应用程序调用

   B. 存储过程中必须包含一条 RETURN 语句，而存储函数中不允许出现该语句

   C. 存储函数只能建立在单个数据表上，而存储过程可以同时建立在多个数据表上

   D. 存储过程可以拥有输出参数，而存储函数不能拥有输出参数

8. MySQL 中存储过程的建立以关键字（　　　　）开始，后面仅跟存储过程的名称和参数。

   A. CREATE PROCEDURE　　　　　　B. CREATE FUNCTION

   C. CREATE DATABASE　　　　　　　D. CREATE TABLE

9. 以下光标的使用步骤中正确的是（　　　　）。

   A. 声明光标 使用光标 打开光标 关闭光标

   B. 打开光标 声明光标 使用光标 关闭光标

   C. 声明光标 打开光标 选择光标 关闭光标

   D. 声明光标 打开光标 使用光标 关闭光标

10. MySQL 存储过程的流程控制中 IF 必须与（　　　　）成对出现。

   A. ELSE　　　　　B. ITERATE　　　　　C. LEAVE　　　　　D. ENDIF

11. 下列控制流程中，MySQL 存储过程不支持（　　　　）。

   A. WHILE　　　　　B. FOR　　　　　C. LOOP　　　　　D. REPEAT

12. 下列关于存储过程名描述错误的是（　　　　）。

   A. MySQL 的存储过程名称不区分大小写

   B. MySQL 的存储过程名称区分大小写

   C. 存储过程名不能与 MySQL 数据库中的内置函数重名

   D. 存储过程的参数名不要跟字段名一样

13. 下面声明变量正确的是（　　　　）。

   A. DECLARE x char(10) DEFAULT 'outer '

   B. DECLARE x char DEFAULT 'outer '

   C. DECLARE x char(10) DEFAULT outer

   D. DECLARE x DEFAULT 'outer '

14. 调用存储函数使用(　　)关键字。

  A. CALL   B. LOAD   C. CREATE   D. SELECT

15. 基于雇员表 emp,表中的字段分别为 empno(雇员编号)、empname(雇员姓名)、empsex(雇员性别)、empage(雇员年龄)、dno(雇员所在的部门编号),创建的存储过程要求如下。

(1) 创建存储过程,查询每个部门的雇员人数。

(2) 创建存储过程,查询某个部门的雇员信息。

(3) 创建存储过程,查询女雇员的人数,要求输出人数。

(4) 创建存储过程,查询某个部门的平均年龄,然后调用该存储过程。

(5) 创建存储过程,查看某个年龄段的雇员人数,并统计年龄的和。

(6) 调用(5)中创建的存储过程,然后删除之。

(7) 创建自定义函数,实现查询某雇员的姓名。

(8) 创建可以通过自定义函数来实现查看某个年龄段的雇员人数。

(9) 调用(8)创建的函数 emp_age_count,然后删除之。

16. 下列关于存储过程的叙述中,正确的是(　　)。

  A. 存储过程可以带有参数

  B. 存储过程能够自动触发并执行

  C. 存储过程中只能包含数据更新语句

  D. 存储过程可以有返回值

17. 设有如下语句:

```
DECLARE tmpVar TYPE CHAR(10) DEFAULT "MySQL"
```

关于以上命令,下列叙述中错误的是(　　)。

  A. tmpVar 的作用域是声明该变量的 BEGIN…END 语句块

  B. tmpVar 的缺省值是"MySQL"

  C. tmpVar 被声明为字符类型变量

  D. 该语句声明了一个用户变量

18. 下列关于存储过程的叙述中,正确的是(　　)。

  A. 存储过程可以带有参数

  B. 存储过程能够自动触发并执行

  C. 存储过程中只能包含数据更新语句

  D. 存储过程可以有返回值

第 9 章

用户与授权管理

为了保证 MySQL 数据库中数据的安全性和完整性，MySQL 提供了一种安全机制，这种安全机制通过赋予用户适当的权限来提高数据的安全性。MySQL 用户主要包括两种：root 用户和普通用户。root 用户为超级管理员，拥有 MySQL 提供的所有权限，而普通用户的权限取决于该用户在创建时被赋予了哪些权限。

在前面的章节中，都是通过 root（超级用户）登录数据库进行相关的操作。在正常的工作环境中，为了保证数据库的安全，数据库的管理员会对需要操作数据库的人员分配用户名、密码以及可操作的权限范围，让其仅能在自己权限范围内操作。本章将详细讲解 MySQL 中的权限表、如何管理 MySQL 用户以及如何进行权限管理的内容。

9.1 权　限　表

在前面章节中提到过 MySQL 自带的数据库，其中有一个名为 mysql 的数据库，该数据库是 MySQL 软件的核心数据库，该数据库主要用于维护数据库的用户以及权限的控制和管理。这些权限表中比较重要的是 user 表、db 表，下面将详细讲解这些权限表。

9.1.1　mysql.user 表

MySQL 数据库中最重要的一张表就是 user 表，user 表中存储了允许连接到服务器的用户信息以及全局级（适用于所有数据库）的权限信息。

user 表根据存储内容的不同将这些字段分为 6 类：客户端访问服务器的账号字段、验证用户身份的字段、安全连接的字段、资源限制的字段、权限字段以及账户是否锁定的字段。

1. 用户字段

user 表中的用户字段只包括两个字段：Host 和 User 字段共同组成的复合主键用于区分 MySQL 中的账户，User 字段用于代表用户名，Host 字段表示允许访问的客户端 IP 地址或主机地址，当 Host 的值为"＊"时，表示所有客户端的用户都可以访问。每个字段的信息如表 9-1 所示。

表 9-1　user 表的用户字段信息一览表

字　段　名	数 据 类 型	默　认　值	表示的含义
Host	char(255)	无默认值	主机名
User	char(32)	无默认值	用户名

通过 SELECT 查询 user 表中默认用户的 Host 和 User 值，具体 SQL 语句如下：

```
SELECT host, user FROM mysql.user;
```

执行结果如图 9-1 所示。

host	user
▶ localhost	mysql.infoschema
localhost	mysql.session
localhost	mysql.sys
localhost	root

图 9-1　user 表中默认用户

从上述执行结果可知，在 user 表中，除了默认的 root 超级用户外，MySQL 5.7 以后还额外地新增了两个用户 mysql.session 和 mysql.sys。前者用于用户身份验证，后者用于系统新增的两个用户 mysql.session 和 mysql.sys，前者用于用户身份验证，后者用于系统模式对象的定义，防止 DBA（数据库管理员）重命名或删除 root 用户时发生错误。

在默认情况下，用户 mysql.session 和 mysql.sys 已被锁定，使得数据库操作人员无法使用这两个用户通过客户端连接 MySQL 服务器。因此，建议大家不要随意解锁和使用 mysql.session 和 mysql.sys 用户，否则可能会有意想不到的事情发生。

2. 身份验证字段

在 MySQL 5.7 之前，用户字段中还有一个名为 password 的字段用于存储用户的密码，在 MySQL 5.7 以后，mysql.user 表中已不再包含 password 字段，而是使用 plugin 和 authentication_string 字段保存用户身份验证的信息。其中，plugin 字段用于指定用户的验证插件名称，authentication_string 字段是根据 plugin 指定的插件算法对账户明文密码（如 12345）加密后的字符串。

通过 SELECT 查询 user 表中 root 用户默认的 plugin 和 authentication_string 值，具体 SQL 语句如下：

```
SELECT plugin,authentication_string FROM mysql.user WHERE user='root';
```

执行结果如图 9-2 所示。

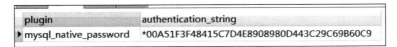

plugin	authentication_string
▶ mysql_native_password	*00A51F3F48415C7D4E8908980D443C29C69B60C9

图 9-2　user 表中 root 的 plugin 和 authentication_string 值

如果用户想要与 MySQL 服务器建立连接服务器不仅要验证用户字段的信息，还要验证安全字段的信息。除此之外，与身份验证的账号密码相关的字段还有 password_expired（密码是否过期）、password_last_changed（密码最后一次修改的时间）以及 password_lifetime（密码的有效期）。

3. 权限字段

user 表中的权限字段包含一系列以"_priv"结尾的字段，比如 Select_priv、Drop_priv、Super_priv、Create_view_priv 等，这些字段的取值决定了用户具有哪些全局权限，每个字段的信息如表 9-2 所示。

表 9-2　user 表的权限字段信息一览表

字 段 名	数据类型	默认值	对 应 权 限	权 限 的 作 用 范 围
Select_priv	enum('N','Y')	N	SELECT	表
Insert_priv	enum('N','Y')	N	INSERT	表、字段
Update_priv	enum('N','Y')	N	UPDATE	表、字段
Delete_priv	enum('N','Y')	N	DELETE	表
Index_priv	enum('N','Y')	N	INDEX	表
Alter_priv	enum('N','Y')	N	ALTER	表
Create_priv	enum('N','Y')	N	CREATE	数据库、表、索引
Drop_priv	enum('N','Y')	N	DROP	数据库、表、视图
Grant_priv	enum('N','Y')	N	GRANT OPTION	数据库、表、存储过程
Create_view_priv	enum('N','Y')	N	CREATE VIEW	视图
Show_view_priv	enum('N','Y')	N	SHOW VIEW	视图
Create_routine_priv	enum('N','Y')	N	CREATE ROUTINE	存储过程
Alter_routine_priv	enum('N','Y')	N	ALTER ROUTINE	存储过程
Execute_priv	enum('N','Y')	N	EXECUTE	存储过程
Trigger_priv	enum('N','Y')	N	TRIGGER	表
Event_priv	enum('N','Y')	N	EVENT	数据库
Create_tmp_table_priv	enum('N','Y')	N	CREATE TEMPORARY TABLES	表
Lock_tables_priv	enum('N','Y')	N	LOCK TABLES	数据库
References_priv	enum('N','Y')	N	REFERENCES	数据库、表
Reload_priv	enum('N','Y')	N	RELOAD	服务器管理
Shutdown_priv	enum('N','Y')	N	SHUTDOWN	服务器管理
Process_priv	enum('N','Y')	N	PROCESS	服务器管理
File_priv	enum('N','Y')	N	FILE	服务器主机上的文件
Show_db_priv	enum('N','Y')	N	SHOW DATABASES	服务器管理
Super_priv	enum('N','Y')	N	SUPER	服务器管理
Repl_slave_priv	enum('N','Y')	N	REPLICATION SLAVE	服务器管理
Repl_client_priv	enum('N','Y')	N	REPLICATIONCLIENT	服务器管理
Create_user_priv	enum('N','Y')	N	CREATE USER	服务器管理
Create_tablespace_priv	enum('N','Y')	N	CREATE TABLESPACE	服务器管理

　　由表中数据可知，权限字段的数据类型为 enum('N','Y')，也就是说权限字段的取值

只能是 N 或者 Y,其中 N 表示用户没有该权限,Y 表示用户有该权限,并且为了保证数据的安全性,这些权限字段的默认值均为 N。

由于 user 表中存储的是全局级的权限信息,因此对于权限的设置可以作用于所有的数据库。

4. 安全连接字段

客户端与 MySQL 服务器连接时,除了可以基于账户名以及密码的常规验证外,还可以判断当前连接是否符合 SSL 安全协议,user 表中的安全字段用来存储用户的安全信息,每个字段的信息如表 9-3 所示。

表 9-3 user 表的安全字段信息一览表

字 段 名	数 据 类 型	默 认 值	表示的含义
ssl_type	ENUM(' ', 'ANY', 'X509', 'SPECIFIED')	"(空字符串)	用于保存安全连接的类型,它的可选值有"(空)、ANY(任意类型)、X509(X509 证书)、SPECIFIED(规定的)4 种
ssl_cipher	BLOB	无默认值	用于保存安全加密连接的特定密码
x509_issuer	BLOB	无默认值	保存由 CA 签发的有效的 X509 证书
x509_subject	BLOB	无默认值	保存包含主题的有效的 X509 证书
plugin	CHAR(64)	mysql_native_password	存储验证用户登录的插件名称
authentication_string	TEXT	NULL	存储用户登录密码
password_expired	ENUM('N','Y')	N	设置密码是否允许过期
password_last_changed	TIMESTAMP	NULL	存储上一次修改密码的时间
password_lifetime	SMALLINT(5) UNSIGNED	NULL	设置密码自动失效的时间
account_locked	ENUM('N','Y')	N	存储用户的锁定状态

以 ssl 开头的字段是用来对客户端与服务器端的传输数据进行加密操作的。如果客户端连接服务器时不是使用 SSL 连接,那么在传输过程中,数据就有可能被窃取,因此从 MySQL 5.7 开始,为了数据的安全性,默认的用户连接方式就是 SSL 连接(注意:本地连接不会使用 SSL 连接)。可以使用 SHOW variables LIKE 'have_ssl'来查看当前的连接是不是 SSL 连接,如果 have_ssl 字段值为 YES,则表示使用的是 SSL 连接,如果值为 DISABLED,则表示没有使用 SSL 连接,此时可以手动开启 SSL 连接。

5. 资源控制字段

user 表中的资源控制字段用来控制用户使用的资源,在 mysql.user 表中提供的以 "max_"开头的字段,保存对用户可使用的服务器资源限制,用来防止用户登录 MySQL 服务器后的不法或不合规范的操作,浪费服务器的资源,每个字段的信息如表 9-4 所示。

表 9-4　user 表的资源控制字段信息一览表

字　段　名	数　据　类　型	默认值	表示的含义
max_questions	INT(11) UNSIGNED	0	每小时允许执行查询操作的最大次数
max_updates	INT(11) UNSIGNED	0	每小时允许执行更新操作的最大次数
max_connections	INT(11) UNSIGNED	0	每小时允许用户建立连接的最大次数
max_user_connections	INT(11) UNSIGNED	0	每小时允许单个用户建立连接的最大次数

从表中数据可知，4 个资源控制字段的默认值均为 0，这表示没有任何限制。

6. 账户锁定字段

在 mysql.user 表中提供的 account_locked 字段用于保存当前用户是锁定还是解锁状态。该字段是一个枚举类型，当其值为 N 时表示解锁，此用户可以用于连接服务器；当其值为 Y 时表示该用户已被锁定，不能用于连接服务器。

9.1.2　mysql.db 表

MySQL 数据库中另外一张比较重要的表就是 db 表，db 表中存储了某个用户对相关数据库的权限（数据库级权限）信息。

db 表中有 22 个字段，根据存储内容的不同可以将这些字段分为用户字段和权限字段。

1. 用户字段

db 表中的用户字段包括三个字段，每个字段的信息如表 9-5 所示。

表 9-5　db 表的用户字段信息一览表

字　段　名	数　据　类　型	默　认　值	表示的含义
Host	CHAR(60)	无默认值	主机名
User	CHAR(64)	无默认值	用户名
Db	CHAR(32)	无默认值	数据库名

在 MySQL5.6 之前，MySQL 数据库中还有一个名为 host 的表，host 表中存储了某个主机对数据库的操作权限，配合 db 表对给定主机上数据库级操作权限做更细致的控制，但 host 表一般很少用，所以从 MySQL5.6 开始就没有 host 表了。

2. 权限字段

db 表中的权限字段也是包含一系列以"_priv"结尾的字段，这些字段是数据库级字段，并不能操作服务器，因此 db 表中的权限字段是在 user 表的基础上减少了与服务器管理相关的权限，即 db 表的权限只包含表 9-2 中的前 19 项（从 Select_priv 到 References_priv）。

9.1.3　其他权限表

前边我们讲了全局级权限表 user 和数据库级权限表 db，在 MySQL 数据库中，除了这两个权限表之外,还有表级权限表 tables_priv 和列级权限表 columns_priv,其中 tables_priv 可以实现单个表的权限设置,columns_priv 则可以实现单个字段的权限设计。有兴趣的读者可以自己查看这两个表的表结构信息,在此就不再赘述。

MySQL 用户通过身份认证后,会进行权限的分配,分配权限是按照 user 表、db 表、tables_priv 表、columns_priv 表的顺序依次进行验证。即先检查全局级权限表 user,如果 user 表中对应的权限为 Y,则此用户对所有数据库的权限都为 Y,将不再检查 db 表、tables_priv 表、columns_priv 表;如果 user 表中对应的权限为 N,则到数据库级权限表 db 中检查此用户对应的具体数据库的权限,如果得到 db 表中对应的权限为 Y,将不再检查 tables_priv 表、columns_priv 表;如果 db 表中对应的权限为 N,则检查表级权限表 tables_priv 中此数据库对应的具体表的权限,以此类推。

9.2 用 户 管 理

用户是数据库的使用者和管理者,MySQL 通过用户的设置来控制数据库操作人员的访问与操作范围。用户管理是 MySQL 为了保证数据的安全性和完整性而提供的一种安全机制,通过用户管理可以实现让不同的用户访问不同的数据,而不是所有用户都可以访问所有的数据。MySQL 中的用户管理机制包括用户的登录与退出 MySQL 数据库、添加用户、删除用户、密码管理、权限管理等内容。下面将详细讲解这些内容。

9.2.1 用户登录与退出 MySQL 数据库

1. 用户登录 MySQL 数据库

在 2.3.2 节中,我们讲解了在 Windows 平台下如何登录 MySQL 数据库的方式,其中一种方式是直接使用 DOS 窗口来执行登录数据库的命令,但是登录命令中的参数并不完整,下面将介绍完整的登录数据库命令,如下所示:

```
mysql -h hostname | hostIP -p port -u username -p dbname  -e SQL 语句
```

其中,mysql 是登录数据库的命令;-h 后面需要加上服务器的 IP 地址(由于 MySQL 服务器安装在本地计算机中,所以 IP 地址为 127.0.0.1);-u 后边填写的是连接数据库的用户名,在此为 root 用户;-p 后边是设置的 root 用户的密码(密码不需要直接写在-p 后边)。

其中,各个参数的含义如下:

- -h:指定连接 MySQL 服务器的主机名或 IP 地址,其中 hostname 表示主机名,hostIP 表示 IP 地址。
- -p:指定连接 MySQL 服务器的端口号,port 即为指定的端口号。由于在安装 MySQL 软件时使用的是默认端号 3306,因此如果该参数不指定,会默认连接 3306 端口。
- -u:指定登录 MySQL 服务器的用户名,username 即为指定的用户名。
- -p:该参数会提示输入登录密码。
- dbname:指定要登录的数据库名。如果该参数不指定,也会进入 MySQL 数据库，但是还要使用 USE 命令指定登录哪个数据库。

- -e：指定要执行的 SQL 语句。

接下来我们在 DOS 窗口中，使用上述语法通过 root 用户登录到 MySQL 服务器的 jxgl 数据库，具体的 DOS 命令如例 9-1 所示。

【例 9-1】 使用 DOS 命令通过 root 用户登录 jxgl 数据库（不带密码）。

```
mysql -h 127.0.0.1 -u root -p jxgl
```

在执行完上述命令后，系统会提示输入密码（Enter password），在输入正确的密码后就会进入 MySQL 中的 jxgl 数据库。

如果不想在系统给出 Enter password 的提示后输入密码，而是在命令行中直接输入密码，那么可以使用下面的命令，如例 9-2 所示。

【例 9-2】 使用 DOS 命令通过 root 用户登录 jxgl 数据库（带密码）。

```
mysql -h 127.0.0.1 -u root -p12345 jxgl
```

上述命令中的 12345 即为 root 用户登录时 MySQL 的密码。在执行完上述命令后，系统不会再提示输入密码，而是直接进入 MySQL 中的 jxgl 数据库，但是此时你会收到一条警告"Using a password on the command line interface can be insecure"，意思是说"在命令行输入密码是不安全的"。执行结果如图 9-3 所示。

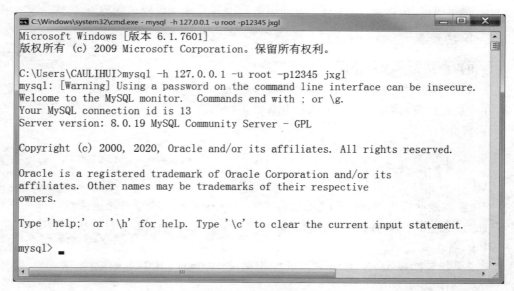

图 9-3　通过 root 用户登录 jxgl 数据库

我们还可以在登录 MySQL 数据库的命令中使用"-e"参数来添加要执行的 SQL 语句，比如查询 jxgl 数据库中的 dept 表的所有数据记录，命令如例 9-3 所示。

【例 9-3】 使用 DOS 命令通过 root 用户登录 jxgl 数据库并执行 SQL 语句。

```
mysql -h 127.0.0.1 -u root -p jxgl -e "SELECT * from student"
```

执行上述命令后,系统会提示输入密码,在输入正确的密码后,查询结果就会立即显示出来,如图 9-4 所示。

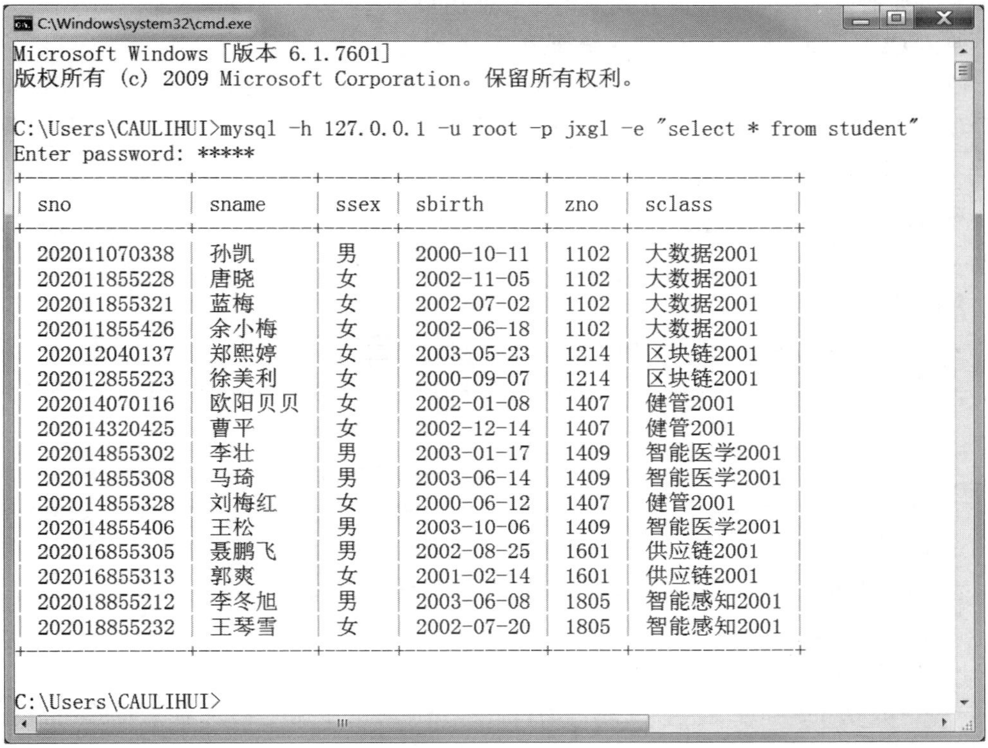

```
C:\Windows\system32\cmd.exe

Microsoft Windows [版本 6.1.7601]
版权所有 (c) 2009 Microsoft Corporation。保留所有权利。

C:\Users\CAULIHUI>mysql -h 127.0.0.1 -u root -p jxgl -e "select * from student"
Enter password: *****
+--------------+--------+------+------------+------+--------------+
| sno          | sname  | ssex | sbirth     | zno  | sclass       |
+--------------+--------+------+------------+------+--------------+
| 202011070338 | 孙凯   | 男   | 2000-10-11 | 1102 | 大数据2001   |
| 202011855228 | 唐晓   | 女   | 2002-11-05 | 1102 | 大数据2001   |
| 202011855321 | 蓝梅   | 女   | 2002-07-02 | 1102 | 大数据2001   |
| 202011855426 | 余小梅 | 女   | 2002-06-18 | 1102 | 大数据2001   |
| 202012040137 | 郑熙婷 | 女   | 2003-05-23 | 1214 | 区块链2001   |
| 202012855223 | 徐美利 | 女   | 2000-09-07 | 1214 | 区块链2001   |
| 202014070116 | 欧阳贝贝 | 女 | 2002-01-08 | 1407 | 健管2001     |
| 202014320425 | 曹平   | 女   | 2002-12-14 | 1407 | 健管2001     |
| 202014855302 | 李壮   | 男   | 2003-01-17 | 1409 | 智能医学2001 |
| 202014855308 | 马琦   | 男   | 2003-06-14 | 1409 | 智能医学2001 |
| 202014855328 | 刘梅红 | 女   | 2000-06-12 | 1407 | 健管2001     |
| 202014855406 | 王松   | 男   | 2003-10-06 | 1409 | 智能医学2001 |
| 202016855305 | 聂鹏飞 | 男   | 2002-08-25 | 1601 | 供应链2001   |
| 202016855313 | 郭爽   | 女   | 2001-02-14 | 1601 | 供应链2001   |
| 202018855212 | 李冬旭 | 男   | 2003-06-08 | 1805 | 智能感知2001 |
| 202018855232 | 王琴雪 | 女   | 2002-07-20 | 1805 | 智能感知2001 |
+--------------+--------+------+------------+------+--------------+

C:\Users\CAULIHUI>
```

图 9-4　通过 root 用户登录 jxgl 数据库并执行 SQL 语句

注意:在命令行中执行 SQL 语句后,DOS 界面并没有进入 MySQL,而仍然在默认的 C 盘路径下;但是如果命令行中没有 SQL 语句,DOS 界面则会进入 MySQL。

2. 用户退出 MySQL 数据库

用户退出 MySQL 数据库的命令有三种:EXIT、QUIT 以及\q,其中\q 为 QUIT 的缩写。使用这三种方式退出 MySQL 数据库时,系统均会显示 Bye 字样,然后 DOS 窗口回到默认的 C 盘路径下。

9.2.2　创建普通用户

MySQL 中的用户分为两种:root 用户和普通用户。root 用户是在安装 MySQL 软件时默认创建的超级用户,该用户具有操作数据库的所有权限。如果每次都使用 root 用户登录 MySQL 服务器并操作各种数据库是不合适的,因为这样无法保证数据的安全性,因此在实际开发中需要创建具有不同权限的普通用户来登录 MySQL 服务器。

创建普通用户有三种方式:CREATE USER、GRANT 以及 INSERT,这三种方式分别需要具有 CREATE USER 权限、GRANT OPTION 权限或者 INSERT 权限,这也就意味着我们需要使用 root 用户来创建普通用户。创建普通用户之前,先使用 root 用户登录 MySQL 自带的名为 mysql 的数据库，然后查看 user 表中存在的用户信息，其 SQL 语句如例 9-1 所示。

下面分别使用三种不同的方式来创建普通用户。

使用 CREATE USER 语句创建普通用户

使用 CREATE USER 语句创建普通用户需要具有全局级的 CREATE USER 权限或者对 MySQL 数据库的 INSERT 权限。CREATE USER 语句可以同时创建多个用户，其 SQL 语法如下所示：

```
CREATE USER [IF NOT EXISTS] 'username'@'hostname' [IDENTIFIED BY password 'auth
_string']
```

其中，

- CREATE USER 为创建用户所使用的固定语法。
- IF NOT EXISTS 为可选项，如果指定该项则在创建用户时即使用户已存在也不会提示错误，只会给出警告。
- username 为用户名，hostname 为主机名，用于指定该用户在哪个主机上可以登录 MySQL 服务器（如果 hostname 取值为 localhost，表示该用户只能在本地登录，不能在另外一台电脑上远程登录；如果想远程登录，需要将 hostname 的值设置为"％"或者具体的主机名，其中"％"表示在任何一台电脑上都可以登录），username 和 hostname 共同组成一个完整的用户名。
- IDENTIFIED BY 用来设置用户的密码。
- auth_string 即为用户设置的密码；password 关键字用来实现对密码的加密功能（使用哈希值设置密码），如果密码只是一个普通的字符串，则该项可以省略。

下面使用上述 SQL 语法创建一个只能在本地登录的普通用户，该用户名为 admin，密码为 admin，其 SQL 语句如例 9-4 所示。

【例 9-4】 使用 CREATE USER 语句创建普通用户。

```
CREATE USER 'admin'@'localhost' IDENTIFIED BY 'admin';
```

执行结果如图 9-5 所示。

图 9-5　使用 CREATE USER 语句创建普通用户

从图 9-5 中可以看到，使用 CREATE USER 语句创建用户的 SQL 语句已经执行成功，接下来我们再次使用 SELECT 语句查看 user 表中的用户信息，看该用户是否存在，SQL 语句如例 9-6 所示。

特别提醒，在设置用户名和主机名时，若不包含空格、"-"等特殊字符，则可以省略引号。另外，当创建的用户名为空字符串（''）时，表示创建的是一个匿名用户，即登录

MySQL 服务器时不需要输入用户名和密码,这种操作会给 MySQL 服务器带来极大的安全隐患,因此不推荐用户创建并使用匿名用户操作 MySQL 服务器。

【例 9-5】　查看 user 表中的用户信息。

```
SELECT host, user, authentication_string FROM mysql.user;
```

执行结果如图 9-6 所示。

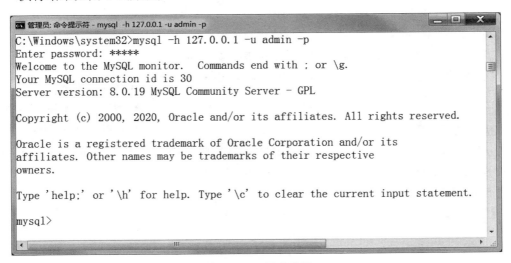

图 9-6　查看 user 表中的用户信息

从图 9-6 中可以看到,user 表中多了一个 host 字段值为 localhost 并且 user 字段值为 admin 的用户信息,这就是我们刚刚创建的用户。可以在 DOS 窗口中使用用户登录命令通过新创建的用户来登录 MySQL 数据库,SQL 语句如例 9-6 所示。

【例 9-6】　在 DOS 窗口中使用 test1 用户登录 MySQL。

```
mysql -h 127.0.0.1 -u admin -p
```

执行结果如图 9-7 所示。

图 9-7　使用 admin 用户登录 MySQL

从图 9-7 中可以看到,使用 admin 用户能够成功登录 MySQL 数据库。但是我们需要注意的是,使用 CREATE USER 语句创建的用户没有任何权限,如果想要该用户拥有某些权限需要使用授予权限的 SQL 语句来实现(详见 9.3.3 节)。

在一个 CREATE USER 语句中可同时创建多个用户，多个用户之间使用逗号分隔，并且在创建每个用户时可以单独为其设置密码，省略用户身份验证选项时，表明此用户在登录服务器时可以免密登录，但为了保证数据安全，不推荐用户这样做。

在创建用户时，可以添加 WITH 直接为用户指定可操作的资源范围，如登录的用户在一小时内可以查询数据的次数等。不仅可以为用户设置密码，还可以为密码设置有效时间。

9.2.3　删除普通用户

当 MySQL 数据库中的普通用户已经没有存在的必要时，需要将其删除。删除普通用户有两种方式：使用 DROP USER 语句删除普通用户、使用 DELETE 语句删除普通用户，下面将详细讲解这两种方式。

1. 使用 DROP USER 语句删除普通用户

使用 DROP USER 语句删除普通用户时，需要具有全局级的 CREATE USER 权限或者对 MySQL 数据库的 DELETE 权限。DROP USER 语句可以同时删除多个用户，其 SQL 语法如下所示：

```
DROP USER [IF EXISTS] 'username'@'hostname'
[, 'username'@'hostname']…
```

其中，

- DROP USER 为删除用户所使用的固定语法。
- IF EXISTS 为可选项，如果指定该项则在删除用户时即使用户不存在也不会提示错误，只会给出警告。
- 'username'@'hostname'为要删除的用户。

下面使用上述语法删除 test1 用户，SQL 语句如例 9-7 所示。

【例 9-7】　使用 DROP USER 语句删除普通用户。

```
DROP USER 'admin'@'localhost';
```

执行结果如图 9-8 所示。

从图 9-8 中可以看到，使用 DROP USER 语句删除用户的 SQL 语句已经执行成功，接下来我们使用 SELECT 语

图 9-8　删除普通用户

句查看 user 表中的用户信息，看该用户是否已经删除，SQL 语句如例 9-8 所示。

【例 9-8】　查看 user 表中的用户信息。

```
SELECT host, user, authentication_string FROM mysql.user;
```

执行结果如图 9-9 所示。

由图 9-8 与图 9-9 对比可知，user 表中少了一个 host 字段值为 localhost 并且 user 字段值为 admin 的用户信息，这就是我们刚刚使用 DROP USER 语句删除的用户。

2. 使用 DELETE 语句删除普通用户

我们还可以直接使用 DELETE 语句在 mysql.user 表中删除数据记录来实现删除用

信息	结果1	剖析	状态

host	user	authentication_string
localhost	mysql.infoschema	A005$THISISACOMBINATIONOFINVALIDSALTANDF
localhost	mysql.session	A005$THISISACOMBINATIONOFINVALIDSALTANDF
localhost	mysql.sys	A005$THISISACOMBINATIONOFINVALIDSALTANDF
localhost	root	*00A51F3F48415C7D4E8908980D443C29C69B60C9

图 9-9 查看 user 表用户

户的操作。使用 DELETE 语句删除用户的 SQL 语法如下：

```
DELETE FROM mysql.user WHERE user = 'username' and host = 'hostname';
```

下面使用上述语法删除例 9-8 中的 admin 用户，SQL 语句如例 9-9 所示。

【例 9-9】 使用 DELETE 语句删除普通用户。

```
DELETE FROM mysql.user WHERE user = 'admin' AND host = 'localhost';
```

执行结果如图 9-10 所示。

```
信息 剖析 状态
DELETE FROM mysql.user WHERE user = 'admin' AND host = 'localhost'
> Affected rows: 1
> 时间: 0.008s
```

图 9-10 DELETE 语句删除普通用户

从图 9-10 中可以看到，使用 DELETE 语句删除用户的 SQL 语句已经执行成功，接下来我们再次使用 SELECT 语句查看 user 表中的用户信息，看该用户是否已经删除，SQL 语句如例 9-10 所示。

【例 9-10】 查看 user 表中的用户信息。

```
SELECT host, user, authentication_string FROM mysql.user;
```

执行结果如图 9-11 所示。

信息	结果1	剖析	状态

host	user	authentication_string
localhost	mysql.infoschema	A005$THISISACOMBINATIONOFINVALIDSALTANDF
localhost	mysql.session	A005$THISISACOMBINATIONOFINVALIDSALTANDF
localhost	mysql.sys	A005$THISISACOMBINATIONOFINVALIDSALTANDF
localhost	root	*00A51F3F48415C7D4E8908980D443C29C69B60C9

图 9-11 查看 user 表中的用户信息

9.2.4 修改密码

不同的用户拥有不同的权限来操作数据库中的数据，一旦用户的密码泄露，则有可能造成数据库中数据的丢失或泄露，此时可以通过修改用户的密码来避免该问题的出现。

在 MySQL 中 root 用户具有超级权限，可以修改自己和普通用户的密码，而普通用户只能修改自己的密码。

在对 MySQL 中的用户进行管理时，除了创建用户的同时设置密码外，还可为没有密码的用户、密码过期的用户或为指定用户修改密码。

1. 使用 mysqladmin 命令来修改密码

```
mysqladmin -u username p password
```

其中 password 为关键字。

【例 9-11】 修改 root 密码为"123456"。

输入命令 mysqladmin -u username p password 后，先根据提示输入旧密码，在输入新密码和确认新密码。

2. 使用 SET 语句来修改密码

```
SET PASSWORD [ROR 'username'@'hostname'] = password('new_password');
```

如果不加［FOR 'username'@'hostname'］，则修改当前用户密码。

【例 9-12】 修改 xiaohong 密码为 123。

```
SET PASSWORD FOR 'xiaohong'@'localhost' = password('123');
```

3. 修改自己或普通用户的密码

修改 MySQL 数据库下的 user 表，需要对 mysql.user 表修改权限，root 权限最高，一般情况可以使用 root 用户登录后，修改自己或普通用户的密码。

```
UPDATE mysql.user
SET password=password('new_password')
WHERE user='user_name' AND host = 'host_name';
```

【例 9-13】 使用 UPDATE 将 xiaohong 的密码修改为 123456。

```
UPDATE mysql.user
SET PASSWORD=password('123456')
WHERE user='xiaohong' AND host='localhost';
```

修改后，还是需要用 flush 命令重新加载权限。

注意：当使用 SET PASSWORD、INSERT 或 UPDATE 指定账户的密码时，必须用 password( )函数对它进行加密，唯一的特例是如果密码为空，用户不需要使用 password( )。之所以要加密，是因为当用户登录服务器时，密码值会被加密后再与 user 表中相应的密码比较，如果 user 表中的密码不加密，那么比较失败，服务器拒绝连接。

9.2.5 找回密码

通过上面章节的学习，相信大家都已经学会了如何修改 root 用户和普通用户的密码，那么如果密码丢失了怎么办？普通用户的密码一旦丢失，可以使用 root 用户直接对其进行修改即可，可如果 root 用户的密码丢失了，该怎么修改呢？本节我们将要讲述的就是如何解决 root 用户密码丢失的问题。

root 用户密码一旦丢失，可以使用下面的步骤重新设置 root 用户的密码。

（1）关闭正在运行的 MySQL 服务。

（2）打开 DOS 窗口，转到 mysql\bin 目录。

（3）输入 mysqld --skip-grant-tables 回车。--skip-grant-tables 的意思是启动 MySQL 服务时跳过权限表认证。

（4）再打开一个 DOS 窗口（因为刚才那个 DOS 窗口已经不能动了），转到 mysql\bin 目录。

（5）输入 mysql 回车，如果成功，将出现 MySQL 提示符 ＞。

（6）连接权限数据库：

USE mysql;

（7）改密码：

UPDATE user SET password=password("123") WHERE user="root";（最后要加分号）

（8）刷新权限（必需的步骤）：

flush privileges;

（9）退出：

quit

（10）注销系统，再进入，使用用户名 root 和刚才设置的新密码 123 登录。

9.3 权 限 管 理

MySQL 通过权限管理机制可以给不同的用户授予不同的权限，从而确保数据库中数据的安全性。权限管理机制包括查看权限、授予权限以及收回权限，下面将针对这些内容进行详细的讲解。

9.3.1 各种权限介绍

MySQL 服务器将权限信息存储在系统自带的 MySQL 数据库的权限表中，当 MySQL 服务启动时会将这些权限信息读取到内存中，并通过这些内存中的权限信息决定用户对数据库的访问权限。

MySQL 中的权限有很多种，表 9-6 列出了 MySQL 中提供的权限以及每种权限的含义及作用范围。

表 9-6 MySQL 提供的权限一览表

权 限 名	权 限 含 义	权限的作用范围
ALL［PRIVILEGES］	指定权限等级的所有权限	除了 GRANT OPTION 和 PROXY 以外的所有权限

续表

权　限　名	权　限　含　义	权限的作用范围
ALTER	修改表	表
ALTER ROUTINE	修改或删除存储过程	存储过程
CREATE	创建数据库、表、索引	数据库、表、索引
CREATE ROUTINE	创建存储过程	存储过程
CREATE TABLESPACE	创建、修改或删除表空间、日志文件组	服务器管理
CREATE TEMPORARY TABLES	创建临时表	表
CREATE USER	创建、删除、重命名用户以及收回用户权限	服务器管理
CREATE VIEW	创建或修改视图	视图
DELETE	删除表中记录	表
DROP	删除数据库、表、视图	数据库、表、视图
EVENT	在事件调度里面创建、更改、删除、查看事件	数据库
EXECUTE	执行存储过程	存储过程
FILE	读写 MySQL 服务器上的文件	服务器主机上的文件
GRANT OPTION	为其他用户授予或收回权限	数据库、表、存储过程
INDEX	创建或删除索引	表
INSERT	向表中插入记录	表、字段
LOCK TABLES	锁定表	数据库
PROCESS	显示执行的线程信息	服务器管理
PROXY	某用户称为另外一个用户的代理	服务器管理
REFERENCES	创建外键	数据库、表
RELOAD	允许使用 FLUSH 语句	服务器管理
REPLICATION CLIENT	允许用户询问服务器的位置	服务器管理
REPLICATION SLAVE	允许 SLAVE 服务器读取主服务器上的二进制日志事件	服务器管理
SELECT	查询表	表
SHOW DATEBASES	查看数据库	服务器管理
SHOW VIEW	查看视图	视图
SHUTDOWN	关闭服务器	服务器管理
SUPER	超级权限(允许执行管理操作)	服务器管理

续表

权 限 名	权 限 含 义	权限的作用范围
TRIGGER	操作触发器	表
UPDATE	更新表	表、字段
USAGE	没有任何权限	无

上表中的这些权限大家不要死记硬背,只需要了解即可。

9.3.2 查看权限

查看用户权限时,可以使用 SELECT 语句查询权限表中(如 mysql.user 表、mysql.db 表等)的相应权限字段,但是这种方式太过烦琐。因此我们通常使用 SHOW GRANTS 语句来查看指定用户的权限,使用这种方式时需要具有对 MySQL 数据库的 SELECT 权限,其 SQL 语法如下所示:

```
SHOW GRANTS FOR 'username'@'hostname';
```

其中,
- SHOW GRANTS 为查看权限所使用的固定语法格式。
- 'username'@'hostname'用来指定要查看的用户。

下面在 Navicat 软件中使用 root 用户登录 MySQL 数据库,然后使用上述 SQL 语法查看超级用户 root 的权限,其 SQL 语句如例 9-14 所示。

【例 9-14】 查看 root 用户的权限。

```
SHOW GRANTS FOR  'root'@'localhost';
```

执行结果如图 9-12 所示。

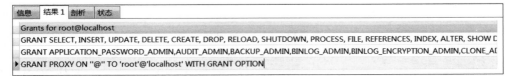

图 9-12 查看 root 用户的权限

从图 9-12 可以看到,root 这个超级用户不仅具有 ALL 权限,还具有 PROXY 权限(创建代理用户时会用到该权限),并拥有授权其他用户的权限(通过使用 WITH GRANT OPTION 子句达到授权其他用户的目的,并且授予其他用户的权限必须是自己具备的权限)。

9.3.3 授予权限

在 9.2.2 节中,我们使用 GRANT 语句授予了新建用户的权限,在本节中我们将使用 GRANT 语句向已存在用户授予权限。使用 GRANT 语句需要具有 GRANT OPTION

权限,所以可以使用 root 用户来授予其他用户权限。其 SQL 语法如下所示:

```
GRANT priv_type [(column_list)][, priv_type [(column_list)]]… ON db_name.table
_name
TO 'username'@'hostname' [IDENTIFIED BY [password] 'auth_string']
[, 'username'@'hostname' [IDENTIFIED BY [password] 'auth_string']]…
[WITH {GRANT OPTION | resource_option} …];
```

其中,

- priv_type 表示权限的类型。
- column_list 为字段列表,表示权限作用于哪些字段。
- GRANT OPTION 参数表示该用户可以将自己拥有的权限授予其他用户。
- resource_option 参数有四种取值,分别为: MAX_QUERIES_PER_HOUR count（用来设置每小时允许执行查询操作的最大次数）、MAX_UPDATES_PER_HOUR count（用来设置每小时允许执行更新操作的最大次数）、MAX_CONNECTIONS_PER_HOUR count（用来设置每小时允许用户建立连接的最大次数）、MAX_USER_CONNECTIONS count（用来设置每小时允许单个用户建立连接的最大次数）。

下面先使用 CREATE USER 语句创建一个没有任何权限的用户 admin,SQL 语句如例 9-15 所示。

【例 9-15】 创建没有任何权限的 admin 用户。

```
CREATE USER 'admin'@'localhost' IDENTIFIED BY 'admin';
```

执行结果如图 9-13 所示。

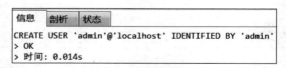

图 9-13 创建 admin 用户

从图 9-13 中可以看到,创建 admin 的 SQL 语句已经执行成功,下面使用 SHOW GRANTS 语句查看用户 admin 当前的权限,SQL 语句如例 9-16 所示。

【例 9-16】 查看 admin 用户的权限（授予权限前）。

```
SHOW GRANTS FOR  'admin'@'localhost';
```

执行结果如图 9-14 所示。

图 9-14 查看 admin 用户的权限

从图 9-14 中可以看到，刚刚创建的用户 admin 的权限类型为 USAGE，即没有任何权限。下面就可以使用 GRANT 语句授予该用户权限了，如例 9-17 所示。

【例 9-17】　授予 admin 用户权限。

```
GRANT SELECT, INSERT, DELETE ON * .* TO 'admin'@'localhost' WITH GRANT OPTION;
```

执行结果如图 9-15 所示。

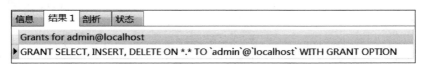

图 9-15　授予 admin 用户权限

从图 9-15 中可以看到，授予用户 admin 权限的 SQL 语句已经执行成功，接下来再次使用例 9-16 中的 SHOW GRANTS 语句查看 admin 的权限，SQL 语句如例 9-18 所示。

【例 9-18】　查看 admin 用户的权限（授予权限后）。

```
SHOW GRANTS FOR  'admin'@'localhost';
```

执行结果如图 9-16 所示。

信息	结果 1	剖析	状态	
Grants for admin@localhost				
▶ GRANT SELECT, INSERT, DELETE ON *.* TO `admin`@`localhost` WITH GRANT OPTION				

图 9-16　查看 admin 用户的权限（授予权限后）

由图 9-14 与图 9-16 对比可知，admin 用户已经对所有数据库中的所有表具有了查询（SELECT）、插入（INSERT）、删除（DELETE）的权限，并可以将这些权限授予其他的用户（GRANT OPTION）。

9.3.4　收回权限

当发现某个用户拥有了不该拥有的权限时，需要收回该用户的权限，在 MySQL 中使用 REVOKE 语句来收回用户的权限，其 SQL 语法如下所示：

```
REVOKE priv_type [(column_list)] [, priv_type [(column_list)]]… ON db_name.
table_name
FROM 'username'@'hostname'[, 'username'@'hostname']…;
```

下面使用上述语法收回用户 admin 对所有数据库中所有表的 DELETE 权限，SQL 语句如例 9-19 所示。

【例 9-19】　收回 admin 用户的 DELETE 权限。

```
REVOKE DELETE ON * .* FROM 'admin'@'localhost';
```

执行结果如图 9-17 所示。

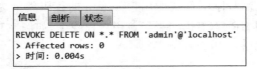

图 9-17　收回 admin 用户的 DELETE 权限

从图 9-17 中可以看到，收回用户 admin 的 DELETE 权限的 SQL 语句已经执行成功，接下来使用 SHOW GRANTS 语句查看 admin 的权限，SQL 语句如例 9-20 所示。

【例 9-20】　查看 admin 用户的权限（收回 DELETE 权限后）。

```
SHOW GRANTS FOR  'admin'@'localhost';
```

执行结果如图 9-18 所示。

图 9-18　查看 admin 用户权限

由图 9-16 与图 9-18 对比可知，已经收回 admin 用户对所有数据库中的所有表的 DELETE 权限。

上述语法在回收用户权限时，需要一一指定权限的种类，但如果用户的权限比较多，并且想要全部收回时，再使用上述语法就太麻烦了，因此 MySQL 提供了一种收回用户所有权限的 SQL 语法，如下所示：

```
REVOKE [PRIVILEGES], GRANT OPTION
FROM 'username'@'hostname'[, 'username'@'hostname']…;
```

下面使用上述 SQL 语法收回用户 admin 的所有权限（SELECT、INSERT 以及 GRANT OPTION 权限），其 SQL 语句如例 9-21 所示。

【例 9-21】　收回 admin 用户的所有权限。

```
REVOKE ALL,GRANT OPTION FROM 'admin'@'localhost';
```

执行结果如图 9-19 所示。

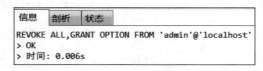

图 9-19　收回 admin 用户的所有权限

从图 9-19 中可以看到，收回用户 admin 所有权限的 SQL 语句已经执行成功，接下来再次使用 SHOW GRANTS 语句查看 admin 的权限，SQL 语句如例 9-22 所示。

【例 9-22】　查看 admin 用户的权限（收回所有权限后）。

```
SHOW GRANTS FOR 'admin'@'localhost';
```

执行结果如图 9-20 所示。

图 9-20　查看 admin 用户的权限（收回所有权限后）

从图 9-20 中可以看到，用户 admin 的权限类型已经变为"USAGE"，即没有任何权限，说明我们成功收回了该用户的所有权限。

9.4　本 章 小 结

本章介绍了 MySQL 数据库中数据访问的安全控制机制，主要包括支持 MySQL 访问控制的用户账号管理和账户权限管理。

9.5　思 考 与 练 习

1. 如何登录和退出 MySQL 服务器？
2. 与用户权限管理有关的授权表有哪些？
3. 在 MySQL 中可以授予的权限有哪几组？
4. 数据库角色分为哪几类？每类又有哪些操作权限？
5. 如何添加、查看和删除用户信息？
6. 如何修改用户密码？
7. 如何对权限进行授予、查看和收回？
8. MySQL 采用哪些措施实现数据库的安全管理？
9. 忘记 MySQL 管理员 root 的密码如何解决？写出步骤和指令。
10. 假定当前系统中不存在用户 wanming，请编写一段 SQL 语句，要求创建这个新用户，并为其设置对应的系统登录口令"123"，同时授予该用户在数据库 db_test 的表 content 上拥有 SELECT 和 UPDATE 的权限。
11. 设有如下语句：

```
CREATE USER newuser;
```

执行该语句后，如下叙述中正确的是（　　）。
　　A. 未授权之前，newuser 没有访问数据库的权限
　　B. 语句有错，没有指定用户口令
　　C. 语句有错，没有指定主机名

    D. newuser 用户能够执行 USE 命令,打开指定的用户数据库

12. 在 DROP USER 语句的使用中,若没有明确指定账户的主机名,则该账户的主机名默认为是(　　)。

    A. %　　　　　　　　B. localhost　　　　　　C. root　　　　　　　D. super

13. 在 MySQL 中,使用 GRANT 语句给 MySQL 用户授权时,用于指定权限授予对象的关键字是(　　)。

    A. ON　　　　　　　B. TO　　　　　　　　C. WITH　　　　　　D. FROM

14. 在使用 CREATE USER 创建用户时设置口令的命令是(　　)。

    A. IDENTIFIED BY　　　　　　　　　　B. IDENTIFIED WITH

    C. PASSWORD　　　　　　　　　　　　D. PASSWORD BY

15. 用户刚创建后,只能登录服务,而无法执行任何数据库操作的原因是(　　)。

    A. 用户还需要修改密码

    B. 用户尚未激活

    C. 用户还没有任何数据库对象的操作权限

    D. 以上皆有可能

16. 把对 Student 表和 Course 表的全部操作权授予用户 Userl 和 User2 的语句是(　　)。

    A. GRANT All ON Student,Course TO User1,User2;

    B. GRANT Student,Course ON A TO User1,User2;

    C. GRANT All TO Student,Course ON User1,User2;

    D. GRANT All TO User1,User2 ON Student,Course;

17. 在 MySQL 中,删除用户的命令是(　　)。

    A. DROP USER　　　　　　　　　　　B. REVOKE USER

    C. DELETE USER　　　　　　　　　　D. DEL USER

18. 创建 MySQL 账户的方式包括(　　)。

    A. 使用 GRANT 语句　　　　　　　　B. 使用 CREATE USER 语句

    C. 直接操作 MySQL 授权表　　　　　D. 以上方法皆可以

19. 新创建一个用户账号,还没给其授权,该用户可执行的操作是(　　)。

    A. 登录 MySQL 服务器　　　　　　　B. SELECT

    C. INSERT　　　　　　　　　　　　　D. UPDATE

20. 欲回收系统中已存在用户 xiaoming 在表 tb_course 上的 SELECT 权限,以下正确的 SQL 语句是(　　)。

    A. REVOKE SELECT ON tb_course FROM xiaoming @localhost;

    B. REVOKE SELECT ON xiaoming FROM tb_course;

    C. REVOKE xiaoming ON SELECT FROM tb_course;

    D. REVOKE xiaoming @locallost ON SELECT FROM tb_course;

第 10 章

事务与 MySQL 多用户并发控制

在数据管理中,数据库与文件系统的优势在于数据库实现了数据的一致性和并发性。对于数据库管理系统而言,事务与锁是实现数据一致性与并发性的基石。

本章主要探讨 MySQL 数据库中事务与锁的必要性,讲解如何在数据库中使用事务与锁实现数据的一致性以及并发性。掌握使用事务与锁实现多用户并发访问的相关知识。

10.1　事　　务

10.1.1　事务的概念

在现实生活中,事务就在我们周围——银行交易、股票交易、网上购物、库存品控制,到处都有事务的存在。在所有这些例子中,事务的成功取决于这些相互依赖的行为是否能够被成功地执行,是否互相协调。其中的任何一个环节的失败都将取消整个事务,系统返回到事务处理之前的状态。

使用一个简单的例子来帮助理解事务:向公司添加一名新的雇员。

这个过程由三个基本步骤组成:

第一步,在雇员数据库中为雇员创建一条记录。

第二步,为雇员分配部门。

第三步,建立雇员的工资记录。

如果这三步中的任何一步失败,如为新成员分配的雇员 ID 已被其他人使用或者输入到工资系统中的值太大,系统就必须撤销在失败之前所有的变化,删除所有不完整记录的踪迹,避免以后的不一致和计算失误。前面的三项任务构成了一个事务。任何一个任务的失败都会导致整个事务被撤销,系统返回到之前的状态。

在 MySQL 操作过程中,对于一般简单的业务逻辑或中小型程序而言,无须考虑应用 MySQL 事务。但在比较复杂的情况下,用户在执行某些数据操作过程中,往往需要通过一组 SQL 语句执行多项并行业务逻辑或程序,这样,就必须保证所有命令执行的同步性,使执行序列中产生依靠关系的动作能够同时操作成功或同时返回初始状态。在此情况下,就需要用户优先考虑使用 MySQL 事务处理。

事务通常包含一系列更新操作(UPDATE、INSERT 和 DELETE 等操作语句),这些更新操作是一个不可分割的逻辑工作单元。如果事务成功执行,那么该事务中所有的更新操作都会成功执行,并将执行结果提交到数据库文件中,成为数据库永久的组成部分。如果事务中某个更新操作执行失败,那么事务中的所有更新操作均被撤销,所有影响到的数据将返回到事务开始之前的状态。简言之,事务中的更新操作要么都执行,要么都不执行,这个特征称为事务的原子性。

并不是所有的存储引擎都支持事务,如 InnoDB 和 BDB 支持,但 MyISAM 和 MEMORY 不支持。从 MySQL 4.1 开始支持事务,事务是构成多用户使用数据库的基础。

10.1.2 事务的 ACID 特性

术语"ACID"是一个简称,每个事务的处理都必须满足 ACID 原则,即原子性(A)、一致性(C)、隔离性(I)和持久性(D)。

1. 原子性

原子性意味着每个事务都必须被认为是一个不可分割的单元。假设一个事务由两个或者多个任务组成,其中的语句必须同时成功才能认为事务是成功的。如果事务失败,系统将会返回到事务之前的状态。

在添加雇员这个例子中,原子性指如果没有创建雇员相应的工资表和部门记录,就不可能向雇员数据库添加雇员。

原子的执行是一个或者全部发生或者什么也没有发生的命题。在一个原子操作中,如果事务中的任何一个语句失败,前面执行的语句都将返回,以保证数据的整体性没有受到影响。这在一些关键系统中尤其重要,现实世界的应用程序(如金融系统)执行数据输入或更新,必须保证不出现数据丢失或数据错误,以保证数据的安全性。

2. 一致性

不管事务是完全成功完成还是中途失败,当事务使系统处于一致的状态时存在一致性。参照前面的例子,一致性是指如果从系统中删除了一个雇员,则所有和该雇员相关的数据,包括工资数据和组的成员资格也要被删除。

在 MySQL 中,一致性主要由 MySQL 的日志机制处理,它记录了数据库的所有变化,为事务恢复提供了跟踪记录。如果系统在事务处理中发生错误,MySQL 恢复过程将使用这些日志来发现事务是否已经完全成功地执行,是否需要返回。因而一致性属性保证了数据库从不返回一个未处理完的事务。

3. 隔离性

隔离性是指每个事务在它自己的空间发生,和其他发生在系统中的事务隔离,而且事务的结果只有在它完全被执行时才能看到。即使在这样的一个系统中同时发生了多个事务,隔离性原则保证某个特定事务在完全完成之前,其结果是不可见的。

当系统支持多个同时存在的用户和连接时(如 MySQL),这就尤为重要。如果系统不遵循这个基本原则,就可能导致大量数据的破坏,如每个事务的各自空间的完整性很快地被其他冲突事务所侵犯。

获得绝对隔离性的唯一方法是保证在任意时刻只能有一个用户访问数据库。当处理像 MySQL 这样多用户的 RDBMS 时,这不是一个实际的解决方法。但是,大多数事务系统使用页级锁定或行级锁定隔离不同事务之间的变化,这是以降低性能为代价的。例如,MySQL 的 BDB 表处理程序使用页级锁定来保证处理多个同时发生的事务的安全,InnoDB 表处理程序使用更好的行级锁定。

4. 持久性

持久性是指即使系统崩溃,一个提交的事务仍然存在。当一个事务完成,数据库的日志已经被更新时,持久性就开始发生作用。大多数 RDBMS 产品通过保存所有行为的日志来保证数据的持久性,这些行为是指在数据库中以任何方法更改数据。数据库日志记录了所有对于表的更新、查询、报表等。

如果系统崩溃或者数据存储介质被破坏,通过使用日志,系统能够恢复在重启前进行的最后一次成功的更新,反映了在崩溃时处于过程的事务变化。

MySQL 通过保存一条记录事务过程中系统变化的二进制事务日志文件来实现持久性。如果遇到硬件破坏或者突然的系统关机,在系统重启时,通过使用最后的备份和日志就可以很容易地恢复丢失的数据。

在默认情况下,InnoDB 表是 100%持久的(所有在崩溃前系统所进行的事务在恢复过程中都可以可靠地恢复)。MyISAM 表提供部分持久性,所有在最后一个 flush tables 命令前进行的变化都能保证被存盘。

现在举另一个例子,假设数据有两个域,A 和 B,在两个记录里。一个完整性约束需要 A 值和 B 值必须相加得 100。

下面以 SQL 代码创建上面描述的表:

```
CREATE TABLE acidtest (A INTEGER b INTEGER CHECK(A+ B = 100));
```

一个事务从 A 减 10 并且加 10 到 B。如果成功,它将有效。因为数据继续满足约束。而假设从 A 减去 10 后,这个事务中断而不去修改 B。如果这个数据库保持 A 的新值和 B 的旧值,原子性和一致性将都被违反。原子性要求这两部分事务都完成或两者都不完成。

一致性要求数据符合所有的验证规则。在此例子中,验证是要求 A＋B＝100。同样,它可能暗示两者 A 和 B 必须是整数。一个对 A 和 B 有效的范围也可能是可取的。所有验证规则必须被检查,以确保一致性。假设另一个事务尝试从 A 减 10 而不改变 B。因为一致性在每个事务后被检查,众所周知在事务开始之前 A＋B＝100。如果这个事务从 A 转移 10 成功,原子性将达到。然而,一个验证将显示 A＋B＝90。而这根据数据库规则是不一致的。下面再解释隔离性。为展示隔离,我们假设两个事务在同一时间执行,每个都是尝试修改同一个数据。这两个中的一个事务必须为保证隔离,必须等待直到另一个事务完成。

考虑这两个事务,T1 从 A 转移 10 到 B。T2 从 B 转移 10 到 A。为完成这两个事务,一共有 4 个步骤:

(1) 从 A 减 10。

(2) 加 10 到 B。

(3) 从 B 减 10。

(4) 加 10 到 A。

如果 T1 在一半的时候失败，那么数据库会消除 T1 的效果，且 T2 只能看见有效数据。

事务的执行可能交叉，实际执行顺序可能是：A－10，B－10，B＋10，A＋10。

如果 T1 失败，则 T2 不能看到 T1 的中间值，因此 T1 必须回滚。

10.1.3　MySQL 事务控制语句

MySQL 中可以使用 BEGIN 开始事务，使用 COMMIT 期间，可以使用 ROLLBACK 回滚事务。MySQL 通过 SET AUTOCOMMIT、SET COMMIT、COMMIT 和 ROLLBACK 等语句支持本地事务。其中，回滚（rollback）是指撤销指定 SQL 语句的过程；提交（commit）是指将未存储的 SQL 语句结果写入数据库表；保留点（savepoint）是指事务处理中设置的临时占位符，可以对它发布回退（与回滚整个事务处理不同）。

语法格式为：

```
SET COMMIT | BEGIN [WORK]
COMMIT [WORK] [AND [NO] CHARIN [[NO] RELEASE
ROLLBACK [WORK] [AND [NO] CHARIN [[NO] RELEASE]
SET AUTOCOMMIT = {0 | 1}
```

在默认情况下，MySQL 是 AUTOCOMMIT 的，如果需要通过明确的 COMMIT 和 ROLLBACK 来提交和回滚事务，那么需要通过事务控制命令来控制：

- SET COMMIT 或 BEGIN 语句可以开始一项新的事务。
- COMMIT 和 ROLLBACK 用来提交或者回滚事务。
- CHAIN 和 RELEASE 子句分别用来定义在事务提交或者回滚之后的操作，CHAIN 会立即启动一个新事务，并且和刚才的事务具有相同的隔离级别，RELEASE 则会断开和客户端的连接。
- SET AUTOCOMMIT 可以修改当前连接的提交方式，如果设置了 SET AUTOCOMMIT ＝ 0，则设置之后的所有事务都需要通过明确的命令进行提交或者回滚。

如果只是对某些语句需要进行事务控制，则使用 SET COMMINT 开始一个事务比较方便，这样事务结束之后可以自动回到自动提交的方式，如果希望我们所有的事务都不是自动提交的，那么通过修改 AUTOCOMMIT 来控制事务比较方便，这样不用在每个事务开始的时候再执行 SET COMMINT。

【例 10-1】　模拟银行转账。创建存储过程，并在该存储过程中创建事务，实现从某账号 A 向账户 B 转账 6000 元，若出错进行事务回滚。

（1）创建 bank 数据库。

```
CREATE DATABASE bank;
```

（2）在 bank 中创建存放账号的表。

```
CREATE TABLE account(
    id INT(10) NOT NULL AUTO_INCREMENT PRIMARY KEY,
    username VARCHAR(50),
```

```
balance DECIMAL UNSIGNED DEFAULT 0
);
```

注意：为了实现账户余额不能透支，此处将余额字段（balance）设置为无符合类型（UNSIGNED），也可以通过 CHECK 约束 balance＞0 实现。

（3）向 account 表中插入两条记录（账户初始数据），分别为账户 A 存储 10000 元，向账户 B 存储 0 元。

```
INSERT INTO account(username,balance) VALUES('A',10000),('B',0);
```

（4）创建存储过程，并且在该存储过程中创建事务，实现从某账号 A 向账户 B 转账 6000 元，若出错进行事务回滚。

```
DELIMITER //
CREATE PROCEDURE transfer (IN id_from INT,IN id_to INT,IN money int)
BEGIN
    DECLARE EXIT HANDLER FOR SQLEXCEPTION ROLLBACK;
    START TRANSACTION;
    UPDATE account SET balance=balance+money WHERE id=id_to;
    UPDATE account SET balance=balance-money WHERE id=id_from;
    COMMIT;
END
//
```

（5）调用存储过程 transfer，实现从账户 A 向账户 B 转账 1600 元，并查看转账结果。

```
CALL transfer(1,2,16000);
SELECT * FROM account;
```

执行结果如图 10-1 所示。

从执行结果来看，各账户的余额并没有发生改变，而且也没有出现错误，这是因为对出现的错误进行了处理，并且进行了事务回滚。

（6）将转账金额修改为 6000 元，再次调用存储过程 transfer，实现从账户 A 向账户 B 转账 6000 元，并查看转账结果。

```
CALL transfer(1,2,6000);
SELECT * FROM account;
```

执行结果如图 10-2 所示。

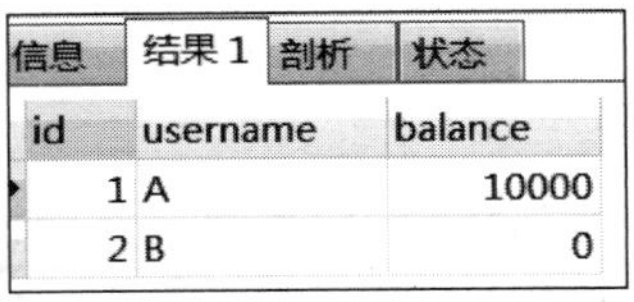

信息	结果 1	剖析	状态
id	username	balance	
1	A	10000	
2	B	0	

图 10-1　调用存储过程实现超过余额的转账结果

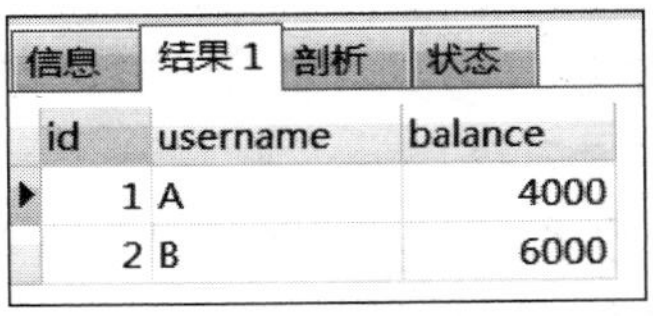

信息	结果 1	剖析	状态
id	username	balance	
1	A	4000	
2	B	6000	

图 10-2　调用存储过程实现未超过余额的转账结果

由上述例子的执行过程来看，事务执行有如图 10-3 所示的流程。

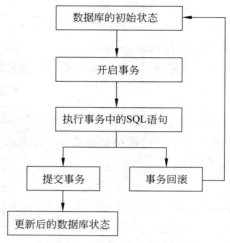

图 10-3　事务执行流程图

10.2　MySQL 的并发控制

在单处理机系统中，实际上事务的并行执行是这些并行事务轮流交叉进行，这种并行执行方式称为交叉并发方式。

在多处理机系统中，每个处理机可以运行一个事务，多个处理机可以同时运行多个事务，实现事务真正的并发运行，这种并发执行方式称为同时并发方式。

10.2.1　并发概述

当多个用户并发地存取数据库时就会产生多个事务同时存取同一数据的情况。若对并发操作不加控制可能会存取和存储不正确的数据，就会出现数据的不一致问题。

1. 丢失更新问题

当两个或多个事务选择同一行，然后基于最初选定的值更新该行时，由于每个事务都不知道其他事务的存在，就会发生丢失更新（lost update）问题——最后的更新覆盖了由其他事务所做的更新。例如，两个编辑人员制作了同一文档的电子副本。每个编辑人员独立地更改其副本，然后保存更改后的副本，这样就覆盖了原始文档。最后保存其更改副本的编辑人员覆盖另一个编辑人员所做的更改。如果在一个编辑人员完成并提交事务之前，另一个编辑人员不能访问同一文件，则可避免此问题。

2. 脏读问题

一个事务正在对一条记录做修改，在这个事务完成并提交前，这条记录的数据就处于不一致状态；这时，另一个事务也来读取同一条记录，如果不加控制，第二个事务读取了这些"脏"数据，并据此做进一步的处理，就会产生未交的数据依赖关系，这种现象被形象地称为"脏读"。

3. 不可重复读问题

当一个事务多次访问同一行且每次读取不同的数据时,会发生不可重复读问题。不可重复读与脏读有相似之处,因为该事务也是正在读取其他事务正在更改的数据。当一个事务访问数据时,另外的事务也访问该数据并对其进行修改,因此就发生了由于第二个事务对数据的修改而导致第一个事务两次读到的数据不一样的情况,这就是不可重复读。

4. 幻读问题

当一个事务对某行执行插入或删除操作,而该行属于某个事务正在读取行的范围时,会发生幻读问题。事务第一次读的行范围显示出其中一行已不复存在于第二次读或后续读中,因为该行已被其他事务删除。同样,由于其他事务的插入操作,事务的第二次读或后续读显示有一行已不存在于原始读中。

10.2.2　锁的概述

当用户对数据库并发访问时,为了确保事务完整性和数据库一致性,需要使用锁定,它是实现数据库并发控制的主要手段。锁定可以防止用户读取正在由其他用户更改的数据,并可以防止多个用户同时更改相同数据。如果不使用锁定,则数据库中的数据可能在逻辑上不正确,并对数据的查询可能会产生意想不到的结果。具体地说,锁定可以防止丢失更新、脏读、不可重复读和幻读。

1. 锁的类型

在处理并发读或者写时,可以通过实现一个由两种类型的锁组成的锁系统来解决问题。这两种类型的锁通常称为读锁(Read Lock)和写锁(Write Lock)。

(1) 读锁。读锁也称为共享锁(Shared Lock)。它是共享的,或者说是相互不阻塞的。多个客户端在同一时间可以同时读取同一资源,互不干扰。

(2) 写锁。写锁也称为排他锁(Exclusive Lock)。它是排他的,也就是说一个写锁会阻塞其他的写锁和读锁。这是为了确保在给定的时间里,只有一个用户能执行写入,并防止其他用户读取正在写入的同一资源,保证数据安全。

在实际的数据库系统中,随时都在发生锁定。例如,当某个用户在修改某一部分数据时,MySQL 就会通过锁定防止其他用户读取同一数据。在大多数时候,MySQL 锁的内部管理都是透明的。

2. 锁粒度

一种提高共享资源并发性的方式就是让锁定对象更有选择性。也就是尽量只锁定部分数据,而不是所有的资源。这就是锁粒度的概念。它是指锁的作用范围,是为了对数据库中高并发响应和系统性能两方面进行平衡而提出的。

锁粒度越小,并发访问性能越高,越适合做并发更新操作(即采用 InnoDB 存储引擎的表适合做并发更新操作);锁粒度越大,并发访问性能就越低,越适合做并发查询操作(即采用 MyISAM 存储引擎的表适合做并发查询操作)。

不过需要注意:在给定的资源上,锁定的数据量越少,系统的并发程度越高,完成某个功能时所需要加锁和解锁的次数就会越多,反而会消耗较多的资源,甚至会出现资源的恶性竞争,乃至发生死锁。

由于加锁也需要消耗资源，所以需要注意的是如果系统花费大量的时间来管理锁，而不是存储数据，那就得不偿失了。

3. 锁策略

锁策略是指在锁的开销和数据的安全性之间寻求平衡。但是这种平衡会影响性能，所以大多数商业数据库系统没有提供更多的选择，一般都是在表上施加行级锁，并以各种复杂的方式来实现，以便在用户比较多的情况下，提供更好的性能。

在 MySQL 中，每种存储引擎都可以实现自己的锁策略和锁粒度。因此，它提供了多种锁策略。在存储引擎的设计中，锁管理是非常重要的决定，它将锁粒度固定在某个级别，可以为某些特定的应用场景提供更好的性能，但同时会失去对另外一个应用场景的良好支持。而 MySQL 支持多个存储引擎，所以不用单一的通用解决方法。下面将介绍两种重要的锁策略。

（1）表级锁（Table Lock）。表级锁是 MySQL 中最基本的锁策略，而且是开销最小的策略。它会锁定整张表，一个用户在对表进行操作（如插入、更新和删除等）前，需要先获得写锁，这会阻塞其他用户对该表的所有读写操作。只有没有写锁时，其他读取的用户才能获得读锁，并且读锁之间是不相互阻塞的。

另外，由于写锁比读锁的优先级高，所以一个写锁请求可能会被插入到读锁队列的前面，但是读锁则不能插入到写锁的前面。

（2）行级锁（Row Lock）。行级锁可以最大限度地支持并发处理，同时也带来了最大的锁开销。在 InnoDB 或者一些其他存储引擎中实现了行级锁。行级锁只在存储引擎层实现，而服务器层没有实现。服务器层完全不了解存储引擎中的锁实现。

4. 锁的生命周期

锁的生命周期是指在一个 MySQL 会话内，对数据进行加锁到解锁之间的时间间隔。锁的生命周期越长，并发性能就越低，反之并发性能就越高。另外锁是数据库管理系统的重要资源，需要占据一定的服务器内存，锁的周期越长，占用的服务器内存时间就越长；相反占用的内存的时间也就越短。因此，我们应该尽可能地缩短锁的生命周期。

锁是一种用来防止多个客户端同时访问数据而产生问题的机制。相对其他数据库而言，MySQL 的锁机制比较简单，其最显著的特点是不同的存储引擎支持不同的锁机制。比如，

- MyISAM 和 MEMORY 存储引擎采用的是表级锁（TABLE-LEVEL LOCKING）。
- BDB 存储引擎采用的是页面锁（PAGE-LEVEL LOCKING），但也支持表级锁。
- InnoDB 存储引擎既支持行级锁（ROW-LEVEL LOCKING），也支持表级锁，但默认情况下是采用行级锁。

MySQL 3 种锁的特点如下：

（1）表级锁：一种特殊类型的访问，整个表被客户锁定。根据锁定的类型，其他客户不能向表中插入记录，甚至从表中读数据也受到限制。其特点是：开销小，加锁快；不会出现死锁；锁定力度大，发生锁冲突的概率最高，并发度最低。

（2）页面锁：MySQL 将锁定表中的某些行称为页。被锁定的行只对锁定最初的线程是可行的。如果另外一个线程想要向这些行写数据，它必须等到锁被释放。不过，其他

页的行仍然可以使用。其特点是：开销和加锁时间介于表级锁和行级锁之间；会出现死锁；锁定力度介于表级锁和行级锁之间，并发度一般。

（3）行级锁：行级锁比表级锁或页面锁为锁定过程提供了更精细的控制。在这种情况下，只有线程使用的行是被锁定的。表中的其他行对于其他线程都是可用的。在多用户的环境中，行级锁降低了线程间的冲突，可以使多个用户同时从一个相同表读数据甚至写数据。其特点是：开销大，加锁慢；会出现死锁；锁定力度最小，发生锁冲突的概率最低，并发度也最高。

从上述特点可见，很难笼统地说哪种锁更好，只能就具体应用的特点来说哪种锁更合适。仅从锁的角度来说：表级锁更适合于以查询为主，只有少量按索引条件更新数据的应用，如 Web 应用；而行级锁则更适合于有大量按索引条件并发更新少量不同数据，同时又有并发查询的应用，如一些在线事务处理（OLTP）系统。由于 BDB 已经被 InnoDB 取代，在此就不做进一步的讨论了。

10.2.3　MyISAM 表的表级锁

在 MySQL 的 MyISAM 类型数据表中，并不支持 COMMIT（提交）和 ROLLBACK（回滚）命令。当用户对数据库执行插入、删除、更新等操作时，这些变化的数据都被立刻保存在磁盘中。这样，在多用户环境中，会导致诸多问题。为了避免同一时间有多个用户对数据库中指定表进行操作，可以应用表锁定来避免用户在操作数据表过程中受到干扰。当且仅当该用户释放表的操作锁定后，其他用户才可以访问这些修改后的数据表。

设置表级锁定代替事务的基本步骤：

（1）为指定数据表添加锁定。其语法如下：

```
LOCK TABLES table_name lock_type,…
```

其中，

- table_name 为被锁定的表名；
- lock_type 为锁定类型，该类型包括以读方式（READ）锁定表，以写方式（WRITE）锁定表。

（2）用户执行数据表的操作，可以添加、删除或者更改部分数据。

（3）用户完成对锁定数据表的操作后，需要对该表进行解锁操作，释放该表的锁定状态。其语法如下：

```
UNLOCK TABLES
```

【例 10-2】　以读方式锁定 bank 中的 userinfo 数据表，该方式是设置锁定用户的其他方式操作，如删除、插入、更新都不被允许，直至用户进行解锁操作。

（1）在 bank 数据库中，创建一个采用 MyISAM 存储引擎的用户表 userinfo。

```
CREATE TABLE userinfo(
    id INT AUTO_INCREMENT PRIMARY KEY,
    username VARCHAR(50),
    pwd VARCHAR(50)
```

```
)ENGINE=MyISAM;
```

（2）在 userinfo 表中插入 4 条用户数据。

```
INSERT INTO userinfo(username,pwd)VALUES('王怡宁','abc'),('梁一鸣','123'),('张
博凯','111'),('张佩瑶','321');
```

（3）设置以读方式锁定数据库 bank 中的用户数据表 userinfo。

```
LOCK TABLE userinfo READ;
```

（4）应用 SELECT 语句查看数据表 userinfo 中的值。

```
SELECT * FROM userinfo;
```

执行结果如图 10-4 所示。

（5）向 userinfo 表中插入一条数据。

```
INSERT INTO userinfo(username,pwd)VALUES('胡志超','
222');
```

信息	结果 1	剖析	状态
id	username	pwd	
1	王怡宁	abc	
2	梁一鸣	123	
3	张博凯	111	
4	张佩瑶	321	

图 10-4　查看以读方式锁定的 userinfo 表

执行结果如下所示。

```
INSERT INTO userinfo(username,pwd)VALUES('胡志超','222')
> 1099 - Table 'userinfo' was locked with a READ lock and can't be updated
> 时间: 0s
```

从上述结果可以看出，当用户试图向数据库插入数据时，将会返回失败信息。当用户将锁定的表解锁后，再次执行插入操作，代码如下：

```
UNLOCK TABLE;
INSERT INTO userinfo(username,pwd)VALUES('胡志超','222')
```

执行结果如下：

```
UNLOCK TABLE
> OK
> 时间: 0.001s
INSERT INTO userinfo(username,pwd)VALUES('胡志超','222')
> Affected rows: 1
> 时间: 0.002s
```

由执行结果来看，锁定被释放后，用户可以对数据库执行添加、删除、更新等操作。

MyISAM 在执行查询语句（SELECT）前，会自动给要涉及的所有表加读锁，在执行更新操作（UPDATE、DELETE、INSERT 等）前，会自动给要涉及的表加写锁，这个过程并不需要用户干预，因此，用户一般不需要直接用 LOCK TABLES 命令给 MyISAM 表显式加锁。

所以对 MyISAM 表进行操作，会有以下情况：

（1）对 MyISAM 表的读操作（加读锁），不会阻塞其他进程对同一表的读请求，但会

阻塞对同一表的写请求。只有当读锁释放后,才会执行其他进程的写操作。

（2）对 MyISAM 表的写操作（加写锁）,会阻塞其他进程对同一表的读和写操作,只有当写锁释放后,才会执行其他进程的读写操作。

在对表进行操作前,可以查询表级锁争用情况,查看系统上的表锁定情况,可以通过如下语句:

```
SHOW STATUS LIKE 'table%';
```

可以通过查看 table_locks_waited 和 table_locks_immediate 状态变量的值,来分析系统上的表锁定情况,如果 table_locks_waited 的值比较高,则说明存在着较严重的表级锁争用情况。

MySQL 的表级锁有两种模式:表共享读锁（table read lock）和表独占写锁（table write lock）。

表锁定支持以下类型的锁定。

- READ:读锁定,确保用户可以读取表,但是不能修改表。加上 local 后允许表锁定后用户可以执行非冲突的 insert 语句,只适用于 MyISAM 类型的表。
- WRITE:写锁定,只有锁定该表的用户可以修改表,其他用户无法访问该表。加上 low_priority 后允许其他用户读取表,但是不能修改它。

当用户在一次查询中多次使用到一个锁了的表,需要在锁定表时用 as 子句为表定义一个别名,alias 表示表的别名。

表锁定只用于防止其他客户端进行不正当地读取和写入。保持锁定（即使是读取锁定）的客户端可以进行表层级的操作,如 DROP TABLE。

在对一个事务表使用表锁定的时候需要注意以下几点:

（1）在锁定表时会隐式地提交所有事务,在开始一个事务时,如 SET COMMIT,会隐式解开所有表锁定。

（2）在事务表中,系统变量 AUTOCOMMIT 值必须设为 0。否则,MySQL 会在调用 LOCK 之后 TABLES 立刻释放表锁定,并很容易形成死锁。

10.2.4　InnoDB 表的行级锁

InnoDB 与 MyISAM 的最大不同有两点:一是支持事务（transaction）;二是采用了行级锁。行级锁与表级锁本来就有许多不同之处,另外,事务的引入也带来了一些新问题。

1. 获取 InnoDB 行锁争用情况

可以通过检查 InnoDB_row_lock 状态变量来分析系统中行锁的争用情况。

例如,查看系统中行锁的争夺情况。

```
SHOW STATUS LIKE 'innoDB_row_lock%';
```

如果发现 innoDB_row_lock_waits 和 innoDB_row_lock_time_avg 的值比较高,则说明锁争用比较严重。

2. InnoDB 的行级锁的锁模式

InnoDB 实现了以下两种类型的行锁。

- 共享锁（S）：允许一个事务去读一行，阻止其他事务获得相同数据集的排他锁。
- 排他锁（X）：允许获得排他事务更新数据，阻止其他事务取得相同数据集的共享读锁和排他写锁。

另外，为了允许行锁和表锁共存，实现多粒度锁机制，InnoDB 还有两种内部使用的意向锁（Intention Locks），这两种意向锁都是表锁。

- 意向共享锁（IS）：事务打算给数据行加行共享锁，事务在给一个数据行加共享锁前必须先取得该表的 IS 锁。
- 意向排他锁（IX）：事务打算给数据行加行排他锁，事务在给一个数据行加排他锁前必须先取得该表的 IX 锁。

如果一个事务请求的锁模式与当前的锁兼容，InnoDB 就将请求的锁授予该事务；反之，如果两者不兼容，该事务就要等待锁释放。

意向锁是 InnoDB 自动加的，不需用户干预。对于 UPDATE、DELETE 和 INSERT 语句，InnoDB 会自动给涉及数据集加排他锁（X）；对于普通 SELECT 语句，InnoDB 不会加任何锁。

共享锁、排他锁的语法格式如下。

共享锁（S）语法格式为：

```
SELECT * FROM table_name WHERE … LOCK IN SHARE MODE
```

排他锁（X）语法格式为：

```
SELECT * FROM table_name WHERE … FOR UPDATE
```

说明：

用 SELECT … IN SHARE MODE 获得共享锁，主要用在需要数据依存关系时来确认某行记录是否存在，并确保没有用户对这条记录进行 UPDATE 或者 DELETE 操作。但是如果当前事务也需要对该记录进行更新操作，则很有可能造成死锁，对于锁定行记录后需要进行更新操作的应用，应该使用 SELECT…FOR UPDATE 方式获得排他锁。

3. InnoDB 行级锁的加锁方法

InnoDB 行锁是通过给索引上的索引项加锁来实现的，这一点 MySQL 与 Oracle 不同，后者是通过在数据块中对相应数据行加锁来实现的。InnoDB 这种行锁实现特点意味着：只有通过索引条件检索数据，InnoDB 才使用行级锁，否则，JnnoDB 将使用表锁。在实际应用中，要特别注意 InnoDB 行锁的这一特性，不然的话，可能导致大量的锁冲突，从而影响并发性能。

10.2.5　死锁

死锁，即当两个或者多个处于不同序列的用户打算同时更新某相同的数据库时，因互相等待对方释放权限而导致双方一直处于等待状态。在实际应用中，两个不同序列的客户打算同时对数据执行操作，极有可能产生死锁。更具体地讲，当两个事务相互等待操作对方释放的所持有的资源，而导致两个事务都无法操作对方持有的资源，这样无限期的等待被称作死锁。比如，若事务 T1 封锁了数据 R1，T2 封锁了数据 R2，然后 T1 又请求封锁 R2,因 T2 已封锁了 R2,于是 T1 等待 T2 释放 R2 上的锁。接着 T2 又申请封锁 R1,因 T1 已封锁了 R1,T2 也只能等待 T1 释放 R1 上的锁。这样就出现了 T1 在等待 T2,而 T2 又在等待 T1 的局面,T1 和 T2 两个事务永远不能结束,形成死锁。

通常来说,死锁都是应用设计的问题,通过调整业务流程、数据库对象设计、事务大小,以及访问数据库的 SQL 语句,绝大部分死锁都可以避免。下面介绍 5 种避免死锁的常用方法:

(1) 在应用中,如果不同的程序会并发存取多个表,应尽量约定以相同的顺序来访问表,这样可以大大降低产生死锁的机会。

(2) 在程序以批量方式处理数据时,如果事先对数据排序,保证每个线程按固定的顺序来处理记录,也可以大大降低出现死锁的可能。

(3) 在事务中,如果要更新记录,应该直接申请足够级别的锁,即排他锁,而不应先申请共享锁,更新时再申请排他锁,因为当用户申请排他锁时,其他事务可能又已经获得了相同记录的共享锁,从而造成锁冲突,甚至死锁。

(4) 在 REPEATABIE READ 隔离级别下,如果两个线程同时对相同条件记录用 SELECT…FOR UPDATE 加排他锁,在没有符合该条件记录情况下,两个线程都会加锁成功。程序发现记录尚不存在,就试图插入一条新记录,如果两个线程都这么做就会出现死锁。在这种情况下,将隔离级别改成 READ COMMITTED,就可避免问题。

(5) 当隔离级别为 READ COMMITTED 时,如果两个线程都先执行 SELECT…FOR UPDATE,判断是否存在符合条件的记录,如果没有,就插入记录。此时,只有一个线程能插入成功,另一个线程会出现锁等待,当第 1 个线程提交后,第 2 个线程会因主键重出错,虽然这个线程出错了,却会获得一个排他锁,这时如果有第 3 个线程又来申请排他锁,也会出现死锁。对于这种情况,可以直接做插入操作,然后再捕获主键重异常,或者在遇到主键重错误时,总是执行 ROLLBACK 释放获得的排他锁。

10.3　事务的隔离性级别

锁机制有效地解决了事务的并发问题,但也影响了事务的并发性能。所谓并发是指数据库系统同时为多个用户提供服务的能力。当一个事务将其操纵的数据资源锁定时,其他欲操纵该资源的事务必须等待锁定解除才能继续进行,这就降低了数据库系统同时响应多客户的速度,因此,合理地选择隔离级别,将关系到一个软件的性能。

每个事务都有一个所谓的隔离级,它定义了用户彼此之间隔离和交互的程度。前面曾提到,事务型 RDBMS 的一个最重要的属性就是它可以"隔离"在服务器上正在处理的不同会话。在单用户的环境中,这个属性无关紧要,因为在任意时刻只有一个会话处于活动状态。但是在多用户环境中,许多 RDBMS 会话在任一给定时刻都是活动的。在这种情况下,RDBMS 能够隔离事务是很重要的,这样它们不互相影响,同时保证数据库性能不受到影响。

为了了解隔离的重要性,有必要花些时间来考虑如果不强加隔离会发生什么。如果没有事务的隔离性,不同的 SELECT 语句将会在同一个事务的环境中检索到不同的结果，因为在这期间，基本上数据已经被其他事务所修改。这将导致不一致性，同时很难相信结果集，从而不能利用查询结果作为计算的基础。因而隔离性强制对事务进行某种程度的隔离，保证应用程序在事务中看到一致的数据。

10.3.1 MySQL 中的 4 种隔离级别

基于 ANSI/ISO SQL 规范，MySQL 提供了下面 4 种隔离级：SERIALIZABLE（序列化）、REPEATABLE READ（可重复读）、READ COMMITTED（提交读）、READ UNCOMMITTED（未提交读）。

只有支持事务和存储引擎（比如 InnoDB）才可以定义一个隔离级。定义隔离级可以使用 SET TRANSACTION 语句。其中语句中如果指定 GLOBAL，那么定义的隔离级将适用于所有的数据库用户；如果指定 SESSION，则隔离级只适用于当前运行的会话和连接。MySQL 默认为 REPEATABLE READ 隔离级。

1. SERIALIZABLE

采用此隔离级别，一个事务在执行过程中首先将其欲操纵的数据锁定，待事务结束后释放。如果此时另一个事务也要操纵该数据，必须等待前一个事务释放锁定后才能继续进行。两个事务实际上是以串行化方式运行的。语法格式为：

```
SET [GLOBAL|SESSION] TRANSACTION ISOLATION LEVEL SERIALIZABLE
```

如果隔离级为序列化，用户之间通过依次顺序地执行当前的事务，就提供了事务之间最大限度的隔离。

2. REPEATABLE READ

采用此隔离级别，一个事务在执行过程中能够看到其他事务已经提交的新插入记录，不能看到其他事务对已有记录的修改。语法格式为：

```
SET [GLOBAL|SESSION] TRANSACTION ISOLATION LEVEL REPEATABLE READ
```

在这一级上，事务不会被看成是一个序列。不过，当前在执行事务的变化仍然不能看到，也就是说，如果用户在同一个事务中执行同条 SELECT，结果总是相同的。

3. READ COMMITTED

采用此隔离级别，一个事务在执行过程中能够看到其他事务已经提交的新插入记录，也能看到其他事务已经提交的对已有记录的修改。语法格式为：

```
SET [GLOBAL|SESSION] TRANSACTION ISOLATION LEVEL READ COMMITTED
```

READ COMMITTED 隔离级的安全性比 REPEATABLE READ 隔离级的安全性要差。不仅处于这一级的事务可以看到其他事务添加的新记录，而且其他事务对现存记录做出的修改一旦被提交，也可以看到。也就是说，这意味着在事务处理期间，如果其他事务修改了相应的表，那么同一个事务的多个 SELECT 语句可能返回不同的结果。

4. READ UNCOMMITTED

采用此隔离级别，一个事务在执行过程中能够看到其他事务未提交的新插入记录，也能看到其他事务未提交的对已有记录的修改。语法格式为：

```
SET [GLOBAL|SESSION] TRANSACTION ISOLATION LEVEL READ UNCOMMITTED
```

提供了事务之间最小限度的隔离。除了容易产生虚幻的读操作和不能重复的读操作外,处于这个隔离级的事务可以读到其他事务还没有提交的数据,如果这个事务使用其他事务不提交的数据变化作为计算的基础,然后那些未提交的数据变化被它们的父事务撤销,这就导致了大量的数据变化。

综上所述可以得出,并非隔离级别越高越好,对于多数应用程序,只需把隔离级别设为 READ COMMITTED 即可,尽管会存在一些问题。

在 MySQL 中,实现了这四种隔离级别,分别有可能产生问题如下所示:

事务隔离级别	脏　　读	不可重复读	幻　　读
READ UNCOMMITTED	是	是	是
READ COMMITTED	否	是	是
REPEATABLE READ	否	否	是
SERIALIZABLE	否	否	否

系统变量 tx_isolation(在 MySQL8.0 中,此系统变量名更改为 transaction_isolation)中存储了事务的隔离级,可以使用 SELECT 随时获得当前隔离级的值,如下所示:

```
SELECT @@tx_isolation;
```

结果如下:

```
@@tx_isolation
repeatable-read
```

在默认情况下,这个系统变量的值是基于每个会话设置的,但是可以通过向 SET 命令行添加 GLOBAL 关键字修改该全局系统变量的值。

当用户从无保护的 READ UNCOMMITTED 隔离级别转移到更安全的 SERIALIZABLE 级别时,RDBMS 的性能也要受到影响。原因很简单:用户要求系统提供越强的数据完整性,它就越要做更多的工作,运行的速度也就越慢。因此,需要在 RDBMS 的隔离性需求和性能之间协调。

MySQL 默认为 REPEATABLE READ 隔离级,这个隔离级适用于大多数应用程序,只有在应用程序有具体的对于更高或更低隔离级的要求时才需要改动。没有一个标准公式来决定哪个隔离级适用于哪个应用程序——大多数情况下,这是一个主观的决定,它是基于应用程序的容错能力和应用程序开发者对于潜在数据错误影响的判断。隔离级的选择对于每个应用程序也是没有标准的。例如,同一个应用程序的不同事务基于执行的任务需要不同的隔离级。

10.3.2 设置 4 种隔离级别

在 mysql.exe 程序中设置隔离级别,每启动一个 mysql.exe 程序,就会获得一个单独的数据库连接。每个数据库连接都有个全局变量 @@tx_isolation，表示当前的事务隔离级别。MySQL 默认的隔离级别为 REPEATABLE READ。如果要查看当前的隔离级别，可使用如下的 SQL 命令：

```
mysql> SELECT @@tx_isolation;
```

如果要把当前 mysql.exe 程序的隔离级别改为 READ COMMITTED，可使用如下的 SQL 命令：

```
mysql> SET TRANSACTION ISOLATION LEVEL READ COMMITED;
```

接下来，针对 bank 数据库中的 account 的操作来演示设置 4 种隔离级别。

1. 将 A 的隔离级别设置为 READ UNCOMMITTED

（1）打开一个客户端 A，并设置当前事务模式为 READ UNCOMMITTED，查询表 account 的初始值。

```
mysql> SET SESSION TRANSACTION ISOLATION LEVEL READ UNCOMMITTED;
Query OK, 0 rows affected (0.00 sec)

mysql> START TRANSACTION;
Query OK, 0 rows affected (0.00 sec)

mysql> SELECT * FROM account;
+---+--------+---------+
| id | username| balance  |
+---+--------+---------+
| 1 | A      |    4000 |
| 2 | B      |    6000 |
+---+--------+---------+
2 rows in set (0.00 sec)
```

（2）在客户端 A 的事务提交之前，打开另一个客户端 B，更新表 account。

```
mysql> SET SESSION TRANSACTION ISOLATION LEVEL READ UNCOMMITTED;
Query OK, 0 rows affected (0.00 sec)

mysql> START TRANSACTION;
Query OK, 0 rows affected (0.00 sec)

mysql> UPDATE ACCOUNT SET balance = balance - 500 WHERE id=1;
Query OK, 1 row affected (0.00 sec)
Rows matched: 1  Changed: 1  Warnings: 0

mysql> SELECT * FROM account;
+---+--------+---------+
| id | username| balance  |
```

```
+---+-------+---------+
| 1 | A     |    3500 |
| 2 | B     |    6000 |
+---+-------+---------+
2 rows in set (0.00 sec)
```

（3）此时，虽然客户端 B 的事务还没提交，但是客户端 A 就可以查询到 B 已经更新的数据。

```
mysql> SELECT * FROM account;
+---+-------+---------+
| id | username| balance  |
+---+-------+---------+
| 1 | A     |    3500 |
| 2 | B     |    6000 |
+---+-------+---------+
2 rows in set (0.00 sec)
```

（4）一旦客户端 B 的事务因为某种原因回滚，所有的操作都将会被撤销，这时客户端 A 查询到的数据其实就是脏数据。

```
mysql> ROLLBACK;
Query OK, 0 rows affected (0.00 sec)

mysql> SELECT * FROM account;
+---+-------+---------+
| id | username| balance  |
+---+-------+---------+
| 1 | A     |    4000 |
| 2 | B     |    6000 |
+---+-------+---------+
2 rows in set (0.00 sec)
```

（5）在客户端 A 执行更新语句 UPDATE ACCOUNT SET balance ＝ balance－500 WHERE id＝1，A 的 balance 没有变成 3500，居然是 4000，是不是很奇怪，数据不一致啊，如果你这么想就太天真了，在应用程序中，我们会用 4000－500＝3500，并不知道其他会话回滚了，要想解决这个问题可以采用读已提交的隔离级别。

经过上面的实验可以得出结论，事务 B 更新了一条记录，但是没有提交，此时事务 A 可以查询出未提交记录。造成脏读现象。未提交读是最低的隔离级别。

特别提醒：由于 MySQL 默认是自动提交，自动提交时无法正常回滚，需要将事务提交模式改为手工提交模式。同时，MySQL 中只有 InnoDB 和 BDB 类型的数据表才能支持事务处理，其他的类型是不支持的。

2. 将客户端 A 的事务隔离级别设置为 READ COMMITTED

（1）打开一个客户端 A，并设置当前事务模式为 READ COMMITTED，查询表

account 的所有记录。

```
mysql> SET SESSION TRANSACTION ISOLATION LEVEL READ COMMITTED;
Query OK, 0 rows affected (0.00 sec)

mysql> START TRANSACTION;
Query OK, 0 rows affected (0.00 sec)

mysql> SELECT * FROM account;
+----+--------+---------+
| id | username| balance |
+----+--------+---------+
| 1  | A      |   4000  |
| 2  | B      |   6000  |
+----+--------+---------+
2 rows in set (0.00 sec)
```

（2）在客户端 A 的事务提交之前，打开另一个客户端 B，更新表 account。

```
mysql> SET SESSION TRANSACTION ISOLATION LEVEL READ COMMITTED;
Query OK, 0 rows affected (0.00 sec)

mysql> START TRANSACTION;
Query OK, 0 rows affected (0.00 sec)

mysql> UPDATE ACCOUNT SET balance = balance - 500 WHERE id=1;
Query OK, 1 row affected (0.00 sec)
Rows matched: 1  Changed: 1  Warnings: 0

mysql> SELECT * FROM account;
+----+--------+---------+
| id | username| balance |
+----+--------+---------+
| 1  | A      |   3500  |
| 2  | B      |   6000  |
+----+--------+---------+
2 rows in set (0.00 sec)
```

（3）这时，客户端 B 的事务还没提交，客户端 A 不能查询到 B 已经更新的数据，解决了脏读问题。

```
mysql> SELECT * FROM account;
+----+--------+---------+
| id | username| balance |
+----+--------+---------+
| 1  | A      |   4000  |
```

```
|  2 | B        |    6000   |
+---+-------+---------+
2 rows in set (0.00 sec)
```

（4）客户端 B 的事务提交。

```
mysql> COMMIT;
Query OK, 0 rows affected (0.01 sec)

mysql> SELECT * FROM account;
+---+-------+---------+
| id | username| balance  |
+---+-------+---------+
|  1 | A        |    3500   |
|  2 | B        |    6000   |
+---+-------+---------+
2 rows in set (0.00 sec)
```

（5）客户端 A 执行与上一步相同的查询,结果与上一步不一致,即产生了不可重复读的问题。

```
mysql> SELECT * FROM account;
+---+-------+---------+
| id | username| balance  |
+---+-------+---------+
|  1 | A        |    3500   |
|  2 | B        |    6000   |
+---+-------+---------+
2 rows in set (0.00 sec)
```

经过上面的实验可以得出结论,已提交读隔离级别解决了脏读的问题,但是出现了不可重复读的问题,即事务 A 在两次查询的数据不一致,因为在两次查询之间事务 B 更新了一条数据。已提交读只允许读取已提交的记录,但不要求可重复读。

3. 将 A 的隔离级别设置为 REPEATABLE READ

（1）打开一个客户端 A,并设置当前事务模式为 REPEATABLE READ,查询表 account 的所有记录。

```
mysql> SET SESSION TRANSACTION ISOLATION LEVEL REPEATABLE READ;
Query OK, 0 rows affected (0.00 sec)

mysql> START TRANSACTION;
Query OK, 0 rows affected (0.00 sec)

mysql> SELECT * FROM account;
+---+-------+---------+
| id | username| balance  |
```

```
+---+-------+---------+
| 1 | A     |  10000  |
| 2 | B     |    0    |
+---+-------+---------+
2 rows in set (0.00 sec)
```

（2）在客户端 A 的事务提交之前，打开另一个客户端 B，更新表 account 并提交。

```
mysql> SET SESSION TRANSACTION ISOLATION LEVEL REPEATABLE READ;
Query OK, 0 rows affected (0.00 sec)

mysql> START TRANSACTION;
Query OK, 0 rows affected (0.00 sec)

mysql> UPDATE ACCOUNT SET balance = balance - 500 WHERE id=1;
Query OK, 1 row affected (0.00 sec)
Rows matched: 1  Changed: 1  Warnings: 0

mysql> SELECT * FROM account;
+---+-------+---------+
| id | username| balance |
+---+-------+---------+
| 1 | A     |  9500   |
| 2 | B     |    0    |
+---+-------+---------+
2 rows in set (0.00 sec)
```

（3）在客户端 A 查询表 account 的所有记录，与步骤（1）查询结果一致，没有出现不可重复读的问题。

```
mysql> SELECT * FROM account;
+---+-------+---------+
| id | username| balance |
+---+-------+---------+
| 1 | A     |  10000  |
| 2 | B     |    0    |
+---+-------+---------+
2 rows in set (0.00 sec)
```

（4）现在我们将客户端 B 中的操作提交。

```
mysql> commit;
Query OK, 0 rows affected (0.02 sec)
```

在客户端 A，接着执行 update balance ＝ balance－50 where id ＝ 1，balance 没有变成 10000－500＝9500，A 的 balance 值用的是步骤（2）中的 9500 来算的，所以是 9000，数据的一致性倒是没有被破坏。MySQL 在可重复读的隔离级别下使用了 MVCC 机制

（Multiversion concurrency control，MVCC 是一种多版本并发控制机制），SELECT 操作不会更新版本号，是快照读（历史版本）；INSERT、UPDATE 和 DELETE 会更新版本号，是当前读（当前版本）。

```
mysql> UPDATE account SET balance = balance - 500 WHERE id=1;
Query OK, 1 row affected (0.00 sec)
Rows matched: 1  Changed: 1  Warnings: 0

mysql>  SELECT * FROM account;
+---+-------+---------+
| id | username| balance  |
+---+-------+---------+
| 1 | A     |    9000 |
| 2 | B     |       0 |
+---+-------+---------+
2 rows in set (0.00 sec)
```

注意，如果 B 客户端中未执行 commit，将会导致 A 中的操作被锁住。

```
mysql> UPDATE account SET balance = balance - 500 WHERE id=1;
ERROR 1205 (HY000): Lock wait timeout exceeded; try restarting transaction
```

（5）我们重新打开客户端 B，并提交一行数据。

```
mysql> insert into account values(3,'C',1000);
Query OK, 1 row affected (0.00 sec)
```

（6）此时我们再在客户端 A 中查询，没有查出 B 新增的数据，所以没有出现幻读。

```
mysql>  SELECT * FROM account;
+---+-------+---------+
| id | username| balance   |
+---+-------+---------+
| 1 | A     |    9000 |
| 2 | B     |       0 |
+---+-------+---------+
2 rows in set (0.00 sec)
```

由以上操作过程可以得出结论，可重复读隔离级别只允许读取已提交记录，而且在一个事务两次读取一个记录期间，其他事务不得更新该记录。但该事务不要求与其他事务可串行化。例如，当一个事务可以找到由一个已提交事务更新的记录，但是可能产生幻读问题（注意是可能，因为数据库对隔离级别的实现有所差别）。

4. 将 A 的隔离级别设置为 SERIALIZABLE

（1）打开一个客户端 A，并设置当前事务模式为 SERIALIZABLE，查询表 account 的初始值：

```
mysql> SET SESSION TRANSACTION ISOLATION LEVEL SERIALIZABLE;
```

```
Query OK, 0 rows affected (0.00 sec)
mysql> START TRANSACTION;
Query OK, 0 rows affected (0.00 sec)
mysql> SELECT * FROM account;
+---+--------+---------+
| id | username| balance |
+---+--------+---------+
| 1 | A      |    4000 |
| 2 | B      |    6000 |
+---+--------+---------+
2 rows in set (0.00 sec)
```

（2）打开一个客户端 B，并设置当前事务模式为 SERIALIZABLE，插入一条记录报错，表被锁了，插入失败，MySQL 中事务隔离级别为 SERIALIZABLE 时会锁表，因此不会出现幻读的情况，这种隔离级别并发性极低，开发中很少会用到。

```
mysql> SET SESSION TRANSACTION ISOLATION LEAVE SERIALIZABLE;
Query OK, 0 rows affected (0.00 sec)
mysql> START TRANSACTION;
Query OK, 0 rows affected (0.00 sec)
mysql> INSERT INTO account VALUES(5,'c',0);
ERROR 1205 (HY000): Lock wait timeout exceeded; try restarting transaction
```

SERIALIZABLE 完全锁定字段，若一个事务查询同一份数据就必须等待，直到前一个事务完成并解除锁定为止。SERIALIZABLE 是完整的隔离级别，会锁定对应的数据表格，因而会有效率的问题。

10.4 本章小结

本章先介绍了事务的概念，事务的 ACID 特性以及其隔离级别。随后讲述了 MySQL 对并发事务的控制，死锁的概念以及如何避免死锁的方法。

10.5 思考与练习

1. 什么是事务？
2. 哪些引擎支持事务？
3. 事务的 ACID 特性是什么？
4. 事务的开始和结束命令分别是什么？
5. 事务的隔离性级别有哪些？
6. 如果没有并发控制会出现什么问题？
7. MySQL 创建事务的一般步骤分为哪些？
8. 如何查看行级锁、表级锁争用情况？

9. 怎么预防死锁？

10. (　　　)是 DBMS 的基本单位,它是用户定义的一组逻辑一致的程序序列。

    A. 程序　　　　　　　B. 命令　　　　　　　C. 事务　　　　　　　D. 文件

11. 事务是数据库进行的基本工作单位。如果一个事务执行成功,则全部更新提交;如果一个事务执行失败,则已做过的更新被恢复原状,好像整个事务从未有过这些更新,这样保持了数据库处于(　　　)状态。

    A. 安全性　　　　　　B. 一致性　　　　　　C. 完整性　　　　　　D. 可靠性

12. 对并发操作若不加以控制,可能会带来数据的(　　　)问题。

    A. 不安全　　　　　　B. 死锁　　　　　　　C. 死机　　　　　　　D. 不一致

13. 事务中能实现回滚的命令是(　　　)。

    A. TRANSACTION　　　　　　　　　　B. COMMIT

    C. ROLLBACK　　　　　　　　　　　　D. SAVEPOINT

14. 下面选项中不属于 RDBMS 必须具有的特征是(　　　)。

    A. 原子性　　　　　　B. 一致性　　　　　　C. 孤立性　　　　　　D. 适时性

15. 对事务的描述中不正确的是(　　　)。

    A. 事务具有原子性　　　　　　　　　　B. 事务具有隔离性

    C. 事务回滚使用 COMMIT 命令　　　　D. 事务具有可靠性

16. MySQL 创建事务的一般步骤是(　　　)。

    A. 初始化事务、创建事务、应用 SELECT 查看事务、提交事务

    B. 初始化事务、应用 SELECT 查看事务、应用事务、提交事务

    C. 初始化事务、创建事务、应用事务、提交事务

    D. 创建事务、应用事务、应用 SELECT 查看事务、提交事务

17. 事务的开始和结束命令分别是(　　　)。

    A. START TRANSACTION…ROLLBACK

    B. START TRANSACTION…COMMIT

    C. START TRANSACTION…END

    D. START TRANSACTION…BREAK

18. 若事务 T1 对数据 A 已加排他锁,那么其他事务对数据(　　　)。

    A. 加共享锁成功,加排他锁失败　　　　B. 加排他锁成功,加共享锁失败

    C. 加共享锁、加排他锁都成功　　　　　D. 加共享锁、加排他锁都失败

第 11 章

MySQL 数据库备份与还原

为了保证数据的安全,需要定期对数据进行备份。备份的方式有很多种,效果也不一样。如果数据库中的数据出现了错误,就需要使用备份好的数据进行数据还原,这样可以将损失降至最低。而且,可能还会涉及数据库之间的数据导入与导出。

MySQL 数据库备份的方法多种多样(例如完全备份、增量备份等),无论使用哪一种方法,都要求备份期间的数据库必须处于数据一致状态,即数据备份期间,尽量不要对数据进行更新操作。本章将对备份和还原的方法,MySQL 数据库的备份与恢复的方法等内容进行介绍。

11.1 备份与还原概述

11.1.1 备份的重要性与常见故障

数据丢失对大小企业来说都是个恶梦,业务数据与企业日常业务运作唇齿相依,损失这些数据,即使是暂时性的,亦会威胁到企业辛苦赚来的竞争优势,更可能摧毁公司的声誉,或可能引致昂贵的诉讼和索偿费用。

在震惊世界的美国"9.11"恐怖事件发生后,许多人将目光投向金融界巨头摩根士丹利公司。这家金融机构在世贸大厦租有 25 层楼层,惨剧发生时有 2000 多名员工正在楼内办公,公司受到重创。可是正当大家扼腕痛惜时,该公司宣布,全球营业部第二天可以照常工作。其主要原因是它在新泽西州建立了灾备中心,并保留着数据备份,从而保障公司全球业务的不间断运行。

为保证数据库的可靠性和完整性,数据库管理系统通常会采取各种有效的措施来进行维护。尽管如此,在数据库的实际使用过程中,仍然存在着一些不可预估的因素,会造成数据库运行事务的异常中断,从而影响数据的正确性,甚至会破坏数据库,使数据库中的数据部分或全部丢失。这些因素可能是:

- 计算机硬件故障。由于用户使用不当,或者硬件产品自身的质量问题等原因,计算机硬件可能会出现故障,甚至不能使用,如硬盘损坏会导致其存储的数据丢失。
- 计算机软件故障。由于用户使用不当,或者软件设计上的缺陷,计算机软件系统可能会误操作数据,从而引起数据破坏。
- 病毒。破坏性病毒会破坏计算机硬件、系统软件和数据。
- 人为误操作。例如,用户误使用了 DELETE、UPDATE 等命令而引起数据丢失或破坏；一个简单的 DROP TABLE 或者 DROP DATABASE 语句，就会让数据表化为乌有；更危险的是 DELETE FROM table_name 能轻易地清空数据表，这些人为的误操作是很容易发生的。

- 自然灾害。火灾、洪水、地震等这些不可抵挡的自然灾害会对人类生活造成极大的破坏，也会毁坏计算机系统及其数据。
- 盗窃。一些重要数据可能会被窃取或被人为破坏。

随着服务器海量数据的不断增长，数据的体积变得越来越庞大。同时，各种数据的安全性和重要程度也越来越被人们所重视。对数据备份的认同涉及两个主要问题，一是为什么要备份，二是为什么要选择磁带作为备份的介质。

大到自然灾害，小到病毒、电源故障乃至操作员意外操作失误，都会影响系统的正常运行，甚至造成整个系统完全瘫痪。数据备份的任务与意义就在于，当灾难发生后，通过备份的数据完整、快速、简捷、可靠地恢复原有系统。针对现有的对备份的误解，必须了解和认识一些典型的事例，从而认清备份方案的一些误区。

首先，有人认为复制就是备份，其实单纯复制数据无法使数据留下历史记录，也无法留下系统的 NDS 或者 Registry 等信息。完整的备份包括自动化的数据管理与系统的全面恢复，因此，从这个意义上说，备份＝复制＋管理。

其次，以硬件备份代替备份。虽然很多服务器都采取了容错设计，即硬盘备份（双机热备份、磁盘阵列与磁盘镜像等），但这些都不是理想的备份方案。比如双机热备份中，如果两台服务器同时出现故障，那么整个系统便陷入瘫痪状态，因此存在的风险还是相当大的。

此外，只把数据文件作为备份的目标。有人认为备份只是对数据文件的备份，系统文件与应用程序无须进行备份，因为它们可以通过安装盘重新进行安装。事实上，考虑到安装和调试整个系统的时间可能要持续好几天，其中花费的投入是十分不必要的，因此，最有效的备份方式是对整个 IT 架构进行备份。备份的目的主要有：

（1）做灾难恢复：对损坏的数据进行恢复和还原。

（2）需求改变：因需求改变而需要把数据还原到改变以前。

（3）测试：测试新功能是否可用。

面对着造成数据丢失或被破坏的风险，数据库系统提供了备份和恢复策略来保证数据库中数据的可靠性和完整性。

数据库备份是指通过导出数据或者复制表文件的方式来制作数据库的副本。

11.1.2　备份的策略与常用方法

备份需要考虑的问题有可以容忍丢失多长时间的数据；恢复数据要在多长时间内完成；恢复的时候是否需要持续提供服务；恢复的对象，是整个库、多个表，还是单个库、单个表等因素。可以考虑的合理备份策略有：

（1）数据库要定期做备份，备份的周期应当根据应用数据系统可承受的恢复时间确定，而且定期备份的时间应当在系统负载最低时进行。对于重要的数据，要保证在极端情况下的损失都可以正常恢复。

（2）定期备份后，同样需要定期做恢复测试，了解备份的正确可靠性，确保备份是有意义的、可恢复的。

（3）根据系统需要来确定是否采用增量备份，增量备份只需要备份每天的增量数据，备份花费的时间少，对系统负载的压力也小。缺点就是恢复时需要加载之前所有的备份数据，恢复时间较长。

（4）确保 MySQL 打开了 log-bin 选项，MySQL 在进行完整恢复或者基于时间点恢复时都需要 BINLOG。

（5）可以考虑异地备份。

在 MySQL 数据库中具体实现备份数据库的类型很多，可以分为以下几种：

（1）根据是否需要数据库离线可分为：

- 冷备（Cold Backup）：需要关 MySQL 服务，在读写请求均不允许状态下进行。
- 温备（Warm Backup）：服务在线，但仅支持读请求，不允许写请求。
- 热备（Hot Backup）：备份的同时，业务不受影响。

注意：MyISAM 不支持热备，InnoDB 支持热备，但是需要专门的工具。

（2）根据要备份的数据集合的范围可分为：

- 完全备份（Full Backup）：备份全部字符集。
- 增量备份（Incremental Backup）：上次完全备份或增量备份以来改变了的数据，不能单独使用，要借助完全备份，备份的频率取决于数据的更新频率。
- 差异备份（Differential Backup）：上次完全备份以来改变了的数据。
- 建议的恢复策略：完全＋增量＋二进制日志和完全＋差异＋二进制日志两种恢复策略。

（3）根据备份数据或文件可分为：

- 物理备份：直接备份数据文件。优点：备份和恢复操作都比较简单，能够跨 MySQL 的版本，恢复速度快，属于文件系统级别。建议：不要假设备份一定可用，要测试。通过 CHECK TABLES 命令进行测试。
- 检测表是否可用逻辑备份：备份表中的数据和代码。优点：恢复简单，备份的结果为 ASCII 文件，可以编辑，与存储引擎无关，可以通过网络备份和恢复。缺点：备份或恢复都需要 MySQL 服务器进程参与，备份结果占据更多的空间，浮点数可能会丢失，精度还原之后缩影需要重建。

总之，备份的对象主要有数据、配置文件、代码（存储过程、存储函数、触发器）、操作系统相关的配置文件、复制相关的配置、二进制日志等。

11.2　数　据　备　份

数据备份是数据库管理中最常用的操作。为了保证数据库中数据的安全，数据管理员需要定期地进行数据备份。一旦数据库遭到破坏，即可通过备份的文件来还原数据库。因此，数据备份是很重要的工作。

11.2.1　使用 mysqldump 命令备份数据

　　MySQL 提供了很多免费的客户端实用程序,保存在 MySQL 安装目录下的 bin 子目录下。这些客户端程序可以连接到 MySQL 服务器进行数据库的访问,或者对 MySQL 进行管理。

　　在使用这些工具时,需要打开计算机的 DOS 命令窗口,然后在该窗口的命令提示符下输入要运行程序所对应的命令。例如,要运行 mysqlimport.exe 程序,可以输入 mysqlimport 命令,再加上对应的参数即可。

　　在 MySQL 提供的客户端实用程序中,mysqldump.exe 就是用于实现 MySQL 数据库备份的实用工具。它可以将数据库中的数据备份成一个文本文件,并且将表的结构和表中的数据存储在这个文本文件中。下面介绍如何使用 mysqldump.exe 工具进行数据库备份。

　　mysqldump 命令的工作原理:先查出需要备份的表的结构,并且在文本文件中生成一个 CREATE 语句,然后将表中的所有记录转换成一条 INSERT 语句。这些 CREATE 语句和 INSERT 语句都是还原时使用的。还原数据时就可以使用其中的 CREATE 语句来创建表,使用其中的 INSERT 语句数据来还原数据。

1. 备份一个数据库

使用 mysqldump 命令备份数据库的基本语法如下:

```
mysqldump -u username -p dbname table1 table2 … > BackupTableName.sql
```

其中,

- dbname 参数表示数据库的名称。
- tablel 和 table2 参数表示表的名称,没有该参数时将备份整个数据库。
- BackupTableName.sql 参数表示备份文件的名称,文件名前面可以加上一个绝对路径。通常将数据库备份成一个后缀名为.sql 的文件。

【例 11-1】　使用 mysqldump 备份数据库 jxgl。

选择"开始"→"所有程序"→"附件"命令,选中"命令提示符",右击,选择"以管理员身份运行(A)",在命令提示符下输入以下代码:

```
mysqldump -hlocalhost -uroot -p jxgl>c:\backup_jxgl.sql
```

在 DOS 命令窗口中执行上面的命令时,将提示输入连接数据库的密码,输入密码后将完成数据备份,执行结果如图 11-1 所示。

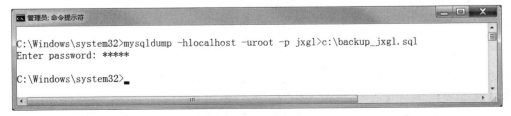

图 11-1　执行 mysqldump 备份数据命令

数据备份完成后，可以查看 backup_jxgl.sql 文件。backup_jxgl.sql 文件中的部分内容如图 11-2 所示。

```
-- MySQL dump 10.13  Distrib 8.0.19, for Win64 (x86_64)
--
-- Host: localhost    Database: jxgl
-- ------------------------------------------------------
-- Server version     8.0.19

/*!40101 SET @OLD_CHARACTER_SET_CLIENT=@@CHARACTER_SET_CLIENT */;
/*!40101 SET @OLD_CHARACTER_SET_RESULTS=@@CHARACTER_SET_RESULTS */;
/*!40101 SET @OLD_COLLATION_CONNECTION=@@COLLATION_CONNECTION */;
/*!50503 SET NAMES utf8mb4 */;
/*!40103 SET @OLD_TIME_ZONE=@@TIME_ZONE */;
/*!40103 SET TIME_ZONE='+00:00' */;
/*!40014 SET @OLD_UNIQUE_CHECKS=@@UNIQUE_CHECKS, UNIQUE_CHECKS=0 */;
/*!40014 SET @OLD_FOREIGN_KEY_CHECKS=@@FOREIGN_KEY_CHECKS, FOREIGN_KEY_CHECKS=0 */;
/*!40101 SET @OLD_SQL_MODE=@@SQL_MODE, SQL_MODE='NO_AUTO_VALUE_ON_ZERO' */;
/*!40111 SET @OLD_SQL_NOTES=@@SQL_NOTES, SQL_NOTES=0 */;


--
-- Table structure for table `course`
--

DROP TABLE IF EXISTS `course`;
/*!40101 SET @saved_cs_client     = @@character_set_client */;
/*!50503 SET character_set_client = utf8mb4 */;
CREATE TABLE `course` (
  `cno` varchar(10) CHARACTER SET utf8 COLLATE utf8_bin NOT NULL COMMENT '课程号',
  `cname` varchar(50) CHARACTER SET utf8 COLLATE utf8_bin DEFAULT NULL COMMENT '课程名',
  `ccredit` int NOT NULL COMMENT '学分',
  `cdept` varchar(20) CHARACTER SET utf8 COLLATE utf8_bin NOT NULL COMMENT '授课学院',
  PRIMARY KEY (`cno`)
) ENGINE=InnoDB DEFAULT CHARSET=utf8 COLLATE=utf8_bin;
/*!40101 SET character_set_client = @saved_cs_client */;
```

图 11-2　backup_jxgl.sql 中的部分内容

由备份后生成的文件可知，在生成的.sql 文件中，并没有包括创建数据库的语句。在应用该脚本文件恢复数据库前需要先创建对应的数据库。

文件开头记录了 MySQL 的版本、备份的主机名和数据库名。文件中，以"--"开头的都是 SQL 语言的注释，以"/＊！40101"等形式开头的内容是只有 MySQL 版本大于或等于指定的 4.1.1 版才执行的语句。下面的"/＊！40103""/＊！40014"也是这个作用。

还原该数据表时，通过 CREATE TABLE 语句在数据库中创建表，然后执行 INSERT 语句向表中插入数据。

若备份 jxgl 数据库表中的 student 表，就可以将上述命令改为：

```
mysqldump -hlocalhost -uroot -p jxgl student >c:\backup_student.sql
```

2. 备份多个数据库

mysqldump 命令备份多个数据库的语法如下：

```
mysqldump -u username -p --databases dbname1 dbname2  >BackupDBName.sql
```

这里要加上"--databases"选项，然后后面跟多个数据库的名称。

【例 11-2】　使用 mysqldump 备份数据库 jxgl 和 test。

选择"开始"→"所有程序"→"附件"命令，选中"命令提示符"，右击，选择"以管理员身

份运行(A)",在命令提示符下输入以下代码:

```
mysqldump -hlocalhost -uroot -p --databases jxgl test >c:\backup_db.sql
```

执行结果如图 11-3 所示。

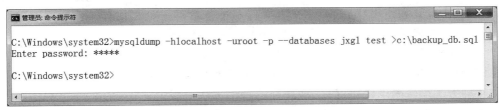

图 11-3　备份多个数据库

在 DOS 命令窗口中执行上面的命令时,提示输入连接数据库的密码,输入密码后将完成数据备份,这时可以在 C 盘根目录下看到名为 backup_db.sql 的文件。这个文件中存储着这两个数据库的所有信息。

3. 备份所有数据库

mysqldump 命令备份所有数据库的语法如下:

```
mysqldump -u username -p --all-databases >BackupdbName.sql
```

这里要加上"--all-databases"选项就可以备份所有数据库了。

【例 11-3】　使用 mysqldump 备份用户 root 的所有数据库。

选择"开始"→"所有程序"→"附件"命令,选中"命令提示符",右击,选择"以管理员身份运行(A)",在命令提示符下输入以下代码:

```
mysqldump -uroot -p --all-databases >c:\back_all_db.sql
```

执行结果如图 11-4 所示。

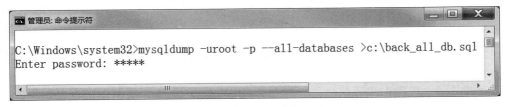

图 11-4　备份所有的数据库

在 DOS 命令窗口中执行上面的命令时,提示输入连接数据库的密码,输入密码后将完成数据备份,这时可以在 C 盘根目录下看到名为 backup_all_db.sql 的文件。这个文件中存储着所有数据库的所有信息。

11.2.2　直接复制整个数据库目录

MySQL 有一种最简单的备份方法,就是将 MySQL 中的数据库文件直接复制出来。这种方法最简单,速度也最快。使用这种方法时,最好先将服务器停止,这样可以保证在复制期间数据库中的数据不会发生变化。如果在复制数据库的过程中还有数据写入，就会造成数据不一致。

由于 MySQL 服务器中的数据文件是基于磁盘的文本文件，所以最简单、最直接的备份操作就是把数据库文件直接复制出来。由于 MySQL 服务器的数据文件在服务运行期间，总是处于打开和使用状态，因此文本文件副本备份不一定总是有效。为了解决该问题，在复制数据库文件时，需要先停止 MySQL 数据库服务器

为了保证所备份数据的完整性，在停止 MySQL 数据库服务器之前，需要先执行 FLUSH TABLES 语句将所有数据写入到数据文件的文本文件中。

这种方法虽然简单快捷，但不是最好的备份方法。因为，实际情况可能不允许停止 MySQL 服务器。而且，这种方法对 InnoDB 存储引擎的表不适用。对于 MyISAM 存储引擎的表，这样备份和还原很方便。但是还原时最好是相同版本的 MySQL 数据库（注意：在 MySQL 的版本号中，第一个数字表示主版本号。主版本号相同的 MySQL 数据库的文件类型会相同。例如，MySQL 8.0.19 和 MySQL 8.0.21 这两个版本的主版本号都是 8，那么这两个数据库服务器中的数据文件拥有相同的文件格式），否则可能会出现存储文件类型不同的情况。采用直接复制整个数据库目录的方式备份数据库时，需要找到数据库文件的保存位置，具体的方法是，在 MySQL 命令行提示窗口中输入以下代码查看：

```
SHOW VARIABLES LIKE '%datadir%';
```

执行结果如图 11-5 所示。

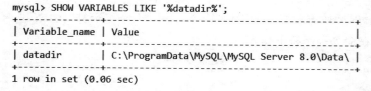

```
mysql> SHOW VARIABLES LIKE '%datadir%';
+---------------+------------------------------------------+
| Variable_name | Value                                    |
+---------------+------------------------------------------+
| datadir       | C:\ProgramData\MySQL\MySQL Server 8.0\Data\ |
+---------------+------------------------------------------+
1 row in set (0.06 sec)
```

图 11-5　查看 MySQL 数据库文件保存位置

11.3　数　据　恢　复

管理员的非法操作和计算机的故障都会破坏数据库文件。数据库的恢复（也称为数据库的还原）是将数据库从某一种"错误"状态（如硬件故障、操作失误、数据丢失、数据不一致等状态）恢复到某一已知的"正确"状态。

数据库的恢复是以备份为基础的，它是与备份相对应的系统维护和管理操作。系统在进行恢复操作时，先执行一些系统安全性的检查，包括检查所要恢复的数据库是否存在、数据库是否变化及数据库文件是否兼容等，然后根据所采用的数据库备份类型采取相应的恢复措施。

另外，通过备份和恢复数据库，也可以实现将数据库从一个服务器移动或复制到另一个服务器的目的。

11.3.1　使用 MySQL 命令还原数据

通常使用 mysqldump 命令将数据库的数据备份成一个文本文件，这个文件的后缀名一般为 .sql。需要还原时，可以使用 MySQL 命令还原备份的数据。

备份文件中通常包含 CREATE 语句和 INSERT 语句。MySQL 命令可以执行备份文件中的 CREATE 语句和 INSERT 语句。通过 CREATE 语句来创建数据库和表，通过 INSERT 语句来插入备份的数据。

MySQL 命令的基本语法如下：

```
mysql -u username -p [dbname] < backupdb.sql
```

其中，dbname 参数表示数据库名。该参数是可选参数，可以指定数据库名，也可以不指定。指定数据库名时，表示还原该数据库中的表；不指定数据库名时，表示还原特定的一个表。同时备份文件中要有创建数据库的语句。

【例 11-4】　使用 MySQL 命令还原例 11-1 备份的 jxgl 数据库，对应的脚本文件为 backup_jxgl.sql。

在 MySQL 的命令行窗口的 MySQL 命令提示符下输入以下代码，创建要还原的数据库 dup_jxgl。

```
CREATE DATABASE IF NOT EXISTS dup_jxgl;
```

选择"开始"→"所有程序"→"附件"命令，选中"命令提示符"，右击，选择"以管理员身份运行(A)"，在命令提示符下输入以下代码，应用 MySQL 命令还原 jxgl 数据库。具体代码如图 11-6 所示。

```
管理员: 命令提示符
C:\Windows\system32>mysql -uroot -p dup_jxgl<c:\backup_jxgl.sql
Enter password: *****

C:\Windows\system32>
```

图 11-6　应用 MySQL 命令还原数据库 dup_jxgl

这时，MySQL 就已经还原了 backup_jxgl.sql 文件中数据库 dup_jxgl 中的所有数据表。

11.3.2　直接复制到数据库目录

在 11.2.2 节介绍过一种直接复制数据的备份方法。通过这种方式备份的数据，可以直接复制到 MySQL 的数据库目录下。通过这种方式还原时，必须保证两个 MySQL 数据库的主版本号是相同的。而且，这种方式对 MyISAM 类型的表比较有效，对于 InnoDB 类型的表则不可用。因为 InnoDB 表的表空间不能直接复制。

通过复制文件实现数据还原，除了保证存储类型为 MyISAM，还必须保证 MySQL 数据库的主版本号一致，因为只有 MySQL 数据库主版本号相同，才能保证两个 MySQL

数据库的文件类型相同。

11.4　从文本文件导出和导入表数据

MySQL 数据库中的表可以导出为文本文件、XML 文件或 HTML 文件。相应的文本文件也可以导入 MySQL 数据库中。在数据库的日常维护中，经常需要进行表的导出和导入操作。

在 MySQL 中，可以使用 SELECT INTO…OUTFILE 语句把表数据导出到一个文本文件中进行备份，并可使用 LOAD DATA…INFILE 语句来恢复先前备份的数据。

这种方法有一点不足之处，就是只能导出或导入数据的内容，但不包括表的结构，若表的结构文件损坏，则必须先设法恢复原来表的结构。

11.4.1　使用 SELECT…INTO OUTFILE 导出文本文件

在 MySQL 中，可以使用 SELECT…INTO OUTFILE 语句将表的内容导出为一个文本文件。其基本的语法格式如下：

```
SELECT [列名] FROM table [WHERE 语句]
    INTO OUTFILE '目标文件' [OPTION];
```

该语句分为两个部分。前半部分是一个普通的 SELECT 语句，通过这个 SELECT 语句来查询所需要的数据；后半部分是导出数据的。

其中，

- “目标文件”参数指出将查询的记录导出到哪个文件中。
- OPTION 参数为可选参数选项，其可能的取值有：
  - FIELDS TERMINATED BY '字符串'：设置字符串为字段之间的分隔符，可以为单个或多个字符。默认值是“\t”。
  - FIELDS ENCLOSED BY '字符'：设置字符来括住字段的值，只能为单个字符。默认情况下不使用任何符号。
  - FIELDS OPTIONALLY ENCLOSED BY '字符'：设置字符来括住 CHAR、VARCHAR 和 TEXT 等字符型字段。默认情况下不使用任何符号。
  - FIELDS ESCAPED BY '字符'：设置转义字符，只能为单个字符。默认值为“\”。
  - LINES STARTING BY '字符串'：设置每行数据开头的字符，可以为单个或多个字符。默认情况下不使用任何字符。
  - LINES TERMINATED BY '字符串'：设置每行数据结尾的字符，可以为单个或多个字符。默认值是“\n”。

FIELDS 和 LINES 两个子句都是自选的，但是如果两个子句都被指定了，则 FIELDS 必须位于 LINES 的前面。

提示：该语法中的“目标文件”被创建到服务器主机上，因此必须拥有文件写入权限

(FILE 权限)后,才能使用此语法。同时,"目标文件"不能是已存在的文件。

SELECT…INTO OUTFILE 语句可以非常快速地把一个表转储到服务器上。如果想要在服务器主机之外的部分客户主机上创建结果文件,则不能使用 SELECT…INTO OUTFILE 语句。

【例 11-5】　使用 SELECT…INTO OUTFILE 语句来导出 jxgl 数据库中 student 表的记录。其中,字段之间用"、"隔开,字符型数据用双引号括起来。每条记录以">"开头。SQL 代码如下:

```
SELECT * FROM jxgl.student INTO OUTFILE 'd:/backup/tb_student.txt'
    FIELDS
        TERMINATED BY '\、'
        OPTIONALLY ENCLOSED BY '\"'
    LINES
        STARTING BY '\>'
        TERMINATED BY '\r\n';
```

FIELDS 必须位于 LINES 的前面,当多个 FIELDS 子句排列在一起时,后面的 FIELDS 必须省略;同样,当多个 LINES 子句排列在一起时,后面的 LINES 也必须省略。如果在 student 表中包含了中文字符,使用上面的语句,则会输出乱码。此时,加入 CHARACTER SET gbk 语句即可解决这一问题。即:

```
SELECT * FROM jxgl.student INTO OUTFILE 'd:/backup/tb_student.txt'
CHARACTER SET gbk
    FIELDS
        TERMINATED BY '\、'
        OPTIONALLY ENCLOSED BY '\"'
    LINES
        STARTING BY '\>'
        TERMINATED BY '\r\n';
```

"TERMINATED BY '\r\n'"可以保证每条记录占一行。因为 Windows 操作系统下"\r\n"才是回车换行。如果不加这个选项,默认情况只是"\n"。

11.4.2　使用 LOAD DATA…INFILE 导入文本文件

LOAD DATA…INFILE 语句用于高速地从一个文本文件中读取行,并写入一个表中。文件名必须为一个文字字符串。

LOAD DATA…INFILE 是 SELECT INTO…OUTFILE 的相对语句。把表的数据备份到文件使用 SELECT INTO…OUTFILE,从备份文件恢复表数据,使用 LOAD DATA…INFILE。

其语法结构为:

```
LOAD DATA [LOW_PRIORITY | CONCURRENT] [LOCAL] INFILE 'file_name.txt'
    [REPLACE | IGNORE]
```

```
INTO TABLE tbl_name
[FIELDS
    [TERMINATED BY 'string']
    [[OPTIONALLY] ENCLOSED BY 'char']
    [ESCAPED BY 'char' ]
]
[LINES
    [STARTING BY 'string']
    [TERMINATED BY 'string']
]
[IGNORE number LINES]
[(col_name_or_user_var,…)]
[SET col_name = expr,…)]
```

其中，LOW_PRIORITY │ CONCURRENT 关键字：

（1）LOW_PRIORITY：该参数适用于表锁存储引擎，比如 MyISAM、MEMORY 和 MERGE，在写入过程中，如果有客户端程序读表，写入将会延后，直至没有任何客户端程序读表再继续写入。

（2）CONCURRENT：使用该参数，允许在写入过程中其他客户端程序读取表内容。

LOCAL 关键字：LOCAL 关键字影响数据文件定位和错误处理。只有当 mysql-server 和 mysql-client 同时在配置中指定允许使用，LOCAL 关键字才会生效。如果 mysqld 的 local_infile 系统变量设置为 DISABLED，LOCAL 关键字将不会生效。

REPLACE │ IGNORE 关键字：REPLACE 和 IGNORE 关键词控制对现有的唯一键记录的重复处理。如果用户指定 REPLACE，新行将代替有相同的唯一键值的现有行。如果用户指定 IGNORE，跳过有唯一键的现有行的重复行的输入。如果用户不指定任何一个选项，当找到重复键时，出现一个错误，且文本文件的余下部分被忽略。

【例 11-6】　使用 LOAD DATA…INFILE 语句将 tb_student.txt 导入 jxgl 数据库下的 student 表中。

```
LOAD DATA LOCAL INFILE ' tb_student.txt ' INTO TABLE student
FIELDS TERMINATED BY ','
OPTIONALLY ENCLOSED BY '"'
LINES TERMINATED BY '\n'
```

若只载入一个表的部分列，可以采用：

```
LOAD DATA LOCAL INFILE ' tb_student.txt ' INTO TABLE student(sno,sname)
```

不适合使用 LOAD DATA INFILE 的情况为：

（1）使用固定行格式（即 FIELDS TERMINATED BY 和 FIELDS ENCLOSED BY 均为空），列字段类型为 BLOB 或 TEXT。

（2）指定分隔符与其他选项前缀一样，LOAD DATA INFILE 不能对输入做正确的解释。例如：FIELDS TERMINATED BY "" ENCLOSED BY ""。

（3）如果 FIELDS ESCAPED BY 为空，字段值包含 FIELDS ENCLOSED BY 指定字符，或者 LINES TERMINATED BY 的字符在 FIELDS TERMINATED BY 之前，都会导致过早地停止 LOAD DATA INFILE 操作。因为 LOAD DATA INFILE 不能准确地确定行或列的结束。

11.5　数据库迁移

数据库迁移就是指将数据库从一个系统移动到另一个系统上。数据库迁移的原因是多种多样的。可能是因为升级了计算机，或者是部署开发的管理系统，或者升级了 MySQL 数据库。甚至是换用其他的数据库。根据上述情况，可以将数据库迁移大致分为两类，一类是 MySQL 数据库之间的迁移，另一类是不同数据库之间的迁移。下面分别进行介绍。

11.5.1　MySQL 数据库之间的迁移

MySQL 数据库之间进行数据库迁移的原因有多种，通常的原因是更换了新的计算机、重新安装了操作系统，或者是升级了 MySQL 的版本。虽然原因很多，但是实现的方法基本上就是下面介绍的这两种。

1. 复制数据库目录

MySQL 数据库之间的迁移主要有两种方法，一种是通过复制数据库目录来实现数据库迁移。但是，只有在数据库的所有数据库表都是 MyISAM 类型时才能使用这种方法。另外，也只能是在主版本号相同的 MySQL 数据库之间进行数据库迁移。

2. 用命令备份和还原数据库

最常用和最安全的方法是使用 mysqldump 命令来备份数据库，然后使用 MySQL 命令将备份文件还原到新的 MySQL 数据库中。这里可以将备份和迁移同时进行。假设从一个名称为 host1 的计算机中备份出所有数据库，然后将这些数据库迁移到名称为 host2 的计算机上，可以在 DOS 窗口中使用下面的命令：

```
mysqldump -h host1 -u root --password=password1 --all-databases |
mysql -h host2 -u root -password=password2
```

其中，"|"符号表示管道，其作用是将 mysqldump 备份的文件送给 MySQL 命令；"-password＝password1"是 host1 主机上 root 用户密码。同理，password2 是 host2 主机上的 root 用户密码。通过这种方式可以直接实现数据库之间的迁移，包括相同版本的和不同版本的 MySQL 之间的数据库迁移。

11.5.2　不同数据库之间的迁移

不同数据库之间迁移是指从其他类型的数据库迁移到 MySQL 数据库，或者从 MySQL 数据库迁移到其他类型的数据库。例如，某个网站原来使用 Oracle 数据库，因为运营成本太高等诸多原因，希望改用 MySQL 数据库。或者某个管理系统原来使用

MySQL 数据库，因为某种特殊性能的要求，希望改用 Oracle 数据库。针对这种迁移，MySQL 没有通用的解决方法，需要具体问题具体对待。例如，在 Windows 操作系统下，通常可以使用 MyODBC(MyODBC 是 MySQL 开发的 ODBC 连接驱动。通过它可以让各式各样的应用程序直接存取 MySQL 数据库，不但方便，而且容易使用)，实现 MySQL 数据库与 SQL Server 之间的迁移。而将 MySQL 数据库迁移到 Oracle 数据库时，就需要使用 mysqldump 命令先导出 SQL 文件，再手动修改 SQL 文件中的 CREATE 语句。

11.6　本章小结

本章主要讲述了备份数据库，还原数据库、导入表、导出表和数据库迁移内容。数据库的备份和还原是本章的重点内容。在实际应用中，通常使用 mysqldump 命令备份数据库。也可以使用 SELECT INTO…OUTFILE 语句把表数据导出到一个文本文件中进行备份，并可使用 LOAD DATA…INFILE 语句来恢复先前备份的数据。数据迁移需要考虑数据库的兼容性问题，最好是在相同版本的 MySQL 数据库之间迁移。

11.7　思考与练习

1. 为什么在 MySQL 中需要进行数据库的备份与还原操作？

2. 备份的方法有哪些？

3. 完全备份需要注意什么？

4. 还原的基础是什么？

5. 使用直接复制方法实现数据库备份与恢复时，需要注意哪些事项？

6. 在下列关于使用 mysqldump 命令备份的文件的描述中，错误的是(　　)。

　　A. mysqldump 命令备份的文件后缀名没有特定的要求

　　B. 使用 mysqldump 命令可以备份一个数据库，也可以备份多个数据库

　　C. 使用 mysqldump 命令备份的文件要求后缀名为.sql

　　D. 使用 mysqldump 命令可以备份当前连接中的所有数据库

7. (　　)命令可以执行备份文件中的 CREATE 语句和 INSERT 语句。

　　A. mysql　　　　　B. mysqlhotcopy　　　C. mysqldump　　　D. mysqladmin

8. 在 MySQL 中，可以在命令行窗口中使用(　　)语句将表的内容导出成一个文本文件。

　　A. SELECT…INTO　　　　　　　　B. SELECT…INTO OUTFILE

　　C. mysqldump　　　　　　　　　　D. mysql

9. 在 MySQL 中，备份数据库的命令是(　　)。

　　A. mysqldump　　　B. mysql　　　　　C. backup　　　　D. copy

10. 实现批量数据导入的命令是(　　)。

　　A. mysqldump　　　B. mysql　　　　　C. backup　　　　D. return

11. 软硬件故障常造成数据库中的数据破坏。数据库恢复就是(　　)。

A. 重新安装数据库管理系统和应用程序

B. 重新安装应用程序,并将数据库做镜像

C. 重新安装数据库管理系统,并将数据库做镜像

D. 在尽可能短的时间内,把数据库恢复到故障发生前的状态

12. MySQL 中,还原数据库的命令是(　　　　)。

A. mysqldump　　　B. mysql　　　　　C. backup　　　　　D. return

13. 备份是在某一次完全备份的基础,只备份其后数据的(　　　　)变化。

A. 比较　　　　　　B. 检查　　　　　　C. 增量　　　　　　D. 二次

14. 导出数据库正确的方法为(　　　　)。

A. mysqldump 数据库名＞文件名　　　　　B. mysqldump 数据库名＞＞文件名

C. mysqldump 数据库名文件名　　　　　　D. mysqldump 数据库名＝文件名

15. 下列关于 MySQL 数据库备份与恢复的叙述中,错误的是(　　　　)。

A. 数据库恢复措施与数据库备份的类型有关

B. 数据库恢复是使数据库从错误状态恢复到最近一次备份时的正确状态

C. 数据库恢复的基础是数据库副本和日志文件

D. mysqldump 命令的作用是备份数据库中的数据

第 12 章

数据库设计方法

数据库设计是指利用现有的数据库管理系统,针对具体的应用对象构建合适的数据模式,建立数据库及其应用系统,使之能有效地收集、存储、操作和管理数据,满足企业中各类用户的应用需求。从本质上讲,数据库设计是将数据库系统与现实世界进行密切的、协调一致的结合过程。因此,数据库设计者必须非常清晰地了解数据库系统本身及其实际应用对象这两方面的知识。本章将介绍数据库设计的全过程,从需求分析到数据库的实施和维护。

12.1　数据库设计概述

数据库设计主要是进行数据库的逻辑设计,即将数据按一定的分类、分组系统和逻辑层次组织起来,是面向用户的。数据库设计时需要综合企业各个部门的存档数据和数据需求,分析各个数据之间的关系,按照 DBMS 提供的功能和描述工具,设计出规模适当、正确反映数据关系、数据冗余少、存取效率高、能满足多种查询要求的数据模型。

12.1.1　数据库设计的内容

数据库设计的内容是:在对环境进行需求分析的基础上,进行满足要求及符合语义的逻辑设计,进行具有合理的存储结构的物理设计,实现数据库的运行等。

数据库设计往往取决于设计者的知识和经验,对同一环境,采用同一个 DBMS,由不同设计者设计的数据库的性能可能相差很大。

系统设计人员在设计数据库时,都希望达到下列目标:满足用户需求;得到现有的某个 DBMS 产品的支持;效率较高,且易于维护、扩充等。

但由于设计人员与用户在具体的计算机知识与业务知识之间缺乏共同语言,对开发的系统中数据库的功能及需求缺乏明确规定,以及技术上还没有一个完善的设计方法,因此,给数据库设计造成了很大的困难。

12.1.2　数据库设计的步骤

按照规范化设计的方法,考虑数据库及其应用系统开发的全过程,将数据库的设计分为 6 个设计阶段:需求分析、概念结构设计、逻辑结构设计、数据库物理设计、数据库实施、数据库运行与维护。每个阶段的具体描述如下:

1. 需求分析阶段

进行数据库设计首先必须准确了解和分析用户的需求(包括数据与处理)。需求分析是整个设计过程的基础,是最困难、最耗时间的一步。作为地基的需求分析做得是否充分与准确,决定了在其上构建数据库大厦的速度与质量。需求分析做得不好,可能会导致整个数据库设计返工重做。

2. 概念结构设计阶段

概念结构设计是整个数据库设计的关键,它通过对用户的需求进行综合、归纳与抽象,形成一个独立于具体 DBMS 的概念模型。

3. 逻辑结构设计阶段

逻辑结构设计是指将概念模型转换成某个 DBMS 所支持的数据模型,并对其进行优化。

4. 数据库物理设计阶段

数据库物理设计是指为逻辑数据模型选取一个最适合应用环境的物理结构(包括存储结构和存取方法)。

5. 数据库实施阶段

在数据库实施阶段,设计人员运用 DBMS 提供的数据库语言及其宿主语言,根据逻辑设计和物理设计的结果创建数据库,编制与调试应用程序,组织数据入库,并进行试运行。

6. 数据库运行与维护阶段

数据库运行与维护是指对数据库应用系统正式投入运行。在数据库系统运行过程中必须不断地对其进行评价、调整与修改。

在数据库设计中,前两个阶段是面向用户的应用需求,面向具体的问题,中间两个阶段是面向数据库管理系统,最后两个阶段是面向具体的实现方法。前 4 个阶段可统称为"分析和设计阶段",后面两个阶段统称为"实现和运行阶段"。

设计一个完善的数据库应用系统是不可能一蹴而就的,它往往是上述 6 个阶段的不断反复。需要指出的是,这个设计步骤既是数据库设计过程,也是数据库应用系统的设计过程。在设计过程中把数据库的设计和对数据库中数据处理的设计紧密结合起来,将这两个方面的需求分析、抽象、设计、实现在各个阶段同时进行,相互参照,相互补充,以完善两方面的设计。事实上,如果不了解应用环境对数据的处理要求,或没有考虑如何去实现这些处理要求,是不可能设计出一个良好的数据库结构的。

按照这样的设计过程,数据库结构设计的不同阶段形成数据库的各级模式,如图 12-1 所示。

需求分析阶段综合各个用户的应用需求;概念设计阶段形成独立于机器特点的各个 DBMS 产品的概念模式,就是本书中介绍的 E-R 图;在逻辑设计阶段将 E-R 图转换成具体的数据库产品支持的数据模型(如关系模型),形成数据库逻辑模式;然后根据用户处理要求、安全性的考虑,在基本表的基础上再建立必要的视图,形成数据库的外模式;在物理设计阶段,根据 DBMS 的特点和处理的需要,进行物理存储安排,创建索引,形成数据库的内模式。

一般而言,数据库设计更侧重于数据建模,而程序设计更侧重于业务建模。在真实的

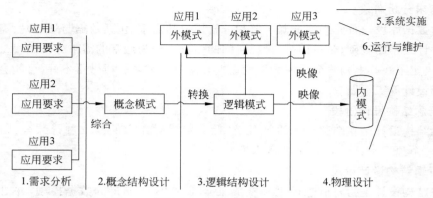

图 12-1　数据库设计过程与数据库各级模式

软件开发环境中，数据建模与业务建模两者是相辅相成的，不可或缺。在关系数据库数据建模时，数据库的开发人员经常使用 ERwin、PowerDesigner、Rational Rose 以及 Visio 等 CASE 工具创建 E-R 图，然后使用 ERwin、PowerDesigner 以及 Visio 等工具直接创建数据库或者直接生成 SQL 脚本文件。

12.2　系统需求分析

需求分析简单地说就是分析用户的需求。需求分析是设计数据库的起点，需求分析的结果是否准确反映用户的实际需求，将直接影响到后面各个阶段的设计，并影响到设计结果是否合理和实用。

12.2.1　需求分析的任务

需求分析的任务是通过详细调查现实世界处理的对象（如组织、部门、企业等），充分了解原系统（手工系统或计算机系统）的工作概况，明确用户的各种需求，然后在此基础上确定新系统的功能。新系统必须充分考虑今后可能的扩充和改变，不能仅仅按当前应用需求来设计数据库。

调查的重点是"数据"和"处理"，通过调查、收集与分析，获得用户对数据库的如下要求。

（1）信息要求。指用户需要从数据库中获得信息的内容与性质。由用户的信息要求可以导出数据要求，即在数据库中需要存储哪些数据。

（2）处理要求。指用户要求完成什么处理功能，对处理的响应时间有什么要求，处理方式是批处理还是联机处理。

（3）系统要求。系统要求主要从以下 3 个方面考虑。①安全性要求：系统有几类用户使用，每一类用户的使用权限如何。②使用方式要求：用户的使用环境是什么，平均有多少用户同时使用，最高峰时有多少用户同时使用，有无查询相应的时间要求等。③可扩充性要求：对未来功能、性能和应用访问的可扩充性的要求。

12.2.2 需求分析的方法

进行需求分析首先是调查清楚用户的实际需求,与用户达成共识,然后分析与表达这些需求。

调查用户需求的具体步骤如下:

(1)调查组织机构情况。包括了解该组织的部门组成情况、各部门的职责等,为分析信息流程做准备。

(2)调查各部门的业务活动情况。包括了解各个部门输入和使用什么数据,如何加工处理这些数据,输出什么信息,输出到什么部门,输出结果的格式是什么,这是调查的重点。

(3)在熟悉业务的基础上,协助用户明确对新系统的各种要求,包括信息要求、处理要求、完全性与完整性要求,这是调查的又一个重点。

(4)确定新系统的边界。对前面调查的结果进行初步分析,确定哪些功能由计算机完成或将来准备让计算机完成,哪些活动由人工完成。由计算机完成的功能就是新系统应该实现的功能。

在调查过程中,可以根据不同的问题和条件,使用不同的调查方法。常用的调查方法如下:

(1)跟班作业。通过亲身参加业务工作来了解业务活动的情况。通过这种方法可以比较准确地了解用户的需求,但比较耗费时间。

(2)开调查会。通过与用户座谈来了解业务活动情况及用户需求。座谈时,系统分析设计人员和用户之间可以相互启发。

(3)请专人介绍。

(4)询问。对某些调查中的问题,可以找专人询问。

(5)问卷调查。设计调查表请用户填写。如果调查表设计得合理,这种方法是很有效的,也易于为用户所接受。

(6)查阅记录。查阅与原系统有关的数据记录。

需求调查的方法很多,常常综合使用各种方法。对用户对象的专业知识和业务过程了解得越详细,为数据库设计所做的准备就越充分,并且确信没有漏掉大的方面。设计人员应考虑将来对系统功能的扩充和改变,所以尽量把系统设计得易于修改。

在调查了解了用户的需求之后,还需要进一步分析和表达用户的需求。在众多的分析方法中结构化分析(Structured Analysis,SA)方法是一种简单实用的方法。SA 方法从最上层的系统组织机构入手,采用自顶向下、逐层分解的方式分析系统,它把任何一个系统都抽象为如图 12-2 所示的形式。

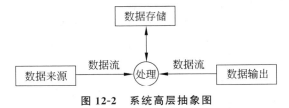

图 12-2 系统高层抽象图

12.2.3　数据流图

数据流图表达了数据和处理过程的关系。在 SA 方法中，处理过程的处理逻辑常常借助于判定表或判定树来描述。系统中的数据则借助于数据字典（Data Dictionary，DD）来描述。对用户需求进行分析与表达后，必须提交给用户，征得用户的认可。

数据流图的符号说明如图 12-3 所示。

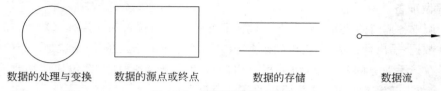

数据的处理与变换　　数据的源点或终点　　数据的存储　　数据流

图 12-3　数据流图基本符号

（1）数据流。由一组确定的数据组成。数据流用带名字的箭头表示，名字表示流经的数据，箭头则表示流向。例如，"成绩单"数据流由学生名、课程名、学期、成绩等数据组成。

（2）加工。加工是对数据进行的操作或处理。加工包括两方面的内容：一是变换数据的组成，即改变数据结构；二是在原有的数据内容基础上增加新的内容，形成新的数据。例如，在学生学习成绩管理系统中，"选课"是一个加工，它把学生信息和开设的课程信息进行处理后生成学生的选课清单。

（3）文件。文件是数据暂时存储或永久保存的地方。如学生表、课程表。

（4）外部实体。外部实体是指独立于系统而存在的，但又和系统有联系的实体，它表示数据的外部来源和最后去向。确定系统与外部环境之间的界限，从而可确定系统的范围。外部实体可以是某种人员、组织、系统或某事物。例如，在学生学习成绩管理系统中，家长可以作为外部实体存在，因为家长不是该系统要研究的实体，但家长可以查询本系统中有关学生的成绩。

构造 DFD 的目的是使系统分析人员与用户进行明确的交流，指导系统设计，并为下一阶段的工作打下基础。所以 DFD 既要简单，又要易于理解。构造 DFD 通常自顶向下、逐层分解，直到功能细化，形成若干层次的 DFD 为止。

数据流图从顶层数据流图开始，依次为第 0 层、第 1 层、第 2 层……逐级层次化，直至分解到系统的工作过程表达清楚为止。

下面以一个简单的图书管理系统为例来说明如何得到数据流图。该图书管理系统要求实现注册、借书、还书和图书查询等功能，详细描述如下：

（1）注册。工作人员对读者进行信息注册，发放借书证。

（2）借书。首先输入读者的借书证号，检查借书证是否有效；如借书证有效，则查阅借还书登记文件，检查该读者所借图书是否超过可借图书数量（不同类别的读者，具有不同的可借图书数量）。若超过，拒借；未超过，再检查库存数量，在有库存的情况下办理借书（修改库存数量，并记录读者借书情况）。

（3）还书。根据所还书籍编号，从借还书登记文件中读出与读者有关的记录，查阅所借日期。如果超期，做罚款处理；否则，修改库存信息与借还书记录。

（4）图书查询。根据一定条件对图书进行查询,并可查看图书的详细信息。

根据上面的功能描述,下面分别列出顶层、第 1 层数据流图和还书处理的数据流图,分别如图 12-4、图 12-5 所示。其中,顶层数据流图反映了图书管理系统与外界的接口;第 1 层数据流图揭示了系统的组成部分及各部分之间的关系。还书处理的数据流图表达了还书处理的具体实现。

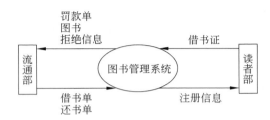

图 12-4　顶层数据流图

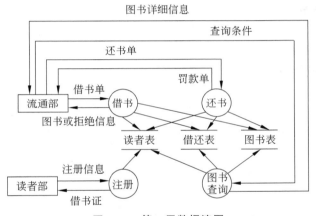

图 12-5　第 1 层数据流图

数据流图表达了数据和处理的关系,数据字典则是以特定格式记录下来的,对数据流图中各个基本要素(数据流、文件、加工等)的具体内容和特征所做的完整的对应和说明。

12.2.4　数据字典

数据字典是对数据流图的注释和重要补充,它帮助系统分析人员全面确定用户的需求,并为以后的系统设计提供参考依据。

数据字典的内容包括数据项、数据结构、数据流、数据存储和处理过程 5 个部分。其中数据项是数据的最小组成单位,若干个数据项可以组成一个数据结构,数据字典通过对数据项和数据结构的定义来描述数据流、数据存储的逻辑内容。

1. 数据项

数据项是不可再分的数据单位。

数据项描述＝{数据项名,数据项含义说明,别名,数据类型,长度,取值范围,取值含义,与其他数据项的逻辑关系,数据项之间的联系}。其中,取值范围与其他数据项的逻辑关系定义了数据的完整性约束条件。

2. 数据结构

数据结构反映了数据之间的组合关系。数据结构描述＝{数据结构名，含义说明，组成{数据项或数据结构}}。

3. 数据流

数据流是数据结构在系统内传输的路径。

数据流描述＝{数据流名，说明，数据流来源，数据流去向，组成{数据结构}，平均流量，高峰期流量}。

（1）数据流来源说明该数据流来自哪个过程。

（2）数据流去向说明该数据流将到哪个过程。

（3）平均流量指在单位时间（每天、每周、每月等）里的传输次数。

（4）高峰期流量指在高峰时期的数据流量。

4. 数据存储

数据存储是数据结构停留或保存的地方，也是数据流的来源和去向之一。

数据存储描述＝{数据存储名，说明，编号，流入的数据流，流出的数据流，组成{数据结构}，数据量，存取方式}。

（1）流入的数据流：指出数据来源。

（2）流出的数据流：指出数据去向。

（3）数据量：每次存取多少数据，每天（或每小时、每周等）存取几次等信息。

（4）存取方法：批处理/联机处理；检索/更新；顺序检索/随机检索。

5. 处理过程

处理过程的具体处理逻辑一般用判定表或判定树来描述。数据字典中只描述处理过程的说明性信息。

处理过程描述＝{处理过程名，说明，输入{数据流}，输出{数据流}，处理{简要说明}}

其中"简要说明"主要是说明该处理过程的功能及处理要求。

（1）功能：说明该处理过程用来做什么。

（2）处理要求：说明处理频度要求（如单位时间里处理多少事务、多少数据量）；响应时间要求等，是后面物理设计的输入及性能评价的标准。

可见数据字典是关于数据库中数据的描述，即元数据，而不是数据本身。数据字典是在需求分析阶段建立的，在数据库设计过程中不断地进行修改、充实和完善。

下面以成绩管理系统数据流图中几个元素的定义加以说明。

（1）数据项名：成绩。

说明：课程考核的分数值。

别名：分数。

数据类型：数值型，带一位小数。

取值范围：0～100。

（2）数据结构名：成绩单。

别名：考试成绩。

描述：学生每学期考试成绩单。

定义：成绩清单＝学生号＋课程号＋学期＋考试成绩。

（3）处理过程：选课登记处理。

输入数据流：学期、学生号、课程号。

输出数据流：选课清单。

说明：把选课学生的学生号、所处的学期号、所选的课程号记录在数据库中。

（4）数据存储名：学生信息表。

说明：用来记录学生的基本情况。

组成：记录学生各种情况的数据项，如学生号、姓名、性别、专业、班级等。

流入的数据流：提供各项数据的显示，提取学生的信息。

流出的数据流：对学生情况的修改、增加或删除。

12.3　概念结构设计

在需求分析阶段，设计人员充分调查并描述了用户的需求，但这些需求只是现实世界的具体要求，应把这些需求抽象为信息世界的结构，才能更好地实现用户的需求。

概念结构设计就是将需求分析得到的用户需求抽象为信息结构，即概念模型。

12.3.1　概念结构设计的必要性

在早期的数据库设计中，概念结构设计并不是一个独立的设计阶段。当时的设计方式是在需求分析之后，接着就进行逻辑设计。这样设计人员在进行逻辑设计时，考虑的因素太多，既要考虑用户的信息，又要考虑具体 DBMS 的限制，使得设计过程复杂化，难以控制。为了改善这种状况，设计了基于 E-R 模型的数据库设计方法，即在需求分析和逻辑设计之间增加了一个概念设计阶段。在这个阶段，设计人员仅从用户角度看待数据及处理要求和约束，产生一个反映用户观点的概念模型，然后再把概念模型转换成逻辑模型。这样做有以下三个好处。

（1）从逻辑设计中分离出概念设计以后，各阶段的任务相对单一化，设计复杂程度大大降低，便于组织管理。

（2）概念模型不受特定的 DBMS 限制，也独立于存储安排和效率方面的考虑，因而比逻辑模型更为稳定。

（3）概念模型不含具体的 DBMS 所附加的技术细节，更容易为用户所理解，因而更有可能准确反映用户的信息需求。

12.3.2　概念模型的特点

概念结构设计是将需求分析得到的用户需求抽象为信息结构即概念模型的过程，它是整个数据库设计的关键。只有将需求分析阶段所得到的系统应用需求抽象为信息世界的结构，才能更好地、更准确地转化为机器世界中的数据模型，并用适当的 DBMS 实现这些需求。因此，概念模型必须具备以下特点。

（1）语义表达能力丰富。概念模型能表达用户的各种需求，充分反映现实世界，包括事物和事物之间的联系、用户对数据的处理要求，它是现实世界的一个真实模型。

（2）易于交流和理解。概念模型是 DBA、设计人员和用户之间的主要界面，因此，概念模型要表达自然、直观和容易理解，以便和不熟悉计算机的用户交换意见，用户的积极参与是保证数据库设计成功的关键。

（3）易于修改和扩充。概念模型要能灵活地加以改变，以反映用户需求和现实环境的变化。

（4）易于向各种数据模型转换。概念模型独立于特定的 DBMS，因而更加稳定，能方便地向关系模型、网状模型或层次模型等各种数据模型转换。

关系数据库的设计一般要从数据模型 E-R 图设计开始。E-R 图设计的质量直接决定了表结构设计的质量，而表是数据库中最为重要的数据库对象，可以这样说：E-R 图设计的质量直接决定了关系数据库设计的质量。E-R 图既可以表示现实世界中的事物，又可以表示事物与事物之间的关系，它描述了软件系统的数据存储需求，其中 E 表示实体，R 表示关系，所以 E-R 图也称为实体-关系图。人们提出了许多概念模型，在众多的概念模型中，最著名、最简单实用的一种就是 E-R 模型，它将现实世界的信息结构统一用属性、实体及实体间的联系来描述。

12.3.3　概念结构设计的方法与步骤

1. 概念结构设计的方法

概念结构设计的方法通常有 4 种。

（1）自顶向下。首先定义全局概念结构的框架，然后逐步细化。

（2）自底向上。首先定义各局部应用的概念结构，然后将它们集成起来，得到全局概念结构。

（3）逐步扩张。首先定义最重要的核心概念结构，然后向外扩充，以滚雪球的方式逐步生成其他概念结构，直至生成总体概念结构。

（4）混合策略。将自顶向下和自底向上的方法相结合，用自顶向下策略设计一个全局概念结构的框架，以它为框架集成由自底向上策略中设计的各局部概念结构。

其中最常采用的策略是混合策略，即自顶向下进行需求分析，然后再自底向上设计概念结构，该方法如图 12-6 所示。

2. 概念结构设计的步骤

按照图 12-6 所示的自顶向下需求分析与自底向上概念结构设计的方法，概念结构的设计可分为两步。

（1）进行数据抽象，设计局部 E-R 模型。

（2）集成各局部 E-R 模型，形成全局 E-R 模型，其步骤如图 12-7 所示。

12.3.4　数据抽象和局部 E-R 模型设计

概念设计是对现实世界的抽象。所谓抽象就是对实际的人、物、事和概念进行人为的处理，它抽取人们共同关心的特性，忽略非本质的细节，并将这些概念加以精确地描述。

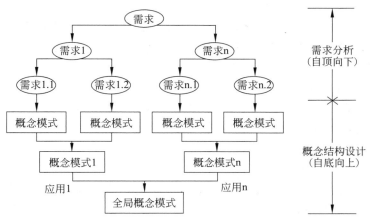

图 12-6　自顶向下分析需求与自底向上概念结构设计

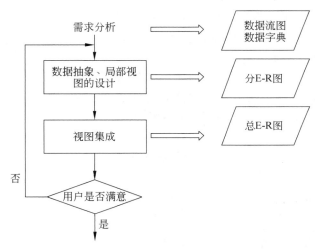

图 12-7　概念结构设计的步骤

1. 数据抽象

在系统需求分析阶段,最后得到了多层的数据流图、数据字典和系统分析报告。建立局部 E-R 模型,就是根据系统的具体情况,在多层的数据流图中选择一个适当层次的数据流图,作为设计分 E-R 图的出发点,让这组图中的每一部分对应一个局部应用。在前面选好的某一层次的数据流图中,每个局部应用都对应了一组数据流图,局部应用所涉及的数据存储在数据字典中。现在就是要将这些数据从数据字典中抽取出来,参照数据流图,确定每个局部应用包含哪些实体,这些实体又包含哪些属性,以及实体之间的联系及其类型。

设计局部 E-R 模型的关键就是正确划分实体和属性。实体和属性之间在形式上并无可以明显区分的界限,通常是按照现实世界中事物的自然划分来定义实体和属性,对现实世界中的事物进行数据抽象,得到实体和属性。数据抽象主要有两种方法:分类和聚集。

（1）分类（Classification）。分类就是定义某一类概念作为现实世界中一组对象的类型，并将一组具有某些共同特性和行为的对象抽象为一个实体。

例如，在教学管理中，"王艳"是学生当中的一员，她具有学生们共同的特性和行为：在哪个班，学习哪个专业，年龄多大等。

（2）聚集（Aggregation）。聚集就是定义某一类型的组成部分，并将对象类型的组成部分抽象为实体的属性。

例如，学号、姓名、性别、年龄、系别等可以抽象为学生实体的属性。

2. 设计局部 E-R 图

采用 E-R 图方法进行数据库概念设计，通常分为两步：第一步是抽象数据并设计局部视图，得到局部的概念结构；第二步是集成局部视图，得到全局概念结构。

设计局部 E-R 图的任务是根据需求分析阶段产生的各个部门的数据流图和数据字典中的相关数据，设计出各项应用的局部 E-R 图。局部 E-R 模型的设计步骤如图 12-8 所示。

3. 确定实体类型和属性

在视图设计中，凡是可以相互区别又可以被人们识别的事务、概念等都可以被抽象为实体。实体和属性之间没有严格的界限，但对于属性来讲，可以用下面的两条准则作为判别依据：

（1）属性必须是不可再分的数据项，也就是属性中不能再包含其他属性。

（2）属性不能与其他实体之间具有联系。

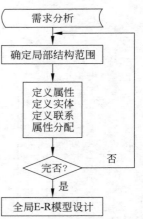

图 12-8　局部 E-R 模型的设计步骤

凡是满足上述两条准则的事物，一般可以作为属性来处理。但实际中往往根据业务处理的不同来合理地选定实体或属性。

例如，在上述图书管理系统中参照数据流图和数据字典，可初步确定三个实体及其属性：

读者：{卡号,姓名,性别,部门,读者类别,办卡日期,卡状态}
读者类别：{类别代码,类别名称,借阅天数,借阅数量}
图书：{书号,书名,作者,价格,出版社,库存数量}

具有下画线的属性为实体的主键。

4. 确定实体间的联系

因一个读者只能属于一种读者类别，而一种读者类别可以拥有多个读者，因此，读者与读者类别之间存在多对一的关系，分析后得到读者与读者类别的 E-R 模型，如图 12-9 所示。

读者与图书之间的联系是借还联系。因为一个读者可以借还多本图书，而一本图书也可以被多个读者借还，所以读者与图书之间的关系是多对多联系。读者和图书之间的

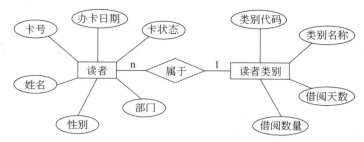

图 12-9   读者与读者类别 E-R 图

E-R 模型如图 12-10 所示。

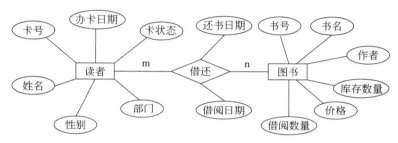

图 12-10   读者与图书 E-R 图

5. 画出局部 E-R 图

确定了实体及实体间的联系后,可以用 E-R 图描述出来。同时,每个局部视图必须满足:

(1)对用户需求是完整的。

(2)所有实体、属性、联系都有唯一的名字。

(3)不允许有异名同义、同名异义的现象。

(4)无冗余的联系。

在上面的例子中,图 12-9 和图 12-10 就是根据图书管理系统中各实体及实体间的联系画出的该系统的局部 E-R 图。

12.3.5   全局 E-R 模型设计

各个局部视图建立好后,还需要对它们进行合并,集成为一个整体的数据概念结构,即全局 E-R 图。

1. 合并局部 E-R 图,生成初步 E-R 图

把局部 E-R 图集成为全局 E-R 图时,一般采用两两集成的方法,即先将具有相同实体的两个 E-R 图,以该相同实体为基准进行集成。如果还有相同实体的 E-R 图,再次集成,这样一直下去,直到所有具有相同实体的局部 E-R 图都被集成为止,从而初步得到全局 E-R 图。

将局部 E-R 图集成为全局 E-R 图时,可能存在三类冲突:

（1）属性域冲突。即同一个属性在不同的分 E-R 图中，其值的类型、取值范围等不一致或者属性取值单位不同。这需要各部门之间协商使之统一。

（2）命名冲突。即属性名、实体名、联系名之间有同名异义或异名同义的问题存在，这显然是不允许的，要讨论、协商解决。

（3）模型冲突。这主要表现在同一对象在不同的应用中有不同的抽象，例如，同一对象在不同的分 E-R 图中有实体和属性两种不同的抽象。另外，同一实体在不同的分 E-R 图中有着不同的属性组成，如属性个数不同，属性次序不一致等。还有，相同的实体之间的联系，在不同的分 E-R 图中其类型可能不一样，例如，在一个分 E-R 图中是一对多的联系，而在另一个分 E-R 图中是多对多的联系。

2. 消除不必要的冗余，设计基本 E-R 图

分 E-R 图经过合并生成的是初步 E-R 图，在初步 E-R 图中，可能存在一些冗余的数据和实体间冗余的联系。所谓冗余的数据是指可由基本数据导出的数据，冗余的联系是指可由其他联系导出的联系。冗余数据和冗余联系容易破坏数据库的完整性，给数据库的维护增加困难，应当予以消除。消除了冗余后的初步 E-R 图称为基本 E-R 图。消除冗余主要采用分析方法，即以数据字典和数据流图为依据，根据数据字典中关于数据项之间逻辑关系的说明来消除冗余。

但并不是所有的冗余数据与冗余联系都必须加以消除，有时为了提高效率，不得不以冗余信息作为代价。因此，在设计数据库概念结构时，哪些冗余信息必须消除，哪些冗余信息允许存在，需要根据用户的整体需求来确定。如果人为地保留了一些冗余数据，则应把数据字典中数据关联的说明作为完整性约束条件。

图 12-11 所示的为图书管理系统的基本 E-R 图。

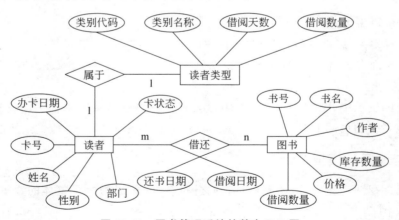

图 12-11　图书管理系统的基本 E-R 图

最终得到的基本 E-R 模型是企业的概念模型，它代表了用户的数据需求，是沟通"需求"和"设计"的桥梁，它决定数据库的总体逻辑结构，是成功创建数据库的关键。如果设计不好，就不能充分发挥数据库的功能，无法满足用户的处理需求。

因此，用户和数据库人员必须对这一模型反复讨论，在用户确认这一模型已正确无误地反映了自己的需求之后，才能进入下一阶段的设计工作。

12.4　逻辑结构设计

概念结构可以用 E-R 模型清晰地表示出来，它是独立于任何一种数据库管理系统的信息结构。逻辑设计就是将概念模型转换为某个 DBMS（数据库管理系统）所支持的数据模型。即把 E-R 图转换成层次模型、网状模型、关系模型这三大经典数据模型中的一种。目前常用的是转换为关系模型。

E-R 图向关系模型的转换就是解决如何将实体和实体间的联系转换为关系，并确定这些关系的属性和码。转换规则如下：

（1）一个实体转换为一个关系，实体的属性就是关系的属性，实体的码就是关系的码。

例如，图 12-12 是 1∶1 的 E-R 图。

将图中的实体转换为关系模式为：

校长（姓名，性别，出生日期，职称，联系电话）

学校（学校代码，学校名称，学校地址，学校电话）

（2）一个联系也转换为一个关系，联系的名也就是关系的名，联系的属性及联系所连接实体的码都转换为关系的属性，但是关系的码会根据联系的类型变化，具体关系如下。

① 1∶1 联系。两端实体的码都可以分别成为关系的码。

将图 12-12 中的 1∶1 的联系转换为关系模式如下。

任职（姓名，学校代码，聘任日期，任职年限，或者任职（学校代码，姓名，聘任日期，任职年限）。

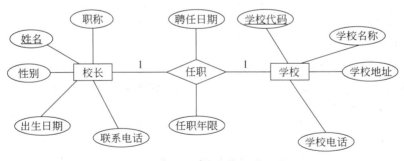

图 12-12　1∶1 的实体—联系图

② 1∶n 联系。两端实体的码成为关系的码，或者不产生新的关系模式，而是将 1 端实体的码加入到 n 端实体对应的关系模式中，联系的属性也一并加入。图 12-13 所示为 1∶n 的 E-R 图。

按照规则，图 12-13 转换为关系模式为：

学生（学号，姓名，性别，出生日期，联系电话）

就读（学号，学校代码，入学时间）

学校（学校代码，学校名称，学校地址，学校电话）

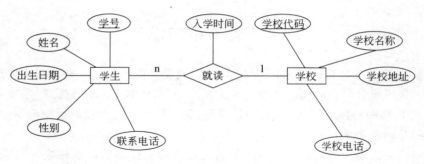

图 12-13 1∶n 的实体—联系图

③ m∶n 联系。两端实体码的组合成为关系的码。图 12-14 是 m∶n 的 E-R 图。

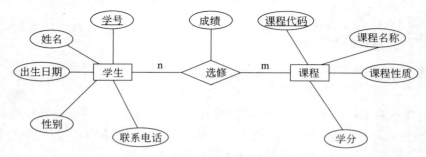

图 12-14 m∶n 的 E-R 图

按照规则，图 12-14 转换为关系模式为：

学生（<u>学号</u>，姓名，性别，出生日期，联系电话）
选修（<u>学号</u>，<u>课程代码</u>，成绩）
课程（<u>课程代码</u>，课程名，课程性质，学分）

（3）具有相同码的关系可以优化合并。

根据第三条规则，码相同的关系可以合并，如任职关系模式中用姓名作为码，则校长关系模式和任职关系模式可以合并。

校长（<u>姓名</u>，性别，出生日期，职称，联系电话）
任职（<u>姓名</u>，学校代码，聘任日期，任职年限）

如任职关系模式中使用学校代码作为主码，则学校关系模式和任职关系模式可以合并。

学校（<u>学校代码</u>，学校名称，学校地址，学校电话）
任职（<u>学校代码</u>，姓名，聘任日期，任职年限）

那么，图 12-12 中 1∶1 的 E-R 图可以转换成两个关系模式，即

校长（<u>姓名</u>，性别，出生日期，职称，联系电话，学校代码，聘任日期，任职年限）
学校（<u>学校代码</u>，学校名称，学校地址，学校电话）

或者

学校(<u>学校代码</u>,学校名称,学校地址,学校电话,姓名,聘任日期,任职年限)
校长(<u>姓名</u>,性别,出生日期,职称,联系电话)

图 12-13 中 1∶n 的 E-R 图可以转换成两个关系模式,即

学生(<u>学号</u>,姓名,性别,出生日期,联系电话,学校代码,入学时间)
学校(<u>学校代码</u>,学校名称,学校地址,学校电话)

最后,为了进一步提高数据库应用系统的性能,在逻辑设计阶段通常以规范化理论为依据,适当地修改、调整数据模型的结构,这就是数据模型的优化。其具体内容包括:确定数据依赖;消除冗余的联系;确定各关系分别属于第几范式;确定是否要对它们进行合并或分解。一般来说,按 3NF 的标准对关系模型进行规范化,即:关系模型内的每一个值都只能被表达一次;关系模型内的每一行都应该被唯一地标识;关系模型内不应该存储依赖于其他键的非主关键字信息。

12.4.1　关系模式规范化

在讲述数据库范式之前,先介绍函数依赖的定义。

函数依赖普遍存在于现实中,例如,描述一个学生的关系,可以用学号(S♯)、姓名(SNAME)、年龄(AGE)等几个属性。由于一个学号只对应一个学生,一个学生只有一个姓名和一个年龄。因而,当"学号"值确定之后,姓名和年龄的值也就被唯一确定了,所以说 S♯ 决定了 SNAME 和 AGE 或者说 SNAME、AGE 依赖于 S♯,记为 S♯→SNAME,S♯→AGE。

通常可以通过判断分解后的模式达到第几范式来评价模式的好坏。范式有 INF、2NF、3NF、BCNF、4NF 和 5NF。通常,在数据库设计中,达到第三范式就可以了。通过模式分解,将低一级范式的关系模式分解成若干高一级范式的关系模式的集合,这种过程称为规范化。下面给出各个范式的定义。

1. 第一范式(INF)

设 R 是一个关系模式,如果 R 中的每个属性都是不可分解的,则称 R 是第一范式,记为 R∈1NF。

第一范式要求不能表中套表,它是关系模式最基本的要求,数据库模式中的所有关系模式必须是第一范式。表 12-1 所示的员工关系表不满足第一范式的要求。可以将员工关系表中的联系方式属性拆开为地址和邮编,使其满足第一范式,如表 12-2 所示。

表 12-1　不满足第一范式的员工关系表

姓　　名	联系方式	
	地　　址	邮　　编
吴聪	北京市海淀区	100083
丁一梅	广东省广州市荔湾区	510012

表 12-2　满足第一范式的员工关系表

姓　　名	地　　址	邮　　编
吴聪	北京市海淀区	100083
丁一梅	广东省广州市荔湾区	510012

2. 第二范式（2NF）

如果关系模式 R 是第一范式，且每个非码属性都完全依赖于码属性，则称 R 为第二范式，记为 R∈2NF。

在第二范式中，不存在非码属性之间的部分函数依赖关系，即消除了部分函数依赖关系。

例如，关系模式 SCD（学号，姓名，课程名，成绩，系名，系主任），不是第二范式，因为该关系模式的主码是学号和课程名，对于非码属性姓名、系名和系主任来说，它们只依赖于学号，而与课程名无关。这会导致插入异常或删除异常的问题。例如，要插入一个学生"学号"=s0001，但这个学生还未选课，即这个学生没有"课程名"，这样的元组就插不进SCD表中。在这个关系模式中，还会出现删除异常的情况，例如，学生 s0002 只选修了"数据库"这门课，现在该学生不选这门课了，删除了这个元组，整个学生 s0002 的信息都被删除了，这造成了删除异常，不该删除的信息也被删除了。

我们可以把关系模式 SCD 转换成第二范式，方法是把 SCD 分解成下面两个关系模式 SD 和 SC，这两个关系模式都不存在部分函数依赖，它们满足第二范式。

学生和系关系 SD（学号，姓名，系名，系主任）
选课关系 SC（学号，课程名，成绩）

3. 第三范式（3NF）

如果关系模式 R 是第二范式，且没有一个非码属性传递依赖于码，则称 R 为第三范式，记为 R∈3NF。

第三范式消除了传递函数依赖部分。

上面分解得到的关系模式 SD 存在函数依赖的问题。该关系模式中存在学号→系名→系主任，即系主任传递依赖于学号，因此，关系模式 SD 不是第三范式。关系模式 SD 中还存在插入异常和删除异常等问题。例如，"计算机系"刚刚成立，还没有学生，这时无法插入该系的信息，这会导致插入异常。在该关系模式中还存在删除异常，读者可以自己举例。

把关系模式 SD 分解成以下两个关系 S 和 D。S 和 D 关系模式各自描述单一的现实事物，都不存在传递依赖关系，它们满足第三范式。

学生关系 S（学号，姓名，系名）
系关系 D（系名，系主任）

值得注意的是，有时为了提高数据库应用的性能，需要反规范化，即通过使关系模式违反某一高范式来获得性能和操作上的优势。

12.4.2　模式评价与改进

关系模式的规范化不是目的而是手段,数据库设计的目的是最终满足应用需求。因此,为了进一步提高数据库应用系统的性能,还应该对规范化后产生的关系模式进行评价、改进,经过反复多次的尝试和比较,最后得到优化的关系模式。

模式评价的目的是检查所设计的数据库模式是否满足用户的功能需求、效率需求,确定加以改进的部分。模式评价包括功能评价和性能评价。

所谓功能评价指对照需求分析的结果,检查规范化后的关系模式集合是否支持用户所有的应用需求。对于目前得到的数据库模式,由于缺乏物理结构设计所提供的数量测量标准和相应的评价手段,所以性能评价是比较困难的,只能对实际性能进行估计,包括逻辑记录的存取数、传送量以及物理结构设计算法的模型等。

根据模式评价的结果,对已生成的模式进行改进。如果因为系统需求分析、概念结构设计的疏漏导致某些应用不能得到支持,则应该增加新的关系模式或属性。如果因为性能考虑而要求改进,则可采用合并或分解的方法。

(1) 合并。如果有若干个关系模式具有相同的主键,并且对这些关系模式的处理主要是查询操作,而且经常是多关系的连接查询,那么可对这些关系模式按照组合使用频率进行合并。这样便可以减少连接操作而提高查询效率。

(2) 分解。为了提高数据操作的效率和存储空间的利用率,最常用和最重要的模式优化方法就是分解,根据应用的不同要求,可以对关系模式进行垂直分解和水平分解。

经过多次的模式评价和模式改进之后,最终的数据库模式得以确定。逻辑结构设计阶段的结果是全局逻辑数据库结构。对于关系数据库系统来说,就是一组符合一定规范的关系模式组成的关系数据库模式。

数据库系统的数据物理独立性特点消除了由于物理存储改变而引起的对应程序的修改。标准的 DBMS 例行程序应适用于所有的访问,查询和更新事务的优化应当在系统软件一级上实现。这样,当逻辑数据库确定之后,就可以开始进行应用程序设计了。

在数据库设计的工作中,有时数据库开发人员仅从范式等理论知识无法找到问题的"标准答案",需要靠数据库开发人员积累的经验以及沉淀的智慧。同一个系统,不同经验的数据库开发人员,仁者见仁智者见智,设计结果往往不同。但不管怎样,只要实现了相同的功能,所有的设计结果没有对错之分,只有合适与不合适之分。

因此,数据库设计像一门艺术,数据库开发人员更像一名艺术家,设计结果更像一件艺术品。数据库开发人员要依据系统的环境(网络环境、硬件环境、软件环境等)选择一种更为合适的方案。有时为了提升系统的检索性能、节省数据的查询时间,数据库开发人员不得不考虑使用冗余数据,不得不浪费一些存储空间。有时为了节省存储空间、避免数据冗余,又不得不考虑牺牲一些时间。设计数据库时,"时间"(效率或者性能)和"空间"(外存或内存)好比天生的一对儿"矛盾体",这就要求数据库开发人员保持良好的数据库设计习惯,维持"时间"和"空间"之间的平衡关系。

12.5　物理结构设计

所谓物理结构设计是指对给定的逻辑模式，选取一个最适合应用环境的物理数据库结构的过程，因而物理结构设计的主要任务就是确定数据库的物理结构，同时对其进行评价。

物理设计与逻辑设计是一个问题的两个方面，如果说逻辑设计是面向用户的话，则物理设计是面向计算机的。逻辑设计的好坏直接影响到物理设计，因为逻辑设计的输出是物理设计的输入。物理数据库设计的输入信息还包括特定的 DBMS 及硬件环境，其输出应是在时间、空间等诸方面最佳的、有效的物理模式。

物理数据库设计的主要依据是需求和约束分析报告以及数据库的逻辑模式，其主要任务包括以下几个方面：确定文件的存储结构、选取存取路径、确定数据存放位置和确定存储分配。

在数据库的物理设计过程中需要对时间效率、空间效率、维护代价和各种用户要求进行权衡，设计出多个方案，数据库设计人员必须对这些方案进行详细的分析和评价，从中选择出一个较优的方案作为数据库的物理结构。评价物理结构设计完全依赖于所选用的DBMS，主要是从定量估算各种方案的存储空间、存取时间和维护代价入手，对估算结果进行权衡、比较，进而选择出一个较优的合理的物理结构。如果该结构不符合用户需求，则需要修改设计。

12.6　数据库实施

12.6.1　建立实际数据库结构

完成数据库的物理设计之后，设计人员就要用关系数据库管理系统提供的数据定义语言和其他实用程序将数据库逻辑设计和物理设计的结果严格地描述出来，成为 DBMS 可以接受的代码，再经过调试产生目标模式，就可以组织数据入库了，这就是建立实际数据库结构阶段。

12.6.2　数据导入数据库

数据库实施阶段包括两项重要的工作：一项是数据导入数据库；另一项是应用程序的编码和调试。

在一般数据库系统中，数据量都很大，且数据来源于部门中的各个不同的单位，数据的组织方式、结构和格式都与新设计的数据库系统有相当的差距。组织数据录入就是将各类源数据从各个局部应用中抽取出来，输入计算机，再分类转换，最后综合成新设计的数据库结构的形式，输入数据库。所以这样的数据转换、组织入库的工作是相当费力费时的。

由于各个不同的应用环境差异很大，不可能有通用的转换器，DBMS 产品也不提供通用的转换工具。为提高数据输入工作的效率和质量,应该针对具体的应用环境设计一个数据录入子系统,由计算机来完成数据入库的任务。

由于要入库的数据在原来系统中的格式结构与新系统中的不完全一样,有的差别可能比较大,不仅向计算机输入数据时发生错误,而且在转换过程中也有可能出错,因此在源数据入库之前要采用多种方法对它们进行检查,以防止不正确的数据入库,这部分工作在整个数据输入子系统中是非常重要的。

12.6.3　应用程序编码与调试

数据库应用程序的设计属于一般的程序设计范畴,但数据库应用程序有自己的一些特点。例如,大量使用屏幕显示控制语句、形式多样的输出报表、重视数据的有效性和完整性检查、有灵活的交互功能等。

为了加快应用系统的开发速度,一般选择第四代语言开发环境,利用自动生成技术和软件复用技术,在程序设计编写中往往采用工具软件来帮助编写程序和文档,如目前普遍使用的 PowerBuilder、Delphi 等。

数据库结构建立好之后,就可以开始编制与调试数据库的应用程序,这时由于数据入库尚未完成,调试程序时可以先使用模拟数据。

12.6.4　数据库试运行

在部分数据输入到数据库后,就可以开始对数据库系统进行联合调试,这称为数据库试运行。

这一阶段要实际运行数据库应用程序,执行对数据库的各种操作,测试应用程序的功能是否满足设计要求。如果不满足,则要对应用程序部分进行修改、调整,直到达到设计要求为止。

在数据库试运行时,还要测试系统的性能指标,分析其是否达到了设计目标。在对数据库进行物理设计时已初步确定了系统的物理参数值,但在一般情况下,设计时的考虑在许多方面只是近似的估计,和实际系统运行总有一定的差距,因此必须在试运行阶段实际测量和评价系统性能指标。事实上,有些参数的最佳值往往是经过运行调试后找到的。

如果测试的结果与设计的目标不符,则要返回物理设计阶段,重新调整物理结构,修改系统参数,某些情况下甚至要返回逻辑设计阶段,修改逻辑结构。

这里要特别强调两点:第一,由于数据入库的工作量实在太大,费时又费力,如果试运行后还要修改物理结构甚至逻辑结构,会导致数据重新入库。因此应分期分批地组织数据入库,先输入小批量数据供调试用,待试运行基本合格后,再大批量输入数据,逐步增加数据量,逐步完成运行评价。

第二,在数据库试运行阶段,由于系统还不稳定,硬、软件故障随时都可能出现,且系统的操作人员对新系统还不熟悉,误操作也不可避免,因此必须首先调试运行 DBMS 的恢复功能,做好数据库的转储和恢复工作。一旦故障发生,能使数据库尽快恢复,尽量减少对数据库的破坏。

12.6.5　整理文档

在程序的编码调试和试运行中,应该将发现的问题和解决方法记录下来,将它们整理存档作为资料,供以后正式运行和改进时参考。全部的调试工作完成之后,应该编写应用系统的技术说明书和使用说明书,在正式运行时随系统一起交给用户。完整的文件资料是应用系统的重要组成部分,但这一点常被忽视。必须强调这一工作的重要性,引起用户与设计人员的充分注意。

12.7　数据库运行和维护

12.7.1　维护数据库的安全性与完整性

在数据库运行过程中,由于应用环境的变化,对安全性的要求也会发生变化。比如有的数据原来是机密的,现在可以公开查询了,而新加入的数据又可能是机密的。系统中用户的级别也会改变。这些都需要 DBA 根据实际情况修改原有的安全性控制。同样,数据库的完整性约束条件也会变化,也需要 DBA 不断修改,以满足用户的需求。

12.7.2　监测并改善数据库性能

在数据库运行过程中,监督系统运行,分析监测数据,找出改进系统性能的方法是DBA 的又一重要任务。DBA 应仔细分析这些数据,判断当前系统运行状况是否最佳,应当做哪些改进。例如,调整系统物理参数,或对数据库的运行状况进行重组织或重构造等。

12.7.3　重新组织和构造数据库

数据库运行一段时间后,由于记录不断增、删、改,会使数据库的物理存储情况变差,降低了数据的存取效率,数据库性能下降,这时 DBA 就要对数据库进行重组织,或部分重组织(只对频繁增、删的表进行重组织)。DBMS 一般都提供数据重组织用的实用程序。在重组织的过程中,按原设计要求重新安排存储位置、回收垃圾、减少指针链等,以提高系统的性能。

数据库的重组织并不修改原设计的逻辑结构和物理结构,而数据库的重构造则不同,它是指部分修改数据库的模式和内模式。

12.8　本 章 小 结

本章介绍了数据库设计的 6 个阶段,包括系统需求分析、概念结构设计、逻辑结构设计、物理设计、数据库实施、数据库运行与维护。对于每一阶段,分别详细讨论了其相应的任务、方法和步骤。

需求分析是整个设计过程的基础,需求分析做得不好,可能导致整个数据库设计返工重做。

将需求分析所得到的用户需求抽象为信息结构即概念模型的过程就是概念结构设计,概念结构设计是整个数据库设计的关键所在,这一过程包括设计局部 E-R 图、综合成初步 E-R 图、E-R 图的优化。

将独立于 DBMS 的概念模型转化为相应的数据模型,这是逻辑结构设计所要完成的任务。一般的逻辑设计分为 3 步:初始关系模式设计、关系模式规范化、模式的评价与改进。

物理设计就是为给定的逻辑模型选取一个适合应用环境的物理结构,物理设计包括确定物理结构和评价物理结构两步。

根据逻辑设计和物理设计的结果,在计算机上建立起实际的数据库结构,载入数据,进行应用程序的设计,并试运行整个数据库系统,这是数据库实施阶段的任务。

数据库设计的最后阶段是数据库的运行与维护,包括维护数据库的安全性与完整性,检测并改善数据库性能,必要时需要进行数据库的重新组织和构造。

12.9　思考与练习

1. 简述数据库设计的步骤。

2. 简述数据库设计的作用。

3. 为什么要进行概念结构设计?

4. 概念模型有什么特点? 其设计的方法和步骤是什么?

5. 简述设计实体和属性时遵循的原则。

6. 局部 E-R 图集成为全局 E-R 图过程中关键问题是什么? 有什么方法?

7. 逻辑结构设计的一般步骤是什么?

8. 物理结构设计的主要任务是什么? 主要依据是什么?

9. 怎么评价物理结构的好坏?

10. 数据库实施阶段的任务是什么?

11. DBA 需要对数据库怎么维护?

12. 下面关于数据库设计过程正确的顺序描述是(　　)。

　　A. 需求收集和分析、逻辑设计、物理设计、概念设计

　　B. 概念设计、需求收集和分析、逻辑设计、物理设计

　　C. 需求收集和分析、概念设计、逻辑设计、物理设计

　　D. 需求收集和分析、概念设计、物理设计、逻辑设计

13. 概念结构设计阶段得到的结果是(　　)。

　　A. 数据字典描述的数据需求

　　B. E-R 图表示的概念模型

　　C. 某个 DBMS 所支持的数据模型

　　D. 包括存储结构和存取方法的物理结构

14. 数据库设计中,用 E-R 图来描述信息结构但不涉及信息在计算机中的表示,它属

于数据库设计的（　　　）。

  A. 需求分析阶段　　　　　　　　　　　B. 逻辑设计阶段

  C. 概念设计阶段　　　　　　　　　　　D. 物理设计阶段

15. 下列关于数据库设计的叙述中，正确的是（　　　）。

  A. 在需求分析阶段建立数据字典

  B. 在概念设计阶段建立数据字典

  C. 在逻辑设计阶段建立数据字典

  D. 在物理设计阶段建立数据字典

16. 在关系数据库设计中，设计关系模式是（　　　）的任务。

  A. 需求分析　　　　B. 概念设计　　　　C. 逻辑设计　　　　D. 物理设计

17. 设计子模式属于数据库设计的（　　　）。

  A. 需求分析　　　　B. 概念设计　　　　C. 逻辑设计　　　　D. 物理设计

18. 数据库应用系统中的核心问题是（　　　）。

  A. 数据设计　　　　　　　　　　　　　B. 数据库系统设计

  C. 数据库维护　　　　　　　　　　　　D. 数据库管理员培训

19. 以下关于数据流图中基本加工的叙述，不正确的是（　　　）。

  A. 对每一个基本加工，必须有一个加工规格说明

  B. 加工规格说明必须描述把输入数据流变换为输出数据流的加工规则

  C. 加工规格说明必须描述实现加工的具体流程

  D. 决策表可以用来表示加工规格说明

20. 在数据库设计中，将 E-R 图转换成关系数据模型的过程属于（　　　）。

  A. 需求分析阶段　　　　　　　　　　　B. 概念设计阶段

  C. 逻辑设计阶段　　　　　　　　　　　D. 物理设计阶段

21. 在进行数据库设计时，通常是要先建立概念模型，用来表示实体类型及实体间联系的是（　　　）。

  A. 数据流图　　　　B. E-R 图　　　　C. 模块图　　　　D. 程序框图

22. 由 E-R 图生成初步 E-R 图，其主要任务是（　　　）。

  A. 消除不必要的冗余　　　　　　　　　B. 消除属性冲突

  C. 消除结构冲突和命名冲突　　　　　　D. B 和 C

23. 在某学校的综合管理系统设计阶段，教师实体在学籍管理子系统中被称为"教师"，而在人事管理子系统中被称为"职工"这类冲突被称为（　　　）。

  A. 语义冲突　　　　B. 命名冲突　　　　C. 属性冲突　　　　D. 结构冲突

24. 某医院预约系统的部分需求为：患者可以查看医院发布的专家特长介绍及其就诊时间；系统记录患者信息，患者预约特定时间就诊。用 DFD 对其进行功能建模时，患者是（　　　）。

  A. 外部实体　　　　B. 加工　　　　C. 数据流　　　　D. 数据存储

25. 需求分析阶段设计数据流图（DFD）通常采用（　　　）。

  A. 面向对象的方法　　　　　　　　　　B. 回溯的方法

　　　C. 自底向上的方法　　　　　　　　D. 自顶向下的方法

26. 概念设计阶段设计概念模型通常采用(　　　　)。

　　　A. 面向对象的方法　　　　　　　　B. 回溯的方法

　　　C. 自底向上的方法　　　　　　　　D. 自顶向下的方法

27. 概念结构设计的主要目标是产生数据库的概念结构,该结构主要反映(　　　)。

　　　A. 应用程序员的编程需求　　　　　B. DBA 的管理信息需求

　　　C. 数据库系统的维护需求　　　　　D. 企业组织的信息需求

28. 数据库设计人员和用户之间沟通信息的桥梁是(　　　　)。

　　　A. 程序流程图　　　B. 实体联系图　　　C. 模块结构图　　　D. 数据结构图

29. 关系规范化在数据库设计的(　　　　)阶段进行。

　　　A. 需求分析　　　B. 概念设计　　　　C. 逻辑设计　　　　D. 物理设计

30. 在数据库逻辑结构设计阶段,需要(　1　)阶段形成的(　2　)作为设计依据。

(　1　)

　　　A. 需求分析　　　　　　　　　　　B. 概念结构设计

　　　C. 物理结构设计　　　　　　　　　D. 数据库运行和维护

(　2　)

　　　A. 程序文档、数据字典和数据流图

　　　B. 需求说明文档、程序文档和数据流图

　　　C. 需求说明文档、数据字典和数据流图

　　　D. 需求说明文档、数据字典和程序文档

31. 设有如下实体:

学生:学号、单位名称、姓名、性别、年龄、选修课名

课程:编号、课程名、开课单位、任课教师号

教师:教师号、姓名、性别、职称、讲授课程编号

单位:单位名称、电话、教师号、教师姓名

上述实体中存在如下联系:

(1) 一个学生可选多门课程,一门课程可被多个学生选修。

(2) 一个教师可讲授多门课程,一门课程可由多个教师讲授。

(3) 一个单位可有多个教师,一个教师只能属于一个单位。

试完成如下工作:

(1) 分别设计学生选课和教师任课两个局部 E-R 图。

(2) 将上述设计完成的 E-R 图合并成一个全局 E-R 图。

(3) 将全局 E-R 图转换为等价的关系模式表示的数据库逻辑结构。

32. 某同学要设计一个图书馆借阅管理数据库,要求提供下述服务:

(1) 可随时查询书库中现有书籍的品种、数量与存放位置。所有各类书籍均可由书号唯一标识。

(2) 可随时查询书籍借还情况,包括借书人单位、姓名、借书证号、借书日期和还书日期。

我们约定：任何人可借多种书，任何一种书可为多个人所借，借书证号具有唯一性。

（3）当需要时，可通过数据库中保存的出版社的电报编号、电话、邮编及地址等信息向相应出版社增购有关书籍。我们约定，一个出版社可出版多种书籍，同一本书仅由一个出版社出版，出版社名具有唯一性。

根据以上情况和假设，试作如下设计：

（1）构造满足需求的 E-R 图。

（2）转换为等价的关系模式结构。

33. 某同学要开发一个运动会管理系统，涉及有如下运动队和运动会两个方面的实体：

1. 运动队方面

运动队：队名、教练姓名、队员姓名

队员：队名、队员姓名、性别、项名

其中，一个运动队有多个队员，一个队员仅属于一个运动队，一个队一般有一个教练。

2. 运动会方面

运动队：队编号、队名、教练姓名

项目：项目名、参加运动队编号、队员姓名、性别、比赛场地

其中，一个项目可由多个队参加，一个运动员可参加多个项目，一个项目一个比赛场地。

请你协助其完成如下设计：

（1）分别设计运动队和运动会两个局部 E-R 图。

（2）将它们合并为一个全局 E-R 图。

（3）合并时存在什么冲突，你是如何解决这些冲突的？

34. 现有一个关于玩具网络销售系统的项目，要求开发数据库部分。系统所能实现的功能包括以下几个方面。

（1）客户注册功能。客户在购物之前必须先注册，所以要有客户表来存放客户信息。如客户编号、姓名、性别、年龄、电话、通信地址等。

（2）顾客可以浏览到库存玩具信息，所以要有一个库存玩具信息表，用来存放玩具编号、名称、类型、价格、所剩数量等信息。

（3）顾客可以订购自己喜欢的玩具，并可以在未付款之前修改自己的选购信息。商家可以根据顾客是否付款，通过顾客提供的通信地址给顾客邮寄其所订购的玩具。这样就需要有订单表，用来存放订单号、用户号、玩具号、所买个数等信息。

操作内容及要求如下：

- 根据案例分析过程提取实体集和它们之间的联系，画出相应的 E-R 图。
- 把 E-R 图转换为关系模式。
- 将转换后的关系模式规范化为第三范式。

第 13 章

PHP 的 MySQL 数据库编程

MySQL 作为中小型数据库管理系统,广泛应用于互联网的各种中小型网站或管理系统之中。应用环境主要是 LAMP 和 XAMPP 两种,它们均可使用 PHP 作为与 MySQL 数据库进行交互的服务器脚本语言。本章重点介绍脚本语言 PHP 进行 MySQL 数据库编程开发的相关知识。

13.1 PHP 简介

PHP(Hypertext Preprocessor,超文本预处理器)是一种通用的开源脚本语言。吸收了 C 语言、Java 和 Perl 的特点,入门门槛较低,易于学习,使用广泛,主要适用于 Web 开发领域。PHP 的文件后缀名为 *.php。

PHP 支持多平台,在 Windows 和 Linux 平台下均能高效运行。同时,PHP 为各种数据库都提供了良好的接口,且操作简单。其中 PHP 和 MySQL 目前是 Web 应用的最佳组合。

本章主要在环境 XAMPP(Windows+Apache+MySQL+PHP/Per/Python 组合)下,介绍 PHP 作为服务器脚本,进行 MySQL 数据库编程。运行后的 XAMPP 界面如图 13-1 所示。

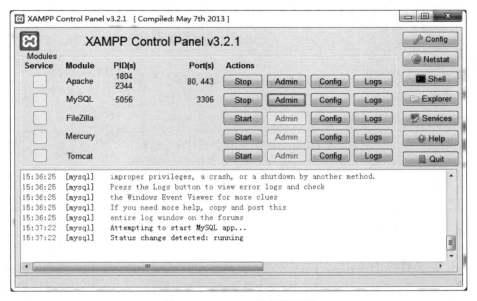

图 13-1　XAMPP 运行界面图

13.2　PHP 编程基础

PHP 是一种脚本语言，内嵌在 HTML 网页内。因此在编写 PHP 脚本语言时，采用一般的编辑器即可。

请注意，在执行 PHP 程序前，需要配置 PHP 的运行环境，即 Windows 下的 XAMPP 和 Linux 下的 LAMP。

【例 13-1】 编写一个 PHP 的示例程序 first.php 来理解服务器端的 PHP 脚本编程。

第一步：利用文本编辑器输入以下 PHP 程序，并将其命名为"first.php"。

```
<html>
    <head>
        <title> This is the first php </title>
    </head>
    <body>
        <?php
            $str = " hello world";
            echo $str;
        ?>
    </body>
</html>
```

第二步：将"first.php"文件部署在 XAMPP 平台环境中，并放置在 XAMPP 程序根目录下。在浏览器地址栏中输入"http://127.0.0.1/d13/first.php"或"http://localhost/d13/first.php"（本书 PHP 程序运行在本地安装的 XAMPP 环境下，其中"127.0.0.1"为本地测试 IP 地址，所有的源程序都在 XAMPP 安装环境的 D：\Xampp\htdocs\d13 目录下），若程序执行成功，则输出结果如图 13-2 所示。

图 13-2　程序"first.php"执行输出结果

第三步："<? php"和"? >"之间的这段代码将会在服务器端解析，并输出该段代码的执行结果。在图 13-2 所示的页面上单击鼠标右键，在弹出的快捷菜单中选择"查看源代码"命令，效果如图 13-3 所示。

由上述分析可以知道，内嵌在 HTML 脚本中的 PHP 程序在 Web 服务器端运行，代码被解析后，最终以 HTML 文档的格式输出到客户端浏览器。从语法上看，PHP 语言是借鉴 C 语言的语法特征，由 C 语言改进而来。在 PHP 程序的编写过程中，可以混合编写 PHP 5 代码和 HTML 代码，用户不仅可以将 PHP 5 代码的脚本通过标签"<? php"和

图 13-3　程序"first.php"页面的客户端源代码

"？＞"嵌入到 HTML 文件中,还可以把 HTML 文件的标签嵌入到 PHP 5 的脚本里。

13.3　使用 PHP 进行 MySQL 数据库编程

针对不同的应用,PHP 内置了许多函数。为了用 PHP 程序实现对 MySQL 数据库的各种操作,可以使用 PHP 的 mysqli 函数库。然而,在利用 mysqli 库函数访问 MySQL 数据库之前,需要在 PHP 的配置文件 php.ini 中,将"；extension ＝ php_mysqli. dll"修改为"extension ＝ php_mysqli. dll",即删除该选项前面的注释符号"；",然后重新启动 Web 服务器(例如 Apache),这时,PHP 程序即可使用 mysqli 函数库。

通过使用内置函数库 mysqli,PHP 程序能够很好地与 MySQL 数据库进行交互。使用这种方式所构建的基于 B/S 模式的 Web 应用程序的工作流程描述如下。

(1) 在用户计算机的浏览器,通过在地址栏中输入相应 URL 信息,向网页服务器提出交互请求。

(2) 网页服务器收到用户浏览器端的交互请求。

(3) 网页服务器根据请求寻找服务器上的网页。

(4) Web 应用服务器(例如 Apache)执行页面内包含的 PHP 代码脚本程序。

(5) PHP 代码脚本程序通过内置的 MySQL API 函数访问后台 MySQL 数据库服务器。

(6) PHP 代码脚本程序取回后台 MySQL 数据库服务器的查询结果。

(7) 网页服务器将查询处理结果以 HTML 文档的格式返回给用户浏览器端。

13.3.1　编程步骤

使用 PHP 进行 MySQL 数据库编程的基本步骤如下:

(1) 首先建立与 MySQL 数据库服务器的连接。

(2) 然后选择要对其进行操作的数据库。

(3) 再执行相应的数据库操作,包括对数据的添加、删除、修改和查询等。

(4) 最后关闭与 MySQL 数据库服务器的连接。

以上各步骤,均是通过 PHP 内置函数库 mysqli 中相应的函数来实现的。

13.3.2 建立与 MySQL 数据库服务器的连接

在 PHP 中，可以使用函数 mysqli_connect()来建立与 MySQL 数据库服务器的连接。函数 mysqli_connect()可以用于建立非持久连接，也可以用于建立持久连接。

请注意，在使用 PHP 程序对数据库进行操作之前，需要先确认已经连接上的数据库服务器。

1. 使用函数 mysqli_connect()建立非持久连接

语法格式为：

```
mysqli_connect(host,username,password,dbname,port,socket)
```

语法说明如下：

- host：可选项，为字符串型，用于指定要连接的数据库服务器的主机名或 IP 地址。默认值是"localhost"。
- username：可选项，为字符串型，用于指定登录数据库服务器所使用的用户名。默认值是拥有服务器进程的用户名，如超级用户"root"。
- password：可选项，为字符串型，用于指定登录数据库服务器所用的密码。默认为空串""。
- dbname：可选项，为字符串型，用于指定所要登录的数据库名。
- port：可选项，不加引号的正整数，用于指定所要连接到 MySQL 服务器的端口号。
- socket：可选项，用于指定 socket 或要使用的已命名 pipe。

函数 mysqli_connect()的返回值为对象（object）。

通常是将返回值存放在一个变量中，在其他地方直接引用该变量即可。

【例 13-2】 编写一个数据库连接程序"link.php"，使用用户名"root"及其密码""（如果 MySQL 没有密码，就为空即可）连接本地主机中的 MySQL 数据库服务器，并用 $ con 保存连接返回的结果。

同例 13-1 类似，编写 link.php 文件为：

```php
<?php
    $con = mysqli_connect("localhost","root","");      //连接数据库服务器
    if(! $con)                                          //判断存储返回值的变量
    {
        echo "连接失败!error:".mysqli_connect_error();   //输出错误信息
        die();                                          //终止程序
    }
    else
    {
        echo"连接成功";
    }
?>
```

然后将文件 link.php 部署在 XAMPP 环境中，在浏览器地址栏输入“http://127.0.0. 1/d13/1link.php”，按回车键即可查看结果。若执行成功则可以看到浏览器输出的结果，如图 13-4 所示。

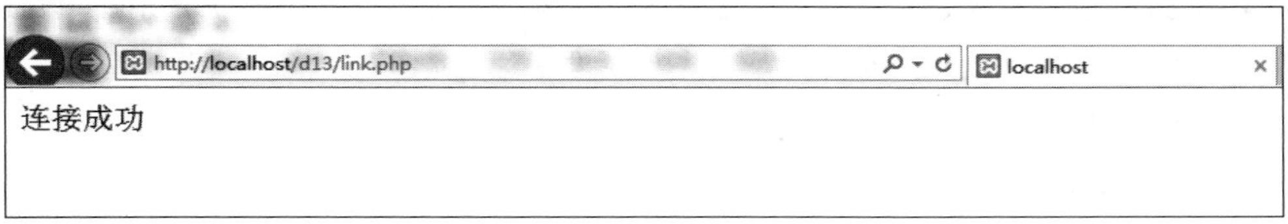

图 13-4　程序 link.php 连接成功返回的结果

如果我们将用户名“root”或密码修改成任意一个不可用的账户，同样执行该页面程序，则会返回如图 13-5 所示的结果。

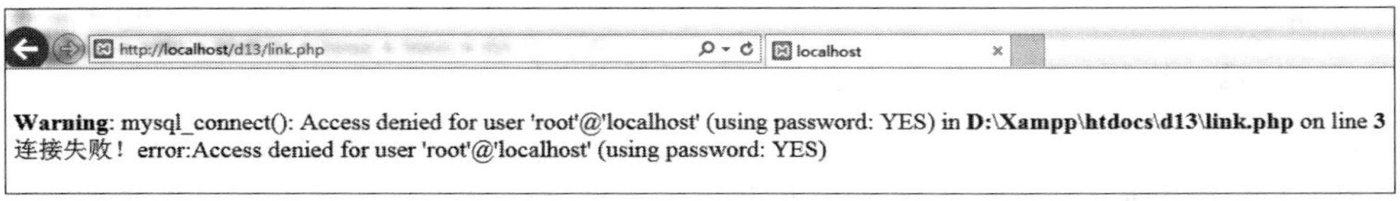

图 13-5　程序 link.php 连接 MySQL 密码不正确返回的结果

在执行其他 MySQL 数据库操作之前必须要先建立正确的连接。

在 PHP 中，一切非 0 值会被认为是逻辑值 TRUE，数值 0 则被当成逻辑值 FALSE。当 mysqli_connect()连接成功后，会返回一个连接标识号，该标识号实际上是个非 0 值，因此被当成逻辑值 TRUE 来处理；如果连接失败，则会返回 0 值，此时被当成逻辑值 FALSE 处理。因此，要判断 PHP 是否建立了和 MySQL 数据库服务器的正确连接，直接判断 mysqli_connect()的返回值即可。

如果连接失败，则可以采用 mysqli_connect_errno()和 mysqli_connect_error()函数来分别返回错误编号和错误信息。如果连接成功，则 mysqli_connect_errno()和 mysqli_connect_error()函数会分别返回 0 和空串。

2. 使用函数 mysqli_connect( )建立持久连接

语法格式为：

```
mysqli_connect("p:".host,username,password,dbname,port,socket)
```

语法说明如下：

- 由函数 mysqli_connect()建立的非持久连接，在数据库操作结束之后将自动关闭；而由函数 mysqli_connect()建立的持久连接会一直存在，是一种稳固持久的连接。
- 对于函数 mysqli_connect()建立持久连接而言，每次连接前都会检查是否使用了同样的＜服务器名＞＜用户名＞＜密码＞进行连接，如果有，则直接使用上次的连接，而不会重复打开。
- 由函数 mysqli_connect()建立的持久连接和非持久连接都可以使用函数 mysqli_close()关闭。

13.3.3 选择数据库

一个 MySQL 数据库服务器通常会包含许多数据库，因而在执行具体的 MySQL 数据库操作之前，应当首先选定相应的数据库作为当前工作数据库。在 PHP 中，可以使用函数 mysqli_select_db()来选定某个 MySQL 数据库。

语法格式为：

```
mysqli_select_db(connection,database)
```

语法说明如下：

- connection：必选项，为 object 类型，规定要使用的 MySQL 连接。
- database：必选项，为字符串型，规定要使用的默认数据库。
- 函数 mysqli_connect()的返回值为布尔型。若成功执行，则返回 TRUE；否则返回 FALSE。

【例 13-3】 编写一个数据库 PHP 程序 selectdb.php，选定数据库 mytest 作为当前工作数据库。

编写 selectdb.php 文件，实现代码如下：

```php
<?php
    $con = mysqli_connect("localhost","root","") ;        //连接数据库服务器
    if(! $con)
    {
        echo    "连接失败!error:".mysqli_connect_error(); //输出错误信息
        die();                                            //终止程序
    }
    mysqli_select_db($con, "mytest");
    if(mysqli_connect_errno())
    {
        echo"数据库选择失败";
        die();                                            //终止程序
    }
    echo"数据库选择成功";
?>
```

然后将文件 selectdb.php 部署在 XAMPP 环境中，在浏览器地址栏输入“http://127.0.0.1/d13/selectdb.php”，按回车键即可查看结果。若执行成功，则可以看到浏览器输出的结果，如图 13-6 所示。

图 13-6 程序 selectdb.php 执行成功返回的结果

13.3.4　执行数据库操作

选定某个数据库作为当前工作数据库之后,就可以对该数据库执行各种具体的数据库操作,如数据的添加、删除、修改和查询以及表的创建与删除等。对数据库的各种操作,都是通过提交并执行相应的 SQL 语句来实现的。在 PHP 中,可以使用函数 mysqli_query()提交并执行 SQL 语句。

语法格式为:

```
mysqli_query(connection,query[,resultmode])
```

语法说明如下:

- connection:必选项,为 object 类型,用于指定要使用的 MySQL 连接。
- query:必选项,为字符串型,指定要提交的 SQL 语句。注意,SQL 语句是以字符串的形式提交,且不以分号作为结束符。
- resultmode:可选项,一个常量。可以是下列值中的任意一个:
  - ◆ MYSQLI_USE_RESULT(如果需要检索大量数据,请使用这个)。
  - ◆ MYSQLI_STORE_RESULT(默认)。
- 函数 mysqli_query()的返回值针对成功的 SELECT、SHOW、DESCRIBE 或 EXPLAIN 查询,将返回一个 mysqli_result 对象。针对其他成功的查询,将返回 TRUE。如果失败,则返回 FALSE。

1. 数据的添加

可以将 MySQL 中用于插入数据的 INSERT 语句置于函数 mysqli_query()中,实现数据添加。

【例 13-4】 编写一个添加数据的 insert.php 程序,向数据库 jxgl 中的 student 表添加一条名字为"胡一知"的学生基本信息。

编写 insert.php 文件,insert.php 文件的代码如下。

```php
<?php
    $con = mysqli_connect("localhost","root","")  ;        //连接数据库服务器
    if( ! $con )
    {
        echo"连接失败!error:". mysqli_connect_error();     //输出错误信息
        die();                                             //终止程序
    }
    mysqli_select_db($con,"jxgl")  ;                       //选择 jxgl 数据库
    if(mysqli_connect_errno())
    {
        echo"数据库选择失败";
        die();                                             //终止程序
    }
    mysqli_query($con,"SET NAMES UTF8" ) ;                 //设置中文字符集
```

```
$sql="INSERT INTO student VALUES( '1114070209', '胡一知', '女',
                                  '1998-01-08', '1601', '工商 1403')";
if( mysqli_query($con, $sql ))                    //函数 mysqli_query 执行 SQL 语句
{
    echo"学生信息添加成功";
}
else
{
    echo"学生信息添加失败";
    echo mysqli_errno($con);
}
?>
```

然后将文件 insert.php 部署在 XAMPP 环境中，在浏览器的地址栏中输入"http://127.0.0.1/d13/insert.php"，按回车键后，即可查看运行结果。若执行成功则可以看到浏览器输出的结果，如图 13-7 所示。

图 13-7　程序 insert.php 执行成功返回的结果

2. 数据的查询

可以将 MySQL 中用于数据检索的 SELECT 语句置于函数 mysqli_query()中，实现在选定的数据库表中查询数据。此时，当函数 mysqli_query()成功执行时，其返回值是一个 mysqli_result 对象。结果标识符也称结果集，代表了相应查询语句的查询结果。每个结果集都有一个记录指针，指向的记录即为当前记录。在初始状态下，结果集的当前记录就是第一条记录。为了灵活地处理结果集中的相关记录，PHP 提供了一系列的处理函数，包括结果集中记录的读取、指针的定位以及记录集的释放等。

可以使用函数 mysqli_fetch_array()、mysqli_fetch_row ()或 mysqli_fetch_assoc()来读取结果集中的记录。

语法格式为：

```
mysqli_fetch_array(result[,resulttype])
mysqli_fetch_row (result)
mysqli_fetch_assoc(data)
```

其中，

- result：必选项，规定由 mysqli_query()、mysqli_store_result()或 mysqli_use_result()返回的结果集标识符。
- resulttype：可选项，用于指定函数返回值的形式，其有效取值为 PHP 常量 MYSQLI_NUM（表示数字数组）、MYSQLI_ASSOC（表示关联数组）或 MYSQLI

_BOTH(表示同时产生关联数组和数字数组)。其默认值为 MYSQLI_BOTH。

- 成功执行三个函数后,其返回值均为数组类型(array)。若成功,即读取到当前记录,则返回一个由结果集当前记录所生成的数据,其中每个字段的值会保存到相应的索引元素中,并自动将记录指针指向下一个记录。若失败,即没有读取到记录,则返回 NULL。

【例 13-5】　编写一个检索数据的 PHP 程序 find.php,在数据库 jxgl 的 student 表中查询姓名为"胡一知"的专业和年龄。

编写的 find.php 文件为:

```php
<?php
    $con = mysqli_connect("localhost","root","");        //连接数据库服务器
    if(! $con)
    {
        echo"连接失败!error:". mysqli_connect_error();    //输出错误信息
        die();                                            //终止程序
    }
    mysqli_select_db($con,"jxgl");                        //选择 mytest 数据库
    if( mysqli_errno($con))
    {
        echo"数据库选择失败";
        die();                                            //终止程序
    }
    mysqli_query($con," SET NAMES utf8 ") ;               //设置中文字符集
    $sql="SELECT  sno,sname,sbirth, sclass FROM  student
                                    WHERE sname='胡一知'";
    $result = mysqli_query($con,$sql);                    //执行 SQL 语句,返回查询结果
    if($result)
    {
        echo"学生信息查询成功";
        $arr = mysqli_fetch_array ($result, MYSQLI_NUM);  //取出结果数据集
        if($arr)
        {
            echo"查询到学生信息:<br>";
            echo"学生学号为:".$arr[0]. "<br>";            //输出数据集
            echo"学生姓名为:".$arr[1]. "<br>";
            echo"出生日期为:".$arr[2]. "<br>";
            echo"学生班级为:".$arr[3]. "<br>";
        }
        else
        {
            echo"学生信息为空";
        }
    }
```

```
        else
        {
            echo"查询失败".mysqli_errno($con);
        }
    ?>
```

　　然后将文件 find.php 部署在 XAMPP 环境中，在浏览器地址栏中，输入"http://127.0.0.1/d13/find.php"，按回车键后，即可查看结果。若执行成功，则可以看到浏览器输出的结果，如图 13-8 所示。

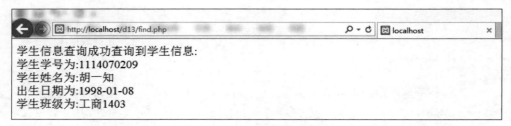

图 13-8　程序 find.php 执行成功返回的结果

　　在 PHP 中，可以使用函数 mysqli_num_rows( ) 来读取结果集的记录数，即数据集的行数。语法格式为：

```
mysqli_num_rows(result)
```

语法说明如下：
- result：必选项，规定由 mysqli_query( )、mysqli_store_result( )或 mysqli_use_result( )返回的结果集标识符。
- 函数 mysqli_num_rows( )成功执行后，返回结果集中记录行总数。

　　【例 13-6】　编写一个统计数据的 PHP 程序 count.php，统计数据库 jxgl 的表 student 的记录总数。

```php
    <?php
    $con = mysqli_connect("localhost","root","")  ;         //连接数据库服务器
    if(! $con)
    {
        echo"连接失败!error:". mysqli_connect_error();      //输出错误信息
        die();                                              //终止程序
    }
    mysqli_select_db($con,"jxgl")  ;                        //选择 jxgl 数据库
    if(mysqli_errno($con))
    {
        echo"数据库选择失败";
        die();                                              //终止程序
    }
    mysqli_query( $con,"SET NAMES utf8" ) ;                 //设置中文字符集
```

```
$sql= "SELECT  *  FROM student";
$result = mysqli_query($con, $sql);              //执行 SQL 语句,并返回查询结果
if($result)
{
    echo"学生信息查询成功";
    $num= mysqli_num_rows($result);              //统计记录总数
    echo"student 表记录总数为:".$num;
}
else
{
    echo"查询失败";
}
?>
```

然后将文件 count.php 部署在 XAMPP 环境中,在浏览器的地址栏输入"http://127.0.0.1/d13/count.php",按回车键即可查看结果。若执行成功,则可以看到浏览器输出的结果,如图 13-9 所示。注意:显示的记录总数取决于数据库表中的元组个数。

图 13-9　程序 count.php 执行成功返回的结果

在 PHP 中,可以使用函数 mysqli_data_seek( )在结果集中随意移动记录的指针,也就是将记录指针直接指向某个记录。

语法格式为:

```
mysqli_data_seek(result,offset)
```

- result:必选项,规定由 mysqli_query( )、mysqli_store_result( )或 mysqli_use_result( )返回的结果集标识符。
- offset:必选项,为整型(int),用于指定记录指针所要指向的记录的序号,其中 0 指示结果集中第一条记录,规定字段偏移。范围必须在 0 和行总数－1 之间。
- 函数 mysqli_data_seek( )返回值为布尔型(bool)。若成功执行,则返回 TRUE;否则,返回 FALSE。

【例 13-7】 编写一个 PHP 程序 seek.php,用于读取指定结果集中记录号的记录,在数据库 jxgl 的 student 表中查询第 2 位学生的姓名。

编写 seek.php 文件,seek.php 文件代码实现如下。

```
<?php
    $con = mysqli_connect("localhost","root","")  ;        //连接数据库服务器
    if(! $con)
```

```
    {
        echo"连接失败!error:". mysqli_connect_error();    //输出错误信息
        die();                                           //终止程序
    }
    mysqli_select_db($con,"jxgl");                       //选择 mytest 数据库
    if( mysqli_errno($con))
    {
        echo"数据库选择失败";
        die();                                           //终止程序
    }
    mysqli_query($con,"SET NAMES utf8");                 //设置中文字符集
    $sql= "SELECT * FROM student";
    $result = mysqli_query($con,$sql);                   //执行 SQL 语句,并返回查询结果
    if($result)
    {
        echo"学生信息查询成功<br>";
        if( mysqli_data_seek(  $result,1))               //判断记录号为 1 的记录是否存在
        {
            $arr = mysqli_fetch_array($result,MYSQLI_NUM);  //读取结果集中的数据
            echo"student 表中第二位学生的姓名是:".$arr[1];
        }
        else
        {
            echo"定位失败";
        }
    }
    else
    {
        echo"查询失败";
    }
?>
```

然后将文件 seek.php 部署在 XAMPP 环境中,在浏览器地址栏中输入"http://127.0.0.1/d13/seek.php",按回车键即可查看结果。若执行成功,则可以看到浏览器输出的结果,如图 13-10 所示。

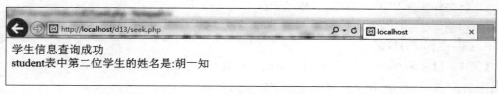

图 13-10   程序 seek.php 执行成功返回的结果

3. 数据的修改

在 PHP 中,可以将 MySQL 中用于更新数据的 UPDATE 语句置于函数 mysqli_

query()中,实现在选定的数据库表中修改指定的数据。

【例 13-8】　编写一个修改数据的 PHP 程序 update.php,将数据库 jxgl 中的表 student 中一个名为"胡一知"的学生的出生年月由"1998-01-08"修改为"1999-01-08"。

编写 update.php 文件,update.php 文件代码实现如下。

```php
<?php
    $con = mysqli_connect("localhost","root","")  ;        //连接数据库服务器
    if(! $con)
    {
        echo"连接失败!error:". mysqli_connect_error();     //输出错误信息
        die();                                             //终止程序
    }
    mysqli_select_db($con,"jxgl") ;                        //选择 mytest 数据库
    if(mysqli_errno($con))
    {
        echo"数据库选择失败";
        die();                                             //终止程序
    }
    mysqli_query($con,"SET NAMES utf8") ;                  //设置中文字符集
    $sql = " UPDATE student SET sbirth = '1999-01-08'
            WHERE sname ='胡一知'";
    if( mysqli_query($con,$sql))                           //执行 SQL 语句
    {
        echo"学生出生日期信息修改成功";
    }
    else
    {
        echo"学生出生日期信息修改失败";
    }
?>
```

然后将文件 update.php 部署在 XAMPP 环境中,在浏览器的地址栏中输入"http://127.0.0. 1/d13/update.php",按回车键即可查看结果。若执行成功,则可以看到浏览器输出的结果,如图 13-11 所示。

图 13-11　程序 update.php 执行成功返回的结果

4. 数据的删除

在 PHP 中,可以将 MySQL 中用于删除数据的 DELETE 语句置于函数 mysqli_query()中,实现在选定的数据库表中删除指定的数据。

【**例 13-9**】　编写一个删除数据的 PHP 程序 dele.php 将数据库 jxgl 中的表 student 的一个名为'胡一知'的学生基本信息删除。

编写 dele.php 文件为：

```php
<?php
    $con = mysqli_connect("localhost","root","") ;        //连接数据库服务器
    if(! $con)
    {
        echo"连接失败!error:". mysqli_connect_error();      //输出错误信息
        die();                                            //终止程序
    }
    mysqli_select_db($con,"jxgl");                        //选择 jxgl 数据库
    if(mysqli_errno($con))
    {
        echo"数据库选择失败";
        die();                                            //终止程序
    }
    mysqli_query($con,"SET NAMES utf8") ;                 //设置中文字符集
    $sql = " DELETE  FROM  student  WHERE  sname ='胡一知' ";
    if(mysqli_query($con,$sql))                           //执行 SQL,判断是否执行成功
    {
        echo"学生信息删除成功";
    }
    else
    {
        echo"学生信息删除失败";
    }
?>
```

然后将文件 dele.php 部署在 XAMPP 环境中，在浏览器的地址栏中输入"http://127.0.0.1/d13/dele.php"，按回车键，即可查看结果。若执行成功，则可以看到浏览器输出的结果如图 13-12 所示。

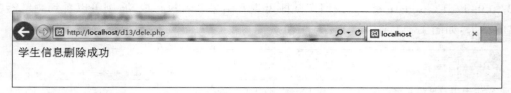

图 13-12　程序 dele.php 执行成功返回的结果

13.3.5　关闭与数据库服务器的连接

对 MySQL 数据库的操作执行完毕后，应当及时关闭与 MySQL 数据库服务器的连接，以释放其所占用的系统资源。在 PHP 中，可以使用函数 mysqli_close()来关闭由函

数 mysqli_connect()所建立的与 MySQL 数据库服务器的非持久连接。

请注意,在操作完成后,应该关闭 PHP 程序与数据库的链接,用来释放资源。

语法格式为:

```
mysqli_close(connection)
```

语法说明如下:

- connection:必选项,为 object 类型,用于指定相应的与 MySQL 数据库服务器的连接标识号。
- 函数 mysqli_close()的返回值为布尔型(bool)。若成功执行,则返回 TRUE;否则返回 FALSE。

【例 13-10】　编写一个关闭 MySQL 数据库服务器连接的 PHP 示例程序 close.php。

编写 close.php 文件为:

```php
<?php
    $con= mysqli_connect( "localhost","root","" )
    or die("数据库连接失败");
    echo"数据库连接成功<br>";
    mysqli_select_db ($con,"jxgl")
    or die("数据库选择失败");
    echo"数据库选择成功<br>";
    mysqli_close($con)
    or die("关闭 mysql 服务器失败");
    echo"已成功关闭数据库";
?>
```

然后将文件 close.php 部署在 XAMPP 环境中,在浏览器的地址栏中,输入"http://127.0.0.1/d13/close.php",按回车键即可查看结果。若执行成功,则可以看到浏览器输出的结果,如图 13-13 所示。

图 13-13　程序 close.php 执行成功返回的结果

13.4　本 章 小 结

本章主要讲述了 PHP 语言及其编程的基础,使用 PHP 语言进行 MySQL 数据库编程的相关知识,其中包括具体的编程步骤以及常用的操作 MySQL 数据库的 PHP 函数。

13.5　思考与练习

1. 简述 PHP 操作 MySQL 数据库的基本步骤。

2. 下列选项中，不属于 PHP 操作 MySQL 的函数是（　　）。

    A. mysqli_connect( )　　　　　　　　　　B. mysqli_select_db( )

    C. mysqli_query( )　　　　　　　　　　　 D. close( )

3. 执行下面所有的步骤，然后显示数据库中所有的数据。

（1）创建一个数据库，就只有姓名、年龄两个字段

（2）在数据库中创建一个表

（3）在表中用 MySQL 命令插入 5 行数据

（4）用 PHP 代码读取表中的数据，并有序地显示出来

4. 下列选项中，（　　）逐行获取结果集中的每条数据。

    A. mysqli_num_row ( )　　　　　　　　　B. mysqli_row( )

    C. mysqli_get_row( )　　　　　　　　　　D. mysqli_fetch_row ( )

5. mysqli_connect( )函数与@mysqli_connect( )函数的区别是（　　）。

    A. @mysqli_connect( )函数不会忽略错误，将错误显示到客户端

    B. mysqli_connect( )函数不会忽略错误，将错误显示到客户端

    C. 没有区别

    D. 功能不同的两个函数

6. 关于 mysqli_select_db( )函数的作用描述正确的是（　　）。

    A. 连接数据库　　　　　　　　　　　　　B. 连接并选取数据库

    C. 连接并打开数据库　　　　　　　　　　D. 选取数据库

7. 下列选项中，（　　）属于连接数据库。

    A. mysqli_connect( )　　　　　　　　　　B. mysql_connect( )

    C. mysqli_select_db( )　　　　　　　　　D. mysql_select_db( )

第14章

数据库应用系统开发实例

本章介绍使用 PHP 语言开发一个基于 B/S 架构的简单实例——学生基本信息管理系统。

在实际的开发过程中,首先需要明确项目需求,并进行合理的需求分析和系统总体设计,同时需要分析系统的使用对象,以及为系统设计合理的数据结构,然后选用合适的开发语言与开发工具,并规划合理的项目开发进度。

14.1 需 求 描 述

学生信息管理系统是针对学校学生籍管理的业务处理工作而开发的管理软件。它主要用于学校学生信息管理,总体任务是实现学生信息管理的系统化、科学化、规范化和自动化,其主要任务是用计算机对学生各种信息进行日常管理,如查询、修改、增加、删除,另外还要考虑到学生的选课。针对这些要求设计学生信息管理系统。

14.2 系统分析与设计

学生信息管理系统主要由该系统的管理员进行操作和使用。根据学生信息管理系统的需求特征,一个简单的学生信息管理系统可以分为如图 14-1 所示的三个主要功能模块。

(1) 学生管理模块。该模块主要负责学生信息的管理。例如学生的姓名、性别、年龄、联系方式和所在的专业。该模块供管理员使用,具体的功能主要包括学生信息的添加、删除、修改和查询等。其 UML 用例如图 14-2 所示。

图 14-1　学生信息管理系统功能模块　　　　图 14-2　学生管理模块

（2）专业管理模块。该模块主要负责专业信息的管理。如专业号、专业名等。该模块供系统管理员使用，具体的功能主要包括专业信息的添加、删除、修改和查询等。其UML用例如图14-3所示。

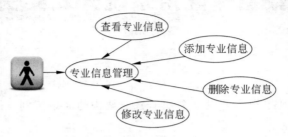

图14-3　专业管理模块

（3）管理员模块。该模块主要负责管理管理员以及相应的权限。如管理员名称、登录密码、管理权限等。该模块供系统管理员使用，具体功能主要包括管理员的添加、信息修改，删除等。其UML用例如图14-4所示。

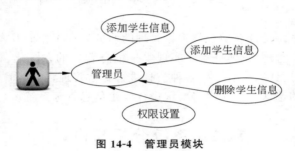

图14-4　管理员模块

14.3　数据库设计与实现

根据前面对学生信息管理系统的分析，一个简单的学生信息管理系统的E-R图如图14-5所示。

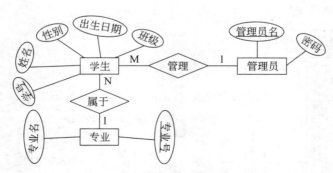

图14-5　学生信息管理E-R图

通过 E-R 图转化成为关系模型的方法,可将 E-R 图转化成为如下的关系模式:

1. Student(sno,sname,ssex,sbirth,zno,sclass)
2. specialty(zno,zname)
3. admin(username,password)

相关数据可以参考 5.3 节。

14.4　系　统　实　现

本系统采用 B/S 架构运行,并采用三层软件体系架构,即由表示层、应用层和数据层构成。

其中表示层是系统的用户接口,即用户 UI,在这里体现为 Web 显示页面,主要用 HTML 标签语言来展现。

应用层是本例的功能层,即应用服务器,位于表示层和数据层之间,负责具体业务逻辑处理,以及与表示层、数据层的信息交互,主要用 PHP 脚本语言来实现。

数据层位于系统的最底层,具体为 MySQL 数据库服务器,主要是通过 SQL 数据库操作语言,负责对 MySQL 数据库中的数据进行读写管理,以及更新与检索,并与应用层实现数据交互。

1. 实例系统的主页面设计与实现

编辑主页面 index.html。index.html 的实现代码如下:

```html
<html>
    <head>
        <title>
            学生信息管理系统
        </title>
        <meta charset="UTF-8">
    </head>
    <body>
        <h2>学生信息管理系统</h2>
        <h3>学生管理</h3>
        <a href="add.php">添加学生</a>
        <a href="show.php">查看学生</a>
        <h3>班级管理</h3>
        <a href="add_class.php">添加班级</a>
        <a href="show_class.php">查看班级</a>
        <h3>管理员</h3>
        <a href="add_admin.php">添加管理员</a>
        <a href="show_admin.php">查看管理员</a>
    </body>
</html>
```

该页面的显示效果如图 14-6 所示。

图 14-6　学生信息管理系统主页图

2. 公共代码模块的设计与实现

该模块封装了一些常用的操作，本例中该模块负责处理 PHP 页面连接 MySQL 数据库部分的代码。这样在其他模块要使用连接数据库的代码时，只需要将该文件包含进去即可，不需要重复编写。

编辑 conn.php 页面，conn.php 的实现代码如下：

```php
<?php
    $conn  = mysqli_connect( "localhost"  , "root" ,"" )
    or die("数据库无法连接");
    mysqli_select_db ( $conn,"jxgl")
    or die("无法选择数据库");
    mysqli_query ($conn,"SET NAMES utf8");        //设置字符集为中文
?>
```

3. 添加学生页面的设计与实现

编辑添加学生信息页面 add.php，add.php 的实现代码如下：

```php
<?php require_once("conn.php")  ?>
    <!DOCTYPE html>
    <html lang="zh-CN">
    <head>
        <meta charset="utf-8">
        <title>
            添加学生
        </title>
    </head>
```

```
<body>
    <h3>添加学生</h3>
        <form name= "add_student"  method= "post"
                action = "insert_student.php">
        学生学号:<input type = "text"  name = "sno">  <br>
        学生姓名 : <input type = "text"  name = "sname">  <br>
        出生日期 :  <input type = "text"  name ="sbirth">  <br>
        学生性别:<input type ="text"  name ="ssex"><br>
        专业号:<select name="zno">
            <option>1102</option>
            <option>1103</option>
            <option>1214</option>
            <option>1407</option>
            <option>1409</option>
            <option>1601</option>
            <option>1805</option>
            <option>1807</option>
            </select><br>
        学生班级 :  <input type = "text"  name = " sclass">  <br>
        <input type= "submit"  value="提交">
    </form>
</body>
</html>
```

该页面执行成功后如图 14-7 所示。

图 14-7 添加学生信息页面

当在添加学生的 Web 页面完成学生信息的填写之后,单击该页面的"提交"按钮后,即可调用应用层中用于执行添加的代码 insert_student. php,该文件实现代码如下。

```php
<? php require_once "conn.php"  ?>
<? php
    //接收页面变量
```

```
$sno=    $_POST[ 'sno' ] ;
$sname =   $_POST[ 'sname' ] ;
$sbirth = $_POST[ 'sbirth' ];
$ssex =   $_POST[ 'ssex' ] ;
$zno = $_POST[ 'zno' ] ;
$sclass = $_POST[ 'sclass' ] ;
//构成 SQL 语句
$sql=" INSERT INTO student " ;
$sql.= " VALUES ( '$sno', '$sname', '$ssex', '$sbirth',
                  '$zno', '$sclass') ; "  ;
echo   $sql;                              //打印输出插入的 SQL 语句
//插入数据库模块
if( mysqli_query( $conn, $sql ))
{
    echo"添加成功!";
}
else
{
    echo"添加失败!".  mysqli_error($conn);
}
?>
```

当添加信息成功后，自动跳转到如图 14-8 所示的页面。

INSERT INTO student VALUES ('202011855222' , '张迪' , '男' , '2002-12-28', '1102', '大数据2001') ; 添加成功!

图 14-8　添加学生信息成功后的结果页面

4. 查看学生页面的设计与实现

查看学生信息页面 show. php，代码如下：

```
<? php require_once "conn.php"  ? >
<? php
    //构成 SQL 语句
    $sql= " SELECT   *   FROM student;";
    $result = mysqli_query($conn, $sql) ;
    if($result)
    {
        echo " <br> ";
        while( $row= mysqli_fetch_row($result))
        {
            echo "学号:".$row[0]."姓名:".$row[1]."性别:".$row[2]."
                生日:".$row[3]."专业号".$row[4]."班级".$row[5];
            echo "  <br> ";
```

```
        }
    }
    else
    {
        echo"查看失败";
    }
?>
```

该页面执行成功后如图 14-9 所示。

学号:202011070338姓名:孙一凯性别:男生日:2000-10-11专业号1102班级大数据2001
学号:202011855222姓名:张迪性别:男生日:2002-12-28专业号1102班级大数据2001
学号:202011855228姓名:唐晓性别:女生日:2002-11-05专业号1102班级大数据2001
学号:202011855321姓名:蓝梅性别:女生日:2002-07-02专业号1102班级大数据2001
学号:202011855426姓名:余小梅性别:女生日:2002-06-18专业号1102班级大数据2001
学号:202012040137姓名:郑熙婷性别:女生日:2003-05-23专业号1214班级区块链2001
学号:202012855223姓名:徐美利性别:女生日:2000-09-07专业号1214班级区块链2001
学号:202014070116姓名:欧阳贝贝性别:女生日:2002-01-08专业号1407班级健管2001
学号:202014320425姓名:曹平性别:女生日:2002-12-14专业号1407班级健管2001
学号:202014855302姓名:李壮性别:男生日:2003-01-17专业号1409班级智能医学2001
学号:202014855308姓名:马琦性别:男生日:2003-06-14专业号1409班级智能医学2001
学号:202014855328姓名:刘梅红性别:女生日:2000-06-12专业号1407班级健管2001
学号:202014855406姓名:王松性别:男生日:2003-10-06专业号1409班级智能医学2001
学号:202016855305姓名:聂鹏飞性别:男生日:2002-08-25专业号1601班级供应链2001
学号:202016855313姓名:郭爽性别:女生日:2001-02-14专业号1601班级供应链2001
学号:202018855212姓名:李冬旭性别:男生日:2003-06-08专业号1805班级智能感知2001
学号:202018855232姓名:王琴雪性别:女生日:2002-07-20专业号1805班级智能感知2001

图 14-9　查看学生信息页面

其他功能略。

14.5　本 章 小 结

本章结合一个基于 B/S 架构的简单实例：学生信息管理系统，介绍了使用 PHP 语言开发 MySQL 应用系统的过程，包括需求描述、系统分析与设计、数据库设计与实现、系统功能实现等四个阶段。

14.6　思 考 与 练 习

1. 使用 PHP 语言和 MySQL 数据库编写一个图书管理信息系统。
2. 使用 PHP 语言和 MySQL 数据库编写一个物资管理信息系统。
3. 使用 PHP 语言和 MySQL 数据库编写一个新闻管理信息系统。
4. 使用 PHP 语言和 MySQL 数据库编写一个社团管理信息系统。
5. 使用 PHP 语言和 MySQL 数据库编写一个论坛管理信息系统。

第 15 章

非关系型数据库——NoSQL

传统的关系数据库具有不错的性能,高稳定性,久经历史考验,且使用简单,功能强大,同时也积累了大量的成功案例。在互联网领域,MySQL 成为了绝对靠前的王者,毫不夸张地说,MySQL 为互联网的发展做出了卓越的贡献。

随着互联网 Web 2.0 网站的兴起,传统的关系数据库在应付 Web 2.0 网站,特别是超大规模和高并发的 SNS 类型的 Web 2.0 纯动态网站时,已经显得力不从心,暴露了很多难以克服的问题,而非关系型的数据库则由于其本身的特点得到了非常迅速的发展。NoSQL 数据库的产生就是为了解决大规模数据集合多重数据种类带来的挑战,尤其是解决大数据应用难题。

15.1　NoSQL 概述

随着大数据的兴起,NoSQL 数据库现在成了一个极其热门的新领域。"NoSQL"不是"No SQL"的缩写,它是"**Not Only SQL**"的缩写。它的意义是:适合使用关系型数据库时就使用关系型数据库,不适用时也没有必要非使用关系型数据库不可,可以考虑使用更加合适的数据存储。为弥补关系型数据库的不足,各种各样的 NoSQL 数据库应运而生。

15.2　NoSQL 数据库的优势比较

15.2.1　关系型数据库的优势

1. 通用性及高性能

关系型数据库的性能绝对不低,它具有非常好的通用性和非常高的性能。对于绝大多数的应用来说,它都是最有效的解决方案。

2. 突出的优势

关系型数据库作为应用广泛的通用型数据库,它的突出优势主要有以下几点:

(1)保持数据的一致性(事务处理)。

(2)由于以标准化为前提,数据更新的开销很小(相同的字段基本上都只有一处)。

(3)可以进行 JOIN 等复杂查询。

(4)存在很多实际成果和专业技术信息(成熟的技术)。

其中,能够保持数据的一致性是关系型数据库的最大优势。

15.2.2　关系型数据库的劣势

关系型数据库的性能非常高,但是它毕竟是一个通用型的数据库,并不能完全适应所有的用途。具体来说它并不擅长以下处理:

1. 大量数据的写入处理存在困难

在数据读入方面,由复制产生的主从模式(数据的写入由主数据库负责,数据的读取由从数据库负责),可以比较简单地通过增加从数据库来实现规模化。但是,在数据的写入方面却完全没有简单的方法来解决规模化问题。例如,要想将数据的写入规模化,可以考虑把主数据库从一台增加到两台,作为互相关联复制的二元主数据库来使用。确实这样似乎可以把每台主数据库的负荷减少一半,但是更新处理会发生冲突(同样的数据在两台服务器同时更新成其他值),可能会造成数据的不一致。为了避免这样的问题,就需要把对每个表的请求分别分配给合适的主数据库来处理,这就不那么简单了。

另外也可以考虑把数据库分割开来,分别放在不同的数据库服务器上,比如将这个表放在这个数据库服务器上,那个表放在那个数据库服务器上。数据库分割可以减少每台数据库服务器上的数据量,以便减少硬盘 I/O(输入/输出)处理,实现内存上的高速处理,效果非常显著。但是,由于分别存储在不同服务器上的表之间无法进行 JOIN 处理,数据库分割时就需要预先考虑这些问题。数据库分割之后,如果一定要进行 JOIN 处理,就必须要在程序中进行关联,这是非常困难的。

2. 对有数据更新的表做索引或表结构变更处理不利

在使用关系型数据库时,为了加快查询速度需要创建索引,增加必要的字段就一定需要改变表的结构。在进行这些处理时,需要对表进行共享锁定,这期间数据变更(更新、插入和删除等)是无法进行的。如果需要进行一些耗时操作(例如为数据量比较大的表创建索引或者是变更其表结构),就需要特别注意:长时间内数据可能无法进行更新。

3. 字段不固定时应用存在缺陷

如果字段不固定,利用关系型数据库也是比较困难的。有人会说"需要的时候,加个字段就可以了",这样的方法也不是不可以,但在实际运用中每次都进行反复的表结构变更是非常痛苦的。你也可以预先设定大量的预备字段,但这样的话,时间一长很容易弄不清楚字段和数据的对应状态(即哪个字段保存哪些数据),所以并不推荐使用。

4. 对简单查询需要快速返回结果的处理响应慢

关系型数据库并不擅长对简单的查询快速返回结果。因为关系型数据库是使用专门的 SQL 语言进行数据读取的,它需要对 SQL 语言进行解析,同时还有对表的锁定和解锁这样的额外开销。这里并不是说关系型据库的速度太慢,若希望对简单查询进行高速处理,则没有必要非用关系型数据库不可。

总之,关系型数据库应用广泛,能进行事务处理和 JOIN 等复杂处理。相对地,NoSQL 数据库只应用于特定领域,基本上不进行复杂的处理,也弥补了上述所列举的关系型数据库的不足之处。

15.2.3　NoSQL 数据库的优势

1. 灵活的可扩展性

数据库管理员都是通过"垂直扩展"方式（当数据库的负载增加的时候，购买更大型的服务器来承载增加的负载）来进行扩展的，而不是通过"水平扩展"方式（当数据库负载增加的时候，在多台主机上分配增加的负载）来进行扩展。但是，随着请求量和可用性需求的增加，数据库也正在迁移到云端或虚拟化环境中，"水平扩展"的成本较低。

2. 轻松应对海量数据

目前需要存储的数据量发生了急剧的膨胀，为了满足数据量增长的需要，RDBMS 的容量也在日益增加，但是，随着对数据请求量的增加，单一数据库能够管理的数据量满足不了用户需求。大量的"大数据"可以通过 NoSQL 系统（如 MongoDB）来处理，其能处理的数据量远远超出了最大型的 RDBMS 所能处理的极限。

3. 维护简单

目前一些 RDBMS 在可管理性方面做出了很多改进，但是维护高端的 RDBMS 系统非常困难，而且还需要训练有素的 DBA 们的协助。甚至需要 DBA 亲自参与高端的 RDBMS 系统的设计、安装和调优。

NoSQL 数据库从一开始就是为了降低管理方面的要求而设计的：从理论上来说，自动修复，数据分配和简单的数据模型的确可以让管理和调优方面的要求降低很多。

4. 经济

NoSQL 数据库通常使用廉价的 Commodity Servers 集群来管理膨胀的数据和请求量，而 RDBMS 通常需要依靠昂贵的专用服务器和存储系统来做到这一点。使用 NoSQL，每 GB 的成本或每秒处理的请求的成本都比使用 RDBMS 的成本低很多，这可以让企业花费更低的成本存储和处理更多的数据。

5. 灵活的数据模型

对于大型的生产性 RDBMS 来说，变更管理很麻烦。即使只对一个 RDBMS 的数据模型做出很小的改动，也必须要十分小心的管理，也许还需要停机或降低服务水平。NoSQL 数据库在数据模型约束方面是更加宽松的，甚至可以说并不存在数据模型的约束。NoSQL 的 Key/Value 数据库和文档型数据库可以让应用程序在一个数据元素里存储任何结构的数据。即使是规定更加严格的基于"大表"的 NoSQL 数据库（如 HBase）通常也允许创建新列。

15.3　NoSQL 数据库的类型

NoSQL 的官方网站（http://nosql-database.org）上已经有 150 种数据库。具有代表性的 NoSQL 数据库主要有键值（Key/Value）存储、面向文档的数据库、面向列的数据库三种类型，如图 15-1 所示。

15.3.1　键值存储

键值（Key/Value）存储的数据库是最常见的 NoSQL 数据库，它的数据以键值的形式

NoSQL DEFINITION:Next Generation Databases mostly addressing some of the points: being **non-** · **relational, distributed, open-source and horizontally scalable.**

The original intention has been **modern web-scale databases.** The movement began early 2009 and is growing rapidly. Often more characteristics apply such as: **schema-free, easy replication support, simple API, eventually consistent / BASE (not ACID), a huge amount of data** and more. So the misleading term *"nosql"* (the community now translates it mostly with "not only sql") should be seen as an alias to something like the definition above. [based on 7 sources, 15 constructive feedback emails (thanks!) and 1 disliking comment . Agree / Disagree? Tell me so! By the way: this is a strong definition and it is out there here since 2009!]

LIST OF NOSQL DATABASES [currently 150]

Core NoSQL Systems: [Mostly originated out of a Web 2.0 need]

图 15-1　NoSQL 官网界面截图

存储。它的处理速度非常快,基本上只能通过键查询获取数据。根据数据的保存方式可以分为临时性、永久性和两者兼具 3 种。

1. 临时性

Memcached 属于临时性这种类型。所谓临时性就是"数据有可能丢失"的意思。Memcached 把所有数据都保存在内存中,保存和读取的速度非常快,但是当 Memcached 停止时,数据就不存在了。由于数据保存在内存中,所以无法操作超出内存容量的数据(旧数据会丢失)。其特点如下:

(1) 在内存中保存数据;

(2) 可以进行非常快速的保存和读取处理;

(3) 数据有可能丢失。

2. 永久性

Tokyo Tyrant、Flare 和 ROMA 等属于永久性这种类型。和临时性相反,所谓永久性就是"数据不会丢失"的意思。这里的键值存储不像 Memcached 那样在内存中保存数据,而是把数据保存在硬盘上。与 Memcached 在内存中处理数据比起来,由于必然要发生对硬盘的 IO 操作,所以性能上还是有差距的。但数据不会丢失是它最大的优势。有如下特点:

(1) 在硬盘上保存数据;

(2) 可以进行非常快速的保存和读取处理(但无法与 Memcached 相比);

(3) 数据不会丢失。

3. 两者兼具型

Redis 属于两者兼具型。Redis 有些特殊,临时性和永久性兼具,且集合了临时性键值存储和永久性键值存储的优点。Redis 首先把数据保存到内存中,在满足特定条件(默认是 15 分钟一次以上,5 分钟内 10 个以上,1 分钟内 10 000 个以上的键发生变更)时将数据写入到硬盘中。这样既确保了内存中数据的处理速度,又可以通过写入硬盘来保证数据的永久性。这种类型的数据库特别适合处理数组类型的数据。其特点如下:

（1）同时在内存和硬盘上保存数据；

（2）可以进行非常快速的保存和读取处理；

（3）保存在硬盘上的数据不会消失（可以恢复）；

（4）适合于处理数组类型的数据。

15.3.2 面向文档的数据库

MongoDB 和 CouchDB 属于这种类型。它们属于 NoSQL 数据库，但与键值存储相异。

1. 不定义表结构

面向文档的数据库具有以下特征：即使不定义表结构，也可以像定义了表结构一样使用。关系型数据库在变更表结构时比较费事，而且为了保持一致性还需修改程序。然而 NoSQL 数据库则可省去这些麻烦（通常程序都是正确的），确实是方便快捷。

2. 可以使用复杂的查询条件

跟键值存储不同的是，面向文档的数据库可以通过复杂的查询条件来获取数据。虽然不具备事务处理和 JOIN 这些关系型数据库所具有的处理能力，但除此以外的其他处理基本上都能实现。这是非常容易使用的 NoSQL 数据库。有如下特点：

（1）不需要定义表结构；

（2）可以利用复杂的查询条件。

15.3.3 面向列的数据库

Cassandra、Hbase 和 HyperTable 属于面向列的数据库。由于近年来数据出现爆发性增长，这种类型的 NoSQL 数据库尤为引人注目。

1. 面向行的数据库和面向列的数据库

普通的关系型数据库都是以行为单位来存储数据的，擅长进行以行为单位的数据处理，比如特定条件数据的获取。因此，关系型数据库也被称为面向行的数据库。相反，面向列的数据库是以列为单位来存储数据的，擅长以列为单位读入数据。

2. 高扩展性

面向列的数据库具有高扩展性，即使数据增加也不会降低相应的处理速度（特别是写入速度），所以它主要应用于需要处理大量数据的情况。另外，利用面向列的数据库的优势，可把它作为批处理程序的存储器来对大量数据进行更新，这也是非常有用的。但由于面向列的数据库跟面向行数据库存储的思维方式有很大不同，应用起来十分困难。其特点如下：

（1）高扩展性（特别是写入处理）；

（2）应用十分困难。

最近，像 Twitter 和 Facebook 这样需要对大量数据进行更新和查询的网络服务不断增加，面向列的数据库的优势对其中一些服务非常有用。

15.4　NoSQL 数据库选用原则

1. 并非对立而是互补的关系

关系型数据库和 NoSQL 数据库与其说是对立的（替代关系），倒不如说是互补的。与目前应用广泛的关系型数据库相对应，在有些情况下使用特定的 NoSQL 数据库，会使处理更加简单。

这里并不是说"只使用 NoSQL 数据库"或者"只使用关系型数据库"，而是"通常情况下使用关系型数据库，在适合使用 NoSQL 时使用 NoSQL 数据库"，即让 NoSQL 数据库对关系型数据库的不足进行弥补。

2. 量材适用

当然，如果用错了，有可能会发生使用 NoSQL 数据库反而比使用关系型数据库效果更差的情况。NoSQL 数据库只是对关系型数据库不擅长的某些特定处理进行优化，做到量材适用是非常重要的。

例如，若想获得"更高的处理速度"和"更恰当的数据存储"，那么 NoSQL 数据库是最佳选择。但一定不要在关系型数据库擅长的领域使用 NoSQL 数据库。

3. 增加了数据存储的方式

原来一提到数据存储，就是关系型数据库，别无选择。现在 NoSQL 数据库给我们提供了另一种选择（当然要根据二者的优点和不足区别使用）。在有些情况下，同样的处理若用 NoSQL 数据库来实现可以变得"更简单、更高速"。而且，NoSQL 数据库的种类很多，且它们都拥有各自不同的优势。

15.5　NoSQL 的 CAP 理论

15.5.1　NoSQL 系统是分布式系统

何为分布式系统？分布式系统（Distributed System）是建立在网络之上的软件系统，具有高度的透明性。透明性是指每个节点对用户的应用来说都是透明的，看不出是本地还是远程。在分布式数据库系统中，用户感觉不到数据是分布的，即用户不需要知道关系是否分割、有无副本、数据存储于哪台机器及操作在哪台计算机上执行等。

在一个分布式系统中，一组独立的计算机展现给用户的是一个统一的整体，就好像是一个系统似的。系统拥有多种通用的物理和逻辑资源，可以动态的分配任务，分散的物理和逻辑资源通过计算机网络实现信息交换。一个著名的分布式系统的例子是万维网（World Wide Web），在万维网中，所有的一切看起来就好像都是文档（Web 页面），并存储在一台计算机上。

从分布式系统的定义可以看出，NoSQL 系统是分布式系统，因为用户是通过一些 API 接口来访问它们，并不知道其最终内部工作需要由很多台计算机协同完成。

15.5.2　CAP 理论阐述

CAP 理论由 Eric Brewer 教授于 10 年前在 ACM PODC 会议上的主题报告中提出，这个理论是 NoSQL 数据库的基础，后来 Seth Gilbert 和 Nancy lynch 两人证明了 CAP 理论的正确性。

其中字母"C""A"和"P"分别代表了强一致性、可用性和分区容错性三个特征。

1. 强一致性

系统在执行过某项操作后仍然处于一致的状态。在分布式系统中，更新操作执行成功后所有的用户都应该读取到最新的值，这样的系统被认为具有强一致性。

2. 可用性

每一个操作总是能够在一定的时间内返回结果，这里需要注意的是"一定时间内"和"返回结果"。

"一定时间内"是指系统的结果必须在给定时间内返回，如果超时则被认为不可用，这是至关重要的。例如通过网上银行的网络支付功能购买物品。当等待了很长时间，比如 15 分钟，系统还是没有返回任务操作结果，购买者一直处于等待状态，那么购买者就不知道是否支付成功，还是需要进行其他操作。这样当下次购买者再次使用网络支付功能时必将心有余悸。

"返回结果"同样非常重要。还是拿这个例子来说，假如购买者单击支付之后很快出现结果，但是结果却是"java.lang.error…."之类的错误信息。这对于普通购买者来说当于没有任何结果。因为购买者仍旧不知道系统处于什么状态，是支付成功还是支付失败，或者需要重新操作。

3. 分区容错性

分区容错性可以理解为系统在存在网络分区的情况仍然可以接受请求（满足一致性和可用性）。这里网络分区是指由于某种原因网络被分成若干个孤立的区域，而区域之间互不相通。还有些人将分区容错性理解为系统对节点动态加入和离开的处理能力，因为节点的加入和离开可以被认为是集群内部的网络分区。

CAP 是在分布式环境中设计和部署系统时所要考虑的三个重要的系统需求。根据 CAP 理论，数据共享系统只能满足这三个特性中的两个，而不能同时满足三个条件。因此系统设计者必须在这三个特性之间做出权衡。

（1）放弃 P：由于任何网络（即使局域网）中的计算机之间都可能出现网络互不相通的情况，因此如果想避免分区容错性问题的发生，一种做法是将所有的数据都放到一台计算机上。虽然无法 100% 的保证系统不会出错，但不会碰到由分区带来的负面影响。当然，这个选择会严重影响系统的扩展性。如果数据量较大，一般是无法放在一台计算机上的，因此放弃 P 在这种情况下不能接受。所有的 NoSQL 系统都假定 P 是存在的。

（2）放弃 A：相对于放弃"分区容错性"来说，其反面就是放弃可用性。一旦遇到分区容错故障，那么受到影响的服务需要等待数据一致，因此在等待期间系统就无法对外提供服务。

（3）放弃 C：这里所说的放弃一致性，并不是完全放弃数据的一致性，而是放弃数据的强一致性,而保留数据的最终一致性。以网络购物为例,对只剩最后一件库存的商品,如果同时收到了两份订单,那么较晚的订单将被告知商品售罄。

其他选择:引入 BASE (Basically Availability, Soft-State, Eventually consistency),该方法支持最终一致性,其实是放弃 C 的一个特例。

传统关系型数据库注重数据的一致性,而对海量数据的分布式存储和处理,可用性与分区容忍性优先级要高于数据一致性,一般会尽量朝着 A、P 的方向设计,然后通过其他手段保证对于一致性的商务需求。

不同数据对于一致性的要求是不同的。举例来讲,用户评论对不一致是不敏感的,可以容忍相对较长时间的不一致,这种不一致并不会影响交易和用户体验。而用户对产品价格数据则是非常敏感的,通常不能容忍超过 10 秒的价格不一致。

15.6　MongoDB 概述

MongoDB 是 10gen 公司开发的一款以高性能和可扩展性为特征的开源软件,它是 NoSQL 中面向文档的数据库。它是一个介于关系数据库和非关系数据库之间的产品,是非关系数据库当中功能最丰富,最像关系数据库的。它支持的数据结构非常松散,是类似 JSON 的 BSON 格式,因此可以存储比较复杂的数据类型。MongoDB 最大的特点是支持查询语言非常强大,其语法有点类似于面向对象的查询语言,几乎可以实现类似关系数据库单表查询的绝大部分功能,而且还支持对数据建立索引。它是一个面向集合的、模式自由的文档型数据库。

15.6.1　选用 MongoDB 原因

1. 不能确定的表结构信息

关系型数据库虽然非常不错,但是由于被设计成可以应对各种情况的通用型数据库,所以也存在一些不足之处。

例如,在使用关系型数据库时,表结构(表中所保存的字段信息)都必须事先定义好,碰到很难定义的表结构时就比较麻烦。难以定义却又必须定义,这时恐怕就只能采用折中的方法:先定义最低限度的必要字段,需要时再添加其他字段。在这种情况下,肯定会发生添加字段等需要变更表结构的操作,势必要花费更多的工夫。但如果能接受,也是个不错的解决方案。或者还可以考虑使用一些其他方法,例如事先定义一些像魔术数字一样的字段作为备用,在需要使用时加以利用等。

关系型数据可以在事先定义好表结构的前提下高效地处理数据。但是对于调查问卷数据和分析结果数据(通过解析日志数据得到的数据),我们很难知道哪些字段是必要的,这必然会带来反复的表结构变更操作,因此也就无需固执地非要使用关系数据库不可。

2. 序列化可以解决一切问题吗

如果只是表结构的定义比较棘手的话,大家可能会觉得通过 JSON 等工具对数据进行序列化之后再保存到关系型数据库中就能解决该问题。确实,若能忍受保存数据时的序列化处理及读取数据时的反序列化处理所带来的额外开销,以及数据不易理解等问题,这也不失为一个好的解决方案。但是这种方法有可能会导致效率低下。例如，我们把如下数据通过 JSON 进行序列化，然后保存到关系型数据库的某个字段中。

```
{
    Key1->"value1"
    Key2->"value2"
    Key3->"value3"
}
```

即使存在多个键（本例中有 Key1、Key2 和 Key3 三个），也可以顺利地通过 JSCN 进行序列化，然后保存到关系型数据库中，并在读取时通过反序列化得到原来的散列表数据。

但是，若想要从所有数据中取得 Key1 等于某个值的数据，应该怎么办才好呢？ 如果 Key1 是保存在关系型数据库的字段中，就可以很容易地通过 SQL 读取出来。

但是，那些被 JSON 序列化之后的数据却无法这样读取。因此，只能把所有数据都取出来进行反序列化，再从中抽取出符合条件的数据。如果一开始就把所有数据都取出来不仅浪费时间和资源，而且还必须对取出的数据进行再次抽取。随着数据的增大，处理抽取所需要的时间也会越来越长。

3. 无须定义表结构的数据库

这时就轮到 MongoDB 出场了。由于它是无表结构的数据库，所以使用 MongoDB 时不需要定义表结构。而且，由于它无须定义表结构，所以对于任何 key 都可以像关系型数据库那样进行反复查询等操作。MongoDB 拥有比关系型数据库更快的处理速度且可以像关系型数据库那样通过添加索引来进行高速处理。

15.6.2　MongoDB 的优势和不足

1. 无表结构

毫无疑问，MongoDB 的最大特征就是无表结构（没有必要定义表结构）的模式自由（schema-free），它无须像关系型数据那样定义表结构。例如，下面两条记录可以存在于同一个集合里：

```
{"welcome":"Beijing"}
{"age":"25"}
```

但是，它到底是如何保存数据的呢？ MongoDB 在保存数据时会把数据和数据结构都完整地以 BSON（JSON 的二进制化产物）的形式保存起来，并把它作为值和特定的键进行关联。正是由于这样的设计，它不需要定义表结构，因而被称为面向文档的数据库。

由于数据的处理方式不同，所以面向文档数据库的用语也发生了变化。刚开始时大家可能会因为用语的不同而不太适应。例如，关系型数据库中的表在面向文档数据库中称为集合（Collection），关系型数据库中的记录在面向文档数据库中被称为文档（Document）。

无表结构是 MongoDB 最大的优势。由于不需要定义表结构，减少了添加字段等表结构变更所需要的开销。除此之外，它还有一些非常便利的地方。

让我们来分析一个比较常见的例子：假设需要添加新字段，在这种情况下，对于关系型库来说，首先要进行表结构变更，然后在程序中针对这个新字段进行相应的修改。而MongoDB原本就没有定义表结构，所以只需要对程序进行相应的修改就可以了。

MongoDB给我们带来的最大便利就是不必再去关心表结构和程序之间的一致性。使用关系型数据库时往往会发生表结构和程序之间不一致的问题，所以估计很多人在添加字段时往往只修改了程序，忘了修改表结构，从而导致出错。如果使用像MongoDB这样没有表结构的数据库，就不会发生类似问题，只需保证程序的正确性即可。

2. 容易扩展

应用数据集的大小在飞速增加。传感器技术的发展、带宽的增加，以及可连接到因特网的手持设备的普及使得当下即使很小的应用也要存储大量数据，量大到很多数据库都应付不来。T级别的数据原来是闻所未闻的，但现在已经司空见惯了。

由于开发者要存储的数据不断增长，其面临一个非常困难的选择：该如何扩展自己的数据库呢？升级呢（买台更好的机器）？还是扩展呢（将数据分散到很多机器上）？升级通常是最省力气的做法，但是问题也显而易见：大型机一般都非常昂贵，最后达到了物理极限的话花多少钱也买不到更好的机器。对于大多数要构建的大型Web应用来说，这样做既不现实也不划算。而扩展就不同了，不但经济而且还能持续添加：想要增加存储空间或者提升性能，只需要买台一般的服务器加入集群就好了。

MongoDB从最初设计时就考虑到了扩展的问题。它所采用的面向文档的数据模型使其可以自动在多台服务器之间分散数据。它还可以平衡集群的数据和负载，自动重排文档。这样开发者就可以专注于编写应用，而不用考虑如何扩展。要是需要更大的容量，只需在集群中添加新计算机，然后让数据库来处理剩下的事。

3. 丰富的功能

MongoDB拥有一些真正独特的、好用的功能，其他数据库不具备或者不完全具备这些功能。

（1）索引：MongoDB支持通用辅助索引，能进行多种快速查询，也具备唯一的、复合的地理空间索引能力。

（2）存储JavaScript：开发人员不必使用存储过程，就可以直接在服务器端存取JavaScript的函数和值。

（3）聚合：MongoDB支持MapReduce和其他聚合工具。

（4）固定集合：集合的大小是有上限的，这对某些类型的数据（比如日志）特别有用。

（5）文件存储：MongoDB支持用一种容易使用的协议存储大型文件和文件的元数据。

4. 性能卓越

卓越的性能是MongoDB追求的主要目标，也极大地影响了设计上的很多决定。MongoDB使用MongoDB传输协议作为与服务器交互的主要方式（其他的协议需要更多的开销，如HTTP/REST）。它对文档进行动态填充，预分配数据文件，用空间换取性能的稳定。默认的存储引擎中使用了内存映射文件，将内存管理工作交给操作系统去处理。

动态查询优化器会"记住"执行查询最高效的方式。总之，MongoDB 在各个方面都充分考虑了性能。

5. 简便的管理

MongoDB 尽量让服务器自动配置来简化数据库的管理。除了启动数据库服务器之外，基本没有什么必要的管理操作。如果主服务器挂掉了，MongoDB 会自动切换到备份服务器上，并且将备份服务器提升为主服务器。在分布式环境下，集群只需要知道有新增加的节点，就会自动继承和配置新节点。

MongoDB 的管理理念就是尽可能地让服务器自动配置，让用户能在需要时调整设置（但不强制）。

6. MongoDB 的不足

MongoDB 不支持 JOIN 查询和事务处理，但实际上事务处理一般来说都是通过关系型数据库来完成的，很少会涉及 MongoDB。虽然不能进行 JOIN 查询确实不太方便，但是也可以通过一些方法来规避。例如，可以在不需要 JOIN 查询的地方使用 MongoDB，或者是在初始设计中就避免使用 JOIN 查询等。另外，还可以在一开始就把必要的数据全都嵌入到文档中。

还有一点需要注意的是，使用 MongoDB 创建和更新数据时，数据不会实时写入到硬盘中。由于不能实时向硬盘中写入数据，所以就有可能出现数据丢失的情况。大家在使用时一定要谨慎。

但是，由于 MongoDB 在保存数据时需要预留出很大的空间，因此对硬盘的空间需求量呈逐渐增大的趋势。

15.6.3 基本概念

MongoDB 非常强大，同时也很容易上手。MongoDB 的基本概念：

（1）MongoDB 的文档，相当于关系数据库中的一行记录。

（2）多个文档组成一个集合，相当于关系数据库的表。

（3）多个集合，逻辑上组织在一起，就是数据库。

（4）一个运行的 MongoDB Server 支持多个数据库。

15.7　MongoDB 数据库安装配置

15.7.1　下载

（1）MongoDB 的官方下载网站是 http://www.mongodb.org/downloads，可以去上面下载最新的安装程序。在下载页面中，我们选择 32 位 2.6.8 版本可以下载 ZIP 压缩包或 msi 格式的安装文件。当然我们也可以输入以下地址来直接下载 ZIP 压缩包 mongodb-win32-i386-2.6.8.zip，如图 15-2 所示。

https://fastdl.mongodb.org/win32/mongodb-win32-i386-2.6.8.zip

（2）下载 ZIP 压缩包，解压 D:\下，如图 15-3 所示。

图 15-2　MongoDB 下载界面图

图 15-3　MongoDB 解压文件界面

15.7.2　配置

1．建立环境

MongoDB 需要一个 data 文件夹来放置自身文件，默认存储数据目录为/data/db，默认端口 27017，默认 HTTP 端口 28017。所以我们需要在 D 盘下建立 data/db 目录。

当然也可以在其他位置下建立 data/db 目录，这样的话，启动时需要明确指定 dbpath 选项，具体操作可以参照下面讲解的命令行方式启动。

2．配置环境变量

（1）右键单击"计算机"图标，并选择右键菜单中的 "属性"命令，在弹出的窗口中选择"高级系统设置"按钮，弹出如图 15-4 所示的"系统属性"窗口，选择"高级"选项卡。

（2）单击"环境变量"按钮，弹出"环境变量"窗口，如图 15-5 所示。

（3）在"系统变量"列表框中选择"Path"选项，单击"编辑"按钮，将弹出"编辑系统变量"窗口，如图 15-6 所示。

图 15-4 "系统属性"配置窗口

图 15-5 "环境变量"编辑窗口

图 15-6　"编辑系统变量"窗口

（4）将 mongodb-win32-i386-2.6.8.zip 解压后的文件夹中的 bin 文件夹的位置（D:\mongodb-win32-i386-2.6.8 \bin）添加到"变量值"文本框中，注意要使用";"与其他变量值进行分隔，最后，单击"确定"按钮。环境变量设置完毕。

15.7.3　启动数据库

在安装和配置完 MongoDB 后，必须先启动它，然后才能使用它。启动数据库有以下几种方式：

1. 双击 mongodb.exe 启动

在 D:\mongodb-win32-i386-2.6.8\bin 下有很多 exe 文件，其中 mongodb.exe 文件是启动数据库的文件，双击运行。看到如图 15-7 所示界面，表示成功启动了数据库。

```
D:\mongodb-win32-i386-2.6.8\bin\mongod.exe

Wed Mar 04 18:47:56.205 [initandlisten] build info: windows sys.getwindowsversio
n(major=6, minor=0, build=6002, platform=2, service_pack='Service Pack 2') BOOST
_LIB_VERSION=1_49
Wed Mar 04 18:47:56.205 [initandlisten] allocator: system
Wed Mar 04 18:47:56.205 [initandlisten] options: {}
Wed Mar 04 18:47:56.634 [initandlisten] waiting for connections on port 27017
Wed Mar 04 18:47:56.634 [websvr] admin web console waiting for connections on po
rt 28017

微软拼音 半 :
```

图 15-7　启动界面

注意：MongoDB 需要一个 data 文件夹来放置自身数据文件，默认存储目录为当前根目录下的/data/db。所以我们刚才在 D 盘下建立 data/db 目录。如果没有建立此目录或者不在根目录下，单击运行 mongodb.exe 文件启动 Mongodb 服务会失败，出现一闪而过的界面。

2. 命令行方式启动

首先简单介绍一下 mongod 参数：

- dbpath：数据文件存放路径，每个数据库会在其中创建一个子目录，用于防止同一个实例多次运行的 mongod.lock 也保存在此目录中。
- logpath：错误日志文件。
- logappend：错误日志采用追加模式。
- bing_id：对外服务的绑定 IP，一般设置为空，及绑定在本机所有可用 IP 上，如有需要可单独指定。

- port：对外服务端口。Web 管理端口在这个 port 的基础上＋1000。
- journal：开启日志功能，通过保存操作日志来降低单机故障的恢复时间。
- syncdelay：系统同步刷新磁盘的时间，默认 60 秒。
- directoryperdb：每个 db 存放在单独的目录中，建议设置该参数。与 MySQL 的独立表空间类似。
- maxConns：最大连接数。
- repairpath：执行 repair 时的临时目录。如果没有开启 journal，异常 down 机后重启，必须执行 repair 操作。

打开 cmd，运行 mongod.exe －－dbpath＝D：\data\db，如图 15-8 所示。

图 15-8 命令行界面

按回车键后，出现如图 15-9 所示，表示成功开启 mongodb 服务。

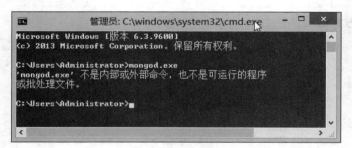

图 15-9 成功启动界面

注意：这里如果出现如图 15-10 所示的提示。那么表明我们前面的环境变量没有配置成功，需要重新配置。

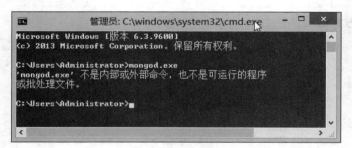

图 15-10 错误提示

作为一个专业的 DBA，实例启动时会加很多的参数以便使系统运行的非常稳定，这样在启动时就会在 mongod 后面加一长串的参数，看起来非常混乱且不好管理和维护，那么我们还可以通过配置文件方式启动数据库，如图 15-11 所示。

图 15-11 启动

在按回车之前，我们要在 D:\data 下添加目录 log。在 D:\mongodb-win32-i386-2.6.8 建立一个配置文件 mongo.conf 并添加需要的参数，例如这里文件添加的内容如图 15-12 所示。

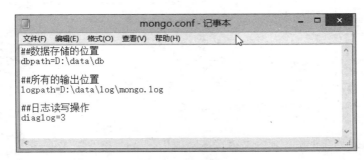

图 15-12 配置内容

之后，按回车键，显示结果如图 15-13 所示，表示成功启动 mongod 服务。

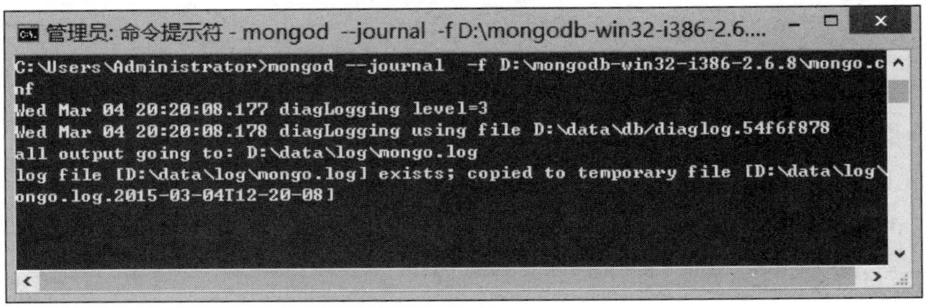

图 15-13 启动界面

3. Windows 服务启动

前面讲 MySQL 安装时也提到过，要配置成 Window 服务，并设置服务开机启动，这样当系统启动时，就会自动启动 MySQL 服务。MongoDB 也可以配置为 Windows 服务。

（1）配置为 Windows 服务，用- - install 命令参数，并用 - - journal 开启日志功能 -f 指定配置文件。按回车键，提示安装服务成功，如图 15-14 所示。

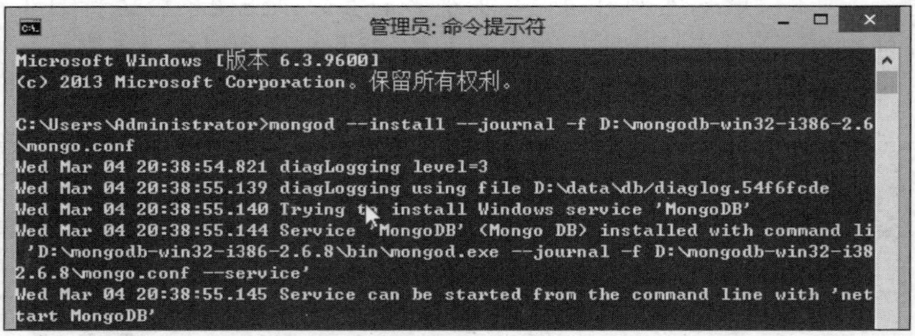

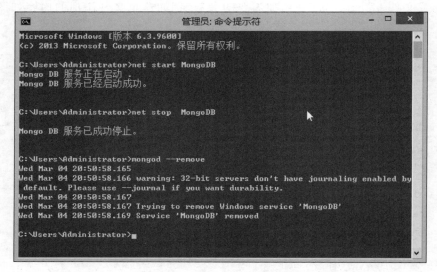

图 15-14　安装服务

（2）可以用 net start MongoDB 开启服务，net stop MongoDB 关闭服务，mongod -remove 卸载服务，如图 15-15 所示。

图 15-15　开启、停止和卸载服务

4. 停止数据库

（1）shutdownServer()指令：如果处理连接状态，那么可以直接通过 admin 库发送 db.shutdownServer()指令去停止，如图 15-16 所示。

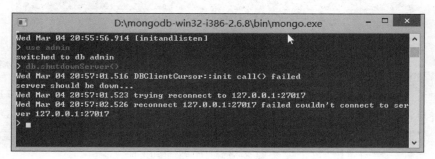

图 15-16　停止服务

（2）前台直接退出：通过前台启动的 Mongodb 数据库，可直接使用前台退出方式关闭终端。Mongodb 将会自己做清理退出，把没有写好的数据写完整，并最终关闭数据文件。

（3）net stop MongoDB 关闭服务：通过 Windows 服务启动的 mongodb 服务，可以用 net stop MongoDB 命令关闭，如图 15-17 所示。

图 15-17　停止服务

15.7.4　MongoVUE 图形化管理工具

MongoDB 的客户端工具 MongoVue，地址是 http://www.mongovue.com/。从 1.0 版本开始收费了。如果只是学习用的话，还有一个 0.15.7 版本，虽然比起 1.0 版来说有些 bug，但平常使用也够了。1.0 版之后超过 15 天后功能受限。用户可以通过删除以下注册表项来解除限制：

[HKEY_CURRENT_USER\Software\Classes\CLSID\{B1159E65 - 821C3 - 21C5 - CE21 - 34A484D54444}\4FF78130]

把这个项下的值全删掉就可以了。

15.7.5　MongoVUE 的安装启动

1. MongoVUE 的安装

（1）进入官网下载页面 http://www.mongovue.com/downloads/（如图 15-18 所示），单击 download 下载 MongoVUE 最新安装压缩包文件 Installer-1.6.15.zip，版本号 1.6.9，需要 Microsoft .NET Framework 3.5 Service Pack 1 和 1.6 版本以上的 MongoDB 的支持。

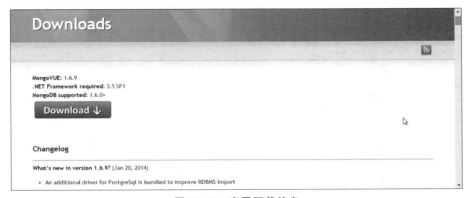

图 15-18　官网下载信息

（2）解压文件，得到 Installer.msi，双击运行。出现安装向导，如图 15-19 所示。

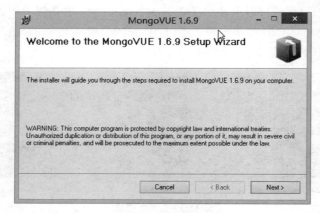

图 15-19　安装向导

（3）单击 Next 按钮，继续安装，如图 15-20 所示。

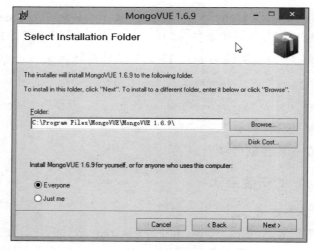

图 15-20　选择安装目录

（4）单击 Next 按钮，弹出确认对话框，如图 15-21 所示。

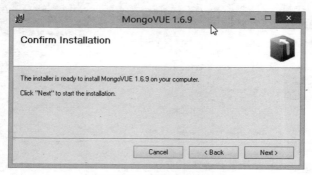

图 15-21　确认安装提示

（5）若不确认，单击 Back 按钮，返回修改。若确认安装，单击 Next 按钮开始安装，如图 15-22 所示。

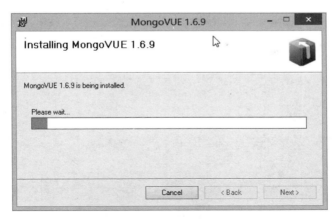

图 15-22　安装过程

（6）安装成功后，出现如图 15-23 所示的对话框。

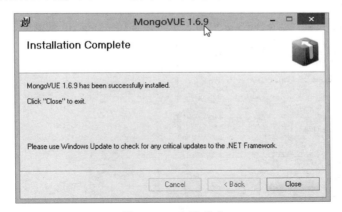

图 15-23　安装成功

2. MongoVUE 的启动

（1）在安装目录下（C：\Program Files\MongoVUE\MongoVUE 1.6.9），双击 MongoVUE.exe，启动 MongoVUE，首先会提示使用限制，如图 15-24 所示。

图 15-24　使用限制提示

（2）我们选择试用，单击 OK 按钮（想购买此产品可以单击 Buy 按钮），弹出如图 15-25 所示的对话框。

图 15-25　连接数据库窗口

（3）单击图中的加号按钮，添加连接。弹出 Create new Connect 对话框，填好信息后，如图 15-26 所示。

（4）单击 Test 按钮，提示 Success 窗口表示可以连接 mongodb 数据库，如图 15-27 所示。

图 15-26　连接信息对话框

图 15-27　连接可用提示

（5）关闭 Success 提示框，单击图 15-26 Create new Connection 对话框中的 Save 按钮，保存连接，如图 15-28 所示。

（6）单击 Connect 连接按钮，出现如图 15-29 所示窗口，表示连接成功。

15.7.6　借助 MongoVUE 工具对数据库操作

1. 创建

（1）创建数据库，单击一下 local 实例作为操作对象。然后选择菜单中的 Server→

图 15-28　创建连接窗口

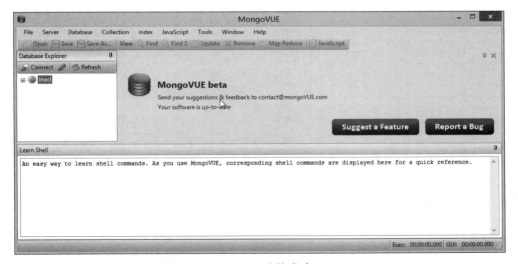

图 15-29　连接成功

add Database，弹出输入对话框，如图 15-30 所示。

图 15-30　输入数据库名称

（2）输入数据库名称 db，单击 OK 按钮，会看到新建的数据库 db，如图 15-31 所示。

（3）添加集合。单击选择 db 数据库为操作对象，选择菜单中的 Database→add

图 15-31　数据库资源夹

Collection 或右键单击 db 数据库，选择右键菜单中 add Collection，会弹出输入集合名称对话框，如图 15-32 所示。

图 15-32　输入集合名称

（4）单击 OK 按钮，添加集合 blog。成功后可以看到新建的 blog 集合，如图 15-33 所示。

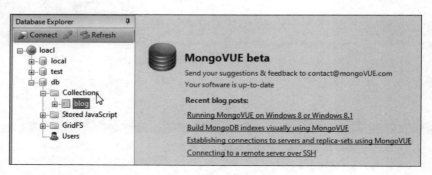

图 15-33　blog 库的查看图

（5）添加文档。单击选择 blog 集合作为操作对象，选择菜单栏 Collection（或是右击 blog 集合的右键菜单）中的"Insert/Import Documents…"选项。弹出插入文档窗口，写好文档，如图 15-34 所示。

（6）单击 Insert 插入文档，若无错误提示，则可以双击 blog，选择 Text View 选项卡，显示如图 15-35 所示的窗口。

2. 更新

（1）第一种更新方式，直接在 Tree View 或是 Table View 视图下，找到自己要修改的字段，双击字段编辑后按回车键，即可修改成功，如图 15-36 和图 15-37 所示。

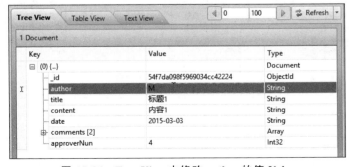

图 15-34　插入文档

图 15-35　文档数据的查看

图 15-36　Tree View 中修改 author 的值 Value

图 15-37　Table View 中修改 author 的值 Value

（2）通过命令修改进行更新，首先单击快捷菜单中的 Update 按钮，在更新界面中，输入命令，如图 15-38 所示。我们这里是把_id 值为 ObjectId("54f7da098f5969034cc42224")的文档中的 approverNun 字段的值加 2。

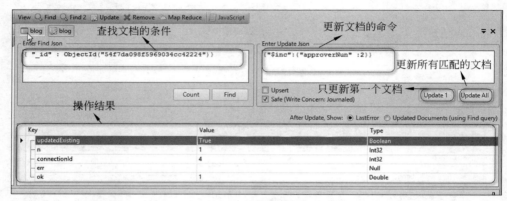

图 15-38　更新

3. 删除

（1）第一种删除方式，直接在 Tree View 视图中，右键单击要删除的文档，选择 Remove 选项，如图 15-39 所示，选择后，会弹出确认对话框，如图 15-40 所示，单击 Yes 即可删除文档。

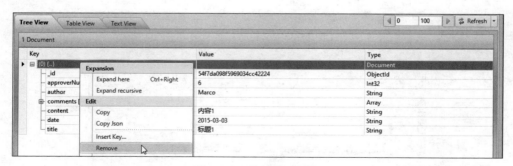

图 15-39　选择移除界面

（2）通过命令删除，首先单击快捷菜单中的 Remove 按钮，在删除界面中，输入命令，我们这里是把_id 值为 ObjectId("54f7da098f5969034cc42224")的文档删除，如图 15-41 所示。

图 15-40 移除确认

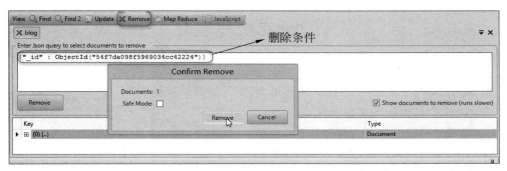

图 15-41 确认删除

注意：数据库和集合的删除，可以选择相应的右键菜单下的 Drop 选项删除。

4. 查询

选择 blog 集合作为操作对象，单击快捷菜单中的 Find1 或 Find2 按钮，通过输入查询条件进行查询，这里单击 Find1 按钮，查询田野评论过的所有 blog，按评论时间排序先后返回 title 和 date 字段，以及田野评论的内容，如图 15-42 所示。

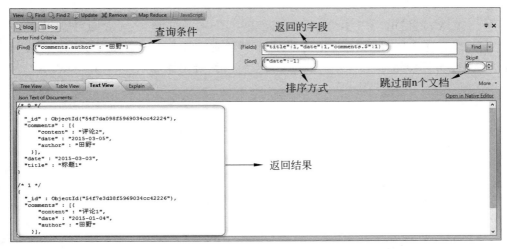

图 15-42 查询返回结果界面

注意：这里也返回了_id 字段，因为_id 字段默认返回，除非显示说明不返回_id 字段。

15.8　本 章 小 结

本章主要介绍了 NoSQL 数据库的概念、优势、劣势和数据库类型以及选用原则。最后又以 MongoDB 为例，结合实例，讲解了下载、安装、配置以及通过图形化的客户端工具 MongoVUE 操作 MongoDB 数据。

15.9　思考与练习

1. 关系型数据库有哪些不足？

2. 选用 NoSQL 有哪些原则？NoSQL 有哪五方面的优势？

3. NoSQL 数据库的类型有什么？

4. 键值存储的保存方式有哪些？

5. 面向文档的数据库的特点是什么？

6. 什么是分布式系统？

7. CAP 理论什么？C、A、P 分别表示什么？

8. 什么是 BSON 格式？

9. MongoDB 是一种 NoSQL 数据库，具体地说，是（　　）存储数据库。

  A. 键值　　　　　　B. 文档　　　　　　C. 图形　　　　　　D. XML

10. 以下 NoSQL 数据库中，（　　）是一种高性能的分布式内存对象缓存数据库，通过缓存数据库查询结果，减少数据库访问次数，以提高动态 Web 应用的速度，提高可扩展性。

  A. MongoDB　　　B. Memcached　　　C. Neo4j　　　　　D. Hbase

11. CAP 理论是 NoSQL 理论的基础，下列性质不属于 CAP 的是（　　）。

  A. 分区容错性　　B. 原子性　　　　　C. 可用性　　　　　D. 一致性

附 录

实 验

实验1　概念模型(E-R 图)绘制

一、实验目的

(1) 了解 E-R 图构成要素以及各要素图元。

(2) 掌握概念模型 E-R 图的绘制方法。

二、实验内容

根据如下需求描述,分别画出该模块的 E-R 图,并在图上注明实体、属性、联系及联系的类型。

(1) 某同学需要设计开发宿舍信息管理系统,希望能够管理宿舍与学生信息的数据库,其中学生信息包括学号、姓名、年龄、性别、班号;宿舍信息包括楼号、宿舍编号、宿舍入住人数、宿舍类型。

(2) 请为电冰箱经销商设计一套存储生产厂商和产品信息的数据库,要求生产厂商的信息包括厂商名称、地址、电话;产品的信息包括品牌、型号、价格;生产厂商生产某产品的数量和日期。

(3) 设计能够表示学校与校长信息的数据库,其中需要展示学校信息的学校编号、学校名、校长号、地址;校长的信息有校长号、姓名、出生日期。

(4) 某医院需要开发一个医院人事管理系统,其中一个模块涉及医生、科室、医生参加医药科研项目等内容的管理,请为该模块设计数据库。通过需求分析,收集到如下信息:医院有多个科室,每个科室有多名医生,每名医生只能在一个科室中工作。每名医生可以参与多个医药科研项目,每个医药科研项目可以由多名医生参加。每名医生参加某医药科研项目,都有参加时间、项目职责。其他相关信息如下。

- 科室: 科室编号、科室名称。
- 医药科研项目: 项目编号、项目名称、项目简述。
- 医生: 工号、姓名、出生日期、职称。

三、观察与思考

(1) 当属性(比如工资)既可以作为实体,又可以作为属性,应如何处理?

(2) 两个实体的信息如何产生联系?

实验 2　安装 MySQL 8.0 及 Navicat for MySQL

一、实验目的及要求

（1）掌握在 Windows 平台下安装与配置 MySQL 8.0 的方法。

（2）掌握启动服务并登录 MySQL 8.0 数据库的方法和步骤。

（3）了解手工配置 MySQL 8.0 的方法。

二、实验内容

（1）在 Windows 平台下安装与配置 MySQL 8.0。

（2）在服务对话框中，手动启动或者关闭 MySQL 服务。

（3）使用 Net 命令启动或关闭 MySQL 服务。

（4）分别用 Navicat 工具和命令行方式登录 MySQL。

（5）在 my.ini 文件中将数据库的存储位置改为 d:\MYSQL\DATA。

（6）使用配置向导修改当前密码，并使用新密码重新登录。

（7）配置 Path 变量，确保 MySQL 的相关路径包含在 Path 变量中。

实验 3　MySQL 数据库的创建和删除

一、实验目的及要求

（1）掌握 MySQL 数据库的相关概念。

（2）掌握使用 Navicat 工具和 SQL 语句创建数据库的方法。

（3）掌握使用 Navicat 工具和 SQL 语句删除数据库的方法。

二、实验内容

（1）创建数据库。

- 用 Navicat 创建电商平台数据库 e_shop。
- 使用 SQL 语句创建数据库 MyDB。

（2）查看数据库属性。

- Navicat 中查看创建后的 e_shop 数据库和 MyDB 数据库的状态，查看数据库所在的文件夹。
- 利用 SHOW DATABASES 命令显示当前的所有数据库。

（3）删除数据库。

- 使用 Navicat 图形工具删除 e_shop 数据库。
- 使用 SQL 语句删除 MyDB 数据库。
- 使用 SHOW DATABASES 命令显示当前的所有数据库。

实验 4 MySQL 数据库表的创建与管理

一、实验目的及要求

（1）掌握表的基础知识。

（2）掌握使用 Navicat 管理工具和 SQL 语句创建表的方法。

（3）掌握表的维护、修改、查看、删除等基本操作方法。

二、实验内容

（1）数据类型的应用。在某电子商务网站中，提供了用户注册功能，当用户在注册表单中填写信息后，提交表单，就可以注册为一个新用户。为了保存用户的数据，需要在数据库中创建一张用户表，该表需要保存的用户信息如下：

- 用户名：可以使用中文，不允许重复，长度在 20 个字符以内。
- 手机号码：长度为 11 个字符。
- 性别：有男、女、保密 3 种选择。
- 注册时间：注册时的日期和时间。
- 会员等级：表示会员等级的数字，最高为 100。

为合理保存上述数据，请你选择合理的数据类型保存数据。

（2）表的定义与修改操作。在 schoolInfo 数据库中创建一个名为 teacherInfo 的表，表结构如表 A-1 所示。

表 A-1 teacherInfo 表的结构

字 段 名	字段描述	数 据 类 型	主键	外键	非空	唯一	自增
id	编号	INT(4)	是	否	是	是	是
num	教工号	INT(10)	否	否	是	是	否
name	姓名	VARCHAR(20)	否	否	是	否	否
sex	性别	VARCHAR(4)	否	否	是	否	否
birthday	出生日期	DATETIME	否	否	否	否	否
address	家庭住址	VARCHAR(50)	否	否	否	否	否

按照下列要求进行表的定义操作：

- 首先创建数据库 schoolInfo。
- 创建 teacherInfo 表。
- 将 teacherInfo 表的 name 字段的数据类型改为 VARCHAR(30)。
- 将 birthday 字段的位置改到 sex 字段的前面。
- 将 num 字段改名为 t_id。
- 将 teacherInfo 表的 address 字段删除。
- 在 teacherInfo 表中增加名为 wages 的字段，数据类型为 FLOAT。
- 将 teacherInfo 表改名为 teacherInfoInfo。

（3）创建 staffInfo 数据库，并定义 department 表和 worker 表，完成两表之间的完整性约束，如表 A-2 和表 A-3 所示。

表 A-2　department 表的结构

字　段　名	字段描述	数　据　类　型	主键	外键	非空	唯一	自增
d_id	部门号	INT(4)	是	否	是	是	否
d_name	部门名	VARCHAR(20)	否	否	是	是	否
function	部门职能	VARCHAR(50)	否	否	否	否	否
address	部门位置	VARCHAR(20)	否	否	否	否	否

表 A-3　worker 表的结构

字　段　名	字段描述	数　据　类　型	主键	外键	非空	唯一	自增
id	编号	INT(4)	是	否	是	是	是
num	员工号	INT(10)	否	否	是	是	否
d_id	部门号	INT(4)	否	是	否	否	否
name	姓名	VARCHAR(20)	否	否	是	否	否
sex	性别	VARCHAR(4)	否	否	否	否	否
birthday	出生日期	DATE	否	否	否	否	否
address	家庭住址	VARCHAR(50)	否	否	否	否	否

按照下列要求进行表的操作：
- 在 staffInfo 数据库下创建 department 表和 worker 表。
- 删除 department 表。
- 删除 worker 表的外键约束。
- 重新删除 department 表。

实验 5　MySQL 数据库表的数据插入、修改、删除操作

一、实验目的
（1）掌握 MySQL 数据库表的数据插入、修改、删除操作的 SQL 语法格式。
（2）掌握数据库表的数据的录入、增加和删除的方法。

二、验证性实验
（1）在 db_animal 数据库创建一个名为 animal 的表，如表 A-4 所示。

表 A-4　animal 表的结构

字　段　名	字段含义	数　据　类　型	主键	外键	非空	唯一	自增
id	编号	INT(4)	是	否	是	是	是
name	姓名	VARCHAR(20)	否	否	是	否	否

字 段 名	字段含义	数 据 类 型	主键	外键	非空	唯一	自增
kinds	种类	VARCHAR(8)	否	否	是	否	否
legs	腿的条数	INT(4)	否	否	否	否	否
behavior	习性	VARCHAR(50)	否	否	否	否	否

向 animal 表中插入记录,并进行更新和删除操作,如表 A-5 所示。

表 A-5　animal 表的记录

id	name	kinds	legs	behavior
1	田鼠	鼠类	4	夜间活动
2	蜈蚣	多足纲	40	用毒液杀死食物
3	波斯猫	猫类	4	好吃懒做
4	北京鸭	家禽	2	叫个不停
5	猪	哺乳动物	4	吃和睡

创建 animal 表,其 SQL 代码如下:

```
CREATE TABLE animal
(
    id INT(4) PRIMARY KEY UNIQUE NOT NULL AUTO_INCREMENT,
    name VARCHAR(20) NOT NULL,
    kinds VARCHAR(8) NOT NULL,
    legs INT(4),
    behavior VARCHAR(50)
)
```

对 animal 表进行如下操作:

- 使用 INSERT 语句将上述记录插入到 animal 表中。
- 使用 UPDATE 语句将习题 1 中的第 3 条记录的"猫类"改成"猫科动物"。
- 将习题 1 中四条腿的动物的 behavior 值都改为"四条腿运动"。
- 从 animal 表中删除腿数大于 10 的动物的记录。
- 删除 animal 表中所有记录的数据。

(2)假设有如表 A-6 所示的表结构,向该数据表中添加如表 A-7 所示的数据。

表 A-6　图书信息表 BookInfo

字 段 名	数 据 类 型	字 段 含 义
id	INT	图书编号
name	VARCHAR(12)	图书名称

续表

字　段　名	数据类型	字段含义
price	DECIMAL(5,2)	图书价格
author	VARCHAR(4)	图书作者
pub	VARCHAR(15)	出版社
remarks	VARCHAR(200)	备注

表 A-7　向图书信息表添加的数据

id	name	price	author	pub	remarks
1	数据库	30	张三	北京大学	畅销书
2	会计实务	35	李四	南京大学	教材
3	大学物理	28	王五	大连大学	教材
4	数据结构	36	赵四	沈阳大学	教材
5	英语口语	25	刘六	上海大学	应试

创建 BookInfo 表，其 SQL 代码如下：

```
CREATE TABLE BookInfo
(
    id INT,
    name VARCHAR(12),
    price DECIMAL(5,2),
    author VARCHAR(4),
    pub VARCHAR(15),
    remarks VARCHAR(200)
)
```

插入如表 A-7 所示的数据，对 BookInfo 表进行如下操作：

- 修改图书信息表中编号是 1 的图书信息，将其价格修改为 32.5。
- 使用限制修改行数的方法，将表中前 2 行数据中的作者修改成"未知"。
- 将价格高于 30 的图书，降低 5 元。
- 删除表中编号是 1 的图书信息。
- 删除表中前 2 条图书信息。

三、观察与思考

（1）对于删除的数据，如何实现"逻辑删除"（即数据库中的数据不删除，给用户的感觉是删除了）？

（2）DROP 命令和 DELETE 命令的本质区别是什么？

（3）利用 INSERT、UPDATE 和 DELETE 命令可以同时对多个表进行操作吗？

实验 6　MySQL 数据库表数据的查询操作

一、实验目的

（1）掌握 SELECT 语句的基本语法格式。

（2）掌握 SELECT 语句的执行方法。

（3）掌握 SELECT 语句的 GROUPBY 和 ORDERBY 子句的作用。

二、实验内容

在 department 表和 employee 表中进行信息查询。department 表和 employee 表的定义如表 A-8 和 A-9 所示。

表 A-8　department 表的定义

字　段　名	字段描述	数　据　类　型	主键	外键	非空	唯一	自增
d_id	部门号	INT(4)	是	否	是	是	否
d_name	部门名称	VARCHAR(20)	否	否	是	是	否
function	部门职能	VARCHAR(20)	否	否	否	否	否
address	工作地点	VARCHAR(30)	否	否	否	否	否

表 A-9　employee 表的定义

字　段　名	字段描述	数　据　类　型	主键	外键	非空	唯一	自增
id	员工号	INT(4)	是	否	是	是	否
name	姓名	VARCHAR(20)	否	否	是	否	否
sex	性别	VARCHAR(4)	否	否	是	否	否
birthday	年龄	INT(4)	否	否	否	否	否
d_id	部门号	VARCHAR(20)	否	是	否	否	否
salary	工资	Float	否	否	否	否	否
address	家庭住址	VARCHAR(50)	否	否	否	否	否

然后在 department 表和 employee 表中查询记录。

查询的要求如下：

（1）登录数据库系统后，在数据库中创建 department 表和 employee 表。

创建 department 表的语句为：

```
CREATE  TABLE  department (
    d_id  INT(10)  NOT NULL  UNIQUE  PRIMARY KEY ,
    d_name  VARCHAR(20)  NOT NULL,
    function  VARCHAR(20),
    address  VARCHAR(30)
```

```
);
```

创建 employee 表的语句为：

```
CREATE   TABLE   employee (
    id   INT(10)   NOT NULL   UNIQUE   PRIMARY KEY   ,
    name   VARCHAR(20)   NOT NULL,
    sex   VARCHAR(4),
    age   INT(5),
    d_id   INT(10),
    salary   FLOAT,
    address   VARCHAR(50)
);
```

（2）插入记录，将记录插入到 department 表。INSERT 语句如下：

```
INSERT INTO department VALUES( 1001,'人事部', '人事管理', '北京');
INSERT INTO department VALUES( 1002,'科研部', '研发产品', '北京');
INSERT INTO department VALUES( 1003,'生产部', '产品生产', '天津');
INSERT INTO department VALUES( 1004,'销售部', '产品销售', '上海');
```

将记录插入到 employee 表中。INSERT 语句如下：

```
INSERT INTO employee VALUES(9001,'Aric', '男',25, 1002,4000, '北京市海淀区');
INSERT INTO employee VALUES(9002,'Jim ', '男',26, 1001,2500, '北京市昌平区');
INSERT INTO employee VALUES(9003,'Tom', '男',20, 1003,1500, '湖南省永州市');
INSERT INTO employee VALUES(9004,'Eric', '男',30, 1001,3500, '北京市顺义区');
INSERT INTO employee VALUES(9005,'Lily', '女',21, 1002,3000, '北京市昌平区');
INSERT INTO employee VALUES(9006,'Jack', '男',28,' ', ,1800, '天津市南开区');
```

（3）查询 employee 表的所有记录。

（4）查询 employee 表的第四条到第五条记录。

（5）从 department 表查询部门号（d_id）、部门名称（d_name）和部门职能（function）。

（6）列出 employee 表的所有字段名称。

（7）从 employee 表中查询年龄在 25 到 30 之间的员工信息。可以通过两种方式（BETWEEN AND、比较运算符和逻辑运算符）来查询。

（8）查询每个部门有多少员工。先按部门号进行分组，然后用 COUNT()函数来计算每组的人数。

（9）查询每个部门的最高工资。先按部门号进行分组，然后用 MAX()函数来计算最大值。

（10）查询 employee 表中，没有分配部门的员工。

（11）计算每个部门的总工资。先按部门号进行分组，然后用 SUM()函数来求和。

（12）查询 employee 表，按照工资从高到低的顺序排列。

（13）从 department 表和 employee 表中查询出部门号，然后使用 UNION 合并查询结果。

（14）查询家是北京市员工的姓名、年龄、家庭住址。这里使用 LIKE 关键字。

三、观察与思考

（1）LIKE 的通配符有哪些？分别代表什么含义？

（2）知道学生的出生日期，如何求出其年龄？

（3）IS 能用"＝"来代替吗？如何周全地考虑"空数据"的情况？

（4）关键字 ALL 和 DISTINCT 有什么不同的含义？关键字 ALL 是否可以省略不写？

（5）聚集函数能否直接使用在 SELECT 子句、HAVING 子句、WHERE 子句、GROUPBY 子句中？

（6）WHERE 子句与 HAVING 子句有何不同？

（7）count(＊)、count(列名)、count(distinct 列名)三者的区别是什么？通过一个实例说明。

（8）内连接与外连接有什么区别？

（9）"＝"与 IN 在什么情况下作用相同？

实验 7　MySQL 数据库多表查询操作

一、实验目的及要求

（1）了解多表连接查询方式。

（2）掌握多表连接数据库表的语句表达。

二、实验内容

（1）根据表 A-10～表 A-12 的要求，完成相应 SQL 语句的编写。

表 A-10　电视节目信息表 programInfo

字 段 名	数 据 类 型	字 段 含 义
id	INT	节目编号
name	VARCHAR(50)	节目名称
prodate	VARCHAR(20)	节目播出时间
typeid	INT	节目类型编号
hostid	INT	主持人编号

表 A-11　电视节目类型信息表 typeInfo

字 段 名	数 据 类 型	字 段 含 义
id	INT	类型编号
typename	VARCHAR(20)	类型名称

表 A-12　主持人信息表 prohostInfo

字　段　名	数　据　类　型	字　段　含　义
id	INT(4)	主持人编号
hostname	VARCHAR(20)	主持人姓名

根据前面给出的表结构，创建表的语句如下。

创建电视节目信息表的语句如下：

```
CREATE TABLE programInfo
(
    id INT PRIMARY KEY,
    name VARCHAR(50),
    prodate VARCHAR(20),
    typeid INT,
    hosted INT
)
```

创建电视节目类型信息表的语句如下：

```
CREATE TABLE typeInfo
(
    id INT PRIMARY KEY,
    typename VARCHAR(50)
)
```

创建主持人信息表的语句如下：

```
CREATE TABLE prohostInfo
(
    id INT PRIMARY KEY,
    hostname VARCHAR(50)
)
```

（2）插入如表 A-13～A-15 所示的数据。

表 A-13　向电视节目信息表添加的数据

id	name	prodate	typeid	hostid
1	小鬼当家	2012-01	1	1
2	柯南	2012-05	2	1
3	开心辞典	2012-02	1	2
4	成双成对	2012-01	3	3
5	乒乓球比赛	2012-04	4	4

表 A-14 电视节目类型信息表添加的数据

id	typename
1	少儿娱乐节目
2	动画片
3	娱乐节目
4	相亲节目
5	体育比赛

表 A-15 主持人信息表添加的数据

id	hostname
1	张三
2	李四
3	周五
4	王五
5	李六

（3）按照电视节目类型来查看每种类型共有多少个电视节目。

（4）查看主持人是张三的电视节目。

（5）通过查询电视节目信息表和电视节目类型信息表来产生一个笛卡儿积。

（6）使用左外连接查询电视节目信息表和电视节目类型信息表。

（7）使用右外连接查询电视节目信息表和主持人信息表。

（8）使用等值连接来查询电视节目名称、电视节目播放时间、电视节目类型以及主持人姓名。

（9）合并电视节目类型信息表和主持人信息表中的查询结果。

（10）将（9）中的查询结果按照编号排序。

实验 8 MySQL 数据库视图创建与管理

一、实验目的

（1）理解视图的概念。

（2）掌握创建、更改、删除视图的方法。

（3）掌握使用视图来访问数据的方法。

二、验证性实验

在 job 数据库中，有聘任人员信息表 work_Info，该表的结构如表 A-16 所示。

表 A-16 聘任人员信息表 work_Info

字 段 名	字段描述	数 据 类 型	主键	外键	非空	唯一	自增
id	编号	INT(4)	是	否	是	是	否
Name	名称	VARCHAR(20)	否	否	是	否	否
sex	性别	VARCHAR(4)	否	否	是	否	否
age	年龄	INT(4)	否	否	否	否	否
Address	家庭地址	VARCHAR(50)	否	否	否	否	否
tel	电话号码	VARCHAR(20)	否	否	否	否	否

其中表中练习的数据如下：

1,'张明','男',19,'北京市朝阳区','1234567'

2,'李广','男',21,'北京市昌平区','2345678'

3,'王丹','女',18,'湖南省永州市','3456789'

4,'赵一枚','女',24,'浙江宁波市','4567890'

按照下列要求进行操作：

（1）创建视图 info_view，显示年龄大于 20 岁的聘任人员的 id、name、sex、address 信息。

（2）查看视图 info_view 的基本结构和详细结构。

（3）查看视图 info_view 的所有记录。

（4）修改视图 info_view，满足年龄小于 20 岁的聘任人员的 id、name、sex、address 信息。

（5）更新视图，将 id 号为 3 的聘任员的性别，由"男"改为"女"。

（6）删除 info_view 视图。

三、观察与思考

（1）通过视图中插入的数据能进入到基本表中吗？

（2）With check option 能起什么作用？

（3）修改基本表的数据会自动反映到相应的视图中吗？

实验 9   MySQL 数据库索引创建与管理操作

一、实验目的

（1）理解索引的概念与类型。

（2）掌握创建、更改、删除索引的方法。

（3）掌握维护索引的方法。

二、验证性实验

在 job 数据库中有登录用户信息 userlogin 表和个人信息 information 表。具体的结构分别如表 A-17 和表 A-18 所示。

表 A-17   userlogin 表的结构

字　段　名	字段描述	数　据　类　型	主键	外键	非空	唯一	自增
id	编号	INT(4)	是	否	是	是	是
name	用户名	VARCHAR(20)	否	否	是	否	否
password	密码	VARCHAR(20)	否	否	是	否	否
info	附加信息	TEXT	否	否	否	否	否

表 A-18   information 表的结构

字　段　名	字段描述	数　据　类　型	主键	外键	非空	唯一	自增
id	编号	INT(4)	是	否	是	是	是
name	姓名	VARCHAR(20)	否	否	是	否	否

字 段 名	字段描述	数 据 类 型	主键	外键	非空	唯一	自增
sex	性别	VARCHAR(4)	否	否	是	否	否
birthday	出生日期	DATE	否	否	否	否	否
address	家庭地址	VARCHAR(50)	否	否	否	否	否
tel	电话号码	VARCHAR(20)	否	否	否	否	否
pic	照片	BLOB	否	否	否	否	否

请在上述两表中完成如下操作：

（1）在 name 字段创建名为 index_name 的索引。

（2）创建名为 index_bir 的多列索引。

（3）用 ALTERTABLE 语句创建名为 index_id 的唯一性索引。

（4）删除 userlogin 表中的 index_userlogin 索引。

（5）查看 userlogin 表结构的代码。

（6）删除 information 表中的 index_name 索引。

三、观察与思考

（1）数据库中索引被破坏后会产生什么结果？

（2）视图上能创建索引吗？

（3）MySQL 中组合索引创建的原则是什么？

（4）主键约束和唯一约束是否会默认创建唯一索引？

实验 10　MySQL 数据库存储过程与函数的创建管理

一、实验目的

（1）理解存储过程和函数的概念。

（2）掌握创建存储过程和函数的方法。

（3）掌握执行存储过程和函数的方法。

二、验证性实验

某超市食品管理数据库有 food 表，Food 表的定义如表 A-19 所示。

表 A-19　*food* 表

字 段 名	字段描述	数 据 类 型	主键	外键	非空	唯一	自增
foodid	食品编号	INT(4)	是	否	是	是	是
name	食品名称	VARCHAR(20)	否	否	是	否	否
company	生产厂商	VARCHAR(30)	否	否	是	否	否
price	价格（单位：元）	FLOAT	否	否	是	否	否

字　段　名	字段描述	数据类型	主键	外键	非空	唯一	自增
product_time	生产年份	YEAR	否	否	否	否	否
validity_time	保质期（单位：年）	INT(4)	否	否	否	否	否
address	厂址	VARCHAR(50)	否	否	否	否	否

各列的数据如下：

```
'QQ 饼干','QQ 饼干厂',2.5,'2018',3,'北京'
'MN 牛奶','MN 牛奶厂',3.5,'2019',1,'河北'
'EE 果冻','EE 果冻厂',1.5,'2017',2,'北京'
'FF 咖啡','FF 咖啡厂',20,'2012',5,'天津'
'GG 奶糖','GG 奶糖',14,'2013',3,'广东'
```

（1）在 food 表中创建名为 Pfood_price_count 的存储过程。其中存储过程 Pfood_price_count 有 3 个参数。输入参数为 price_infol 和 price_info2，输出参数为 count。存储过程的满足：查询 food 表中食品单价高于 price_infol 且低于 price_info2 的食品种数，然后由 count 参数来输出，并计算满足条件的单价的总和。

（2）使用 CALL 语句来调用存储过程。查询价格在 2 至 18 之间的食品种数。

（3）使用 SELECT 语句查看结果。

其中，count 是存储过程的输出结果；sum 是存储过程中的变量，sum 中的值满足条件的单价的总和。

（4）使用 DROP 语句删除存储过程 Pfood_price_count。

（5）使用存储函数来实现（1）的要求。

（6）调用存储函数。

（7）删除存储函数。

注：存储函数只能返回一个值，所以只实现了计算满足条件的食品种数。使用 RETURN 来返回计算的食品种数。调用存储函数与调用 MySQL 内部函数的方式是一样的。

三、观察与思考

（1）什么时候适合创建存储过程？

（2）功能相同的存储过程和存储函数的不同点有哪些？

实验 11　MySQL 数据库触发器创建与管理

一、实验目的

1. 理解触发器的概念与类型。

2. 理解触发器的功能及工作原理。

3. 掌握创建、更改、删除触发器的方法。

4. 掌握利用触发器维护数据完整性的方法。

二、验证性实验

某同学定义了产品信息 product 表，主要信息有：产品编号、产品名称、主要功能、生产厂商、厂商地址，生成 product 表的 SQL 代码如下：

```
CREATE  TABLE  product (
    id  INT(10)  NOT NULL  UNIQUE  PRIMARY KEY  ,
    name  VARCHAR(20)  NOT NULL ,
    function  VARCHAR(50) ,
    company  VARCHAR(20)  NOT NULL,
    address  VARCHAR(50)
);
```

在对 product 表进行数据操作时，需要对操作的内容和时间进行记录。于是定义了 operate 表，生成该表的 SQL 语句为：

```
CREATE  TABLE  operate (
    op_id  INT(10)  NOT NULL  UNIQUE  PRIMARY KEY  AUTO_INCREMENT ,
    op_name  VARCHAR(20)  NOT NULL ,
    op_tiem  TIME  NOT NULL
);
```

请完成如下任务：

（1）在 product 表中分别创建 BEFOREINSERT、AFTERUPDATE 和 AFTERDELETE 这 3 个触发器，触发器的名称分别为 Tproduct_bf_insert、Tproduct_af_update 和 Tproduct_af_del。执行语句部分都是向 operate 表插入操作方法和操作时间。

• 创建 Tproduct_bf_insert 触发器 SQL 代码。

• 创建 Tproduct_af_update 触发器的 SQL 代码。

• 创建 Tproduct_af_del 触发器的 SQL 代码。

（2）对 product 表分别执行 INSERT、UPDATE 和 DELETE 操作，分别查看 operate 表。

• 对 product 表中插入一条记录：1,'abc','治疗感冒','北京 abc 制药厂','北京市昌平区'。

• 更新记录，将产品编号为 1 的厂商住址改为"北京市海淀区"。

• 删除产品编号为 1 的记录。

（3）删除 Tproduct_bf_update 触发器。

三、观察与思考

（1）能否在当前数据库中为其他数据库创建触发器？

（2）触发器何时被激发？

实验 12　MySQL 数据库的用户管理

一、实验目的

（1）理解 MySQL 权限系统的工作原理。

（2）理解 MySQL 账户及权限的概念。

（3）掌握管理 MySQL 账户和权限的方法。

二、验证性实验

实验任务如下：

（1）使用 root 用户创建 Testuser1 用户，初始密码设置为 123456。让该用户对所有数据库拥有 SELECT、CREATE、DROP、SUPER 权限。

（2）创建 Testuser2 用户，该用户没有初始密码。

（3）用 Testuser2 用户登录，将其密码修改为 000000。

（4）用 Testuser1 用户登录，为 Testuser2 用户设置 CREATE 和 DROP 权限。

（5）用 Testuser2 用户登录，验证其拥有的 CREATE 和 DROP 权限。

（6）用 root 用户登录，收回 Testuser1 用户和 Testuser2 用户的所有权限（在 workbench 中验证时必须重新打开这两个用户的连接窗口）。

（7）删除 Testuser1 用户和 Testuser2 用户。

（8）修改 root 用户的密码。

三、观察与思考

新创建的 MySQL 用户能否在其他机器上登录 MySQL 数据库？

实验 13　MySQL 数据库的备份与恢复

一、实验目的

（1）理解 MySQL 备份的基本概念。

（2）掌握各种备份数据库的方法。

（3）掌握如何从备份中恢复数据。

二、实验内容

对 jxgl 数据库中的 student 表进行备份和还原操作。具体要求如下：

（1）使用 mysqldump 命令备份 student 表。备份文件存储在 D:\backup 路径下。

（2）使用 mysql 命令还原 student 表。

（3）使用 mysqldump 命令，将 student 表的记录导出到 XML 文件中。这个 XML 存储在 D:\backup 路径下。

（4）使用 selectinto…outfile 语句导出 student 表中的记录。记录存储在 D:\backup\student.txt 中。

三、观察与思考

如何处理不同编码的数据表？

实验 14　使用 PHP 访问 MYSQL 数据库

一、实验目的

（1）了解用 PHP 操作 MySQL 的流程。

（2）掌握使用 PHP 对 MYSQL 的增、删、改、查的基本操作。

二、实验内容与实验步骤

MySQL 数据库的用户名为 root，密码为 1234。MySQL 中有个 teacherInfo 数据库，teacherInfo 数据库中有一张 teachers 表，表字段类型如表 A-20 所示。

表 A-20　teachers 表字段

字　段　名	字段描述	数　据　类　型	主键	外键	非空	唯一	自增
id	编号	INT(4)	是	否	是	是	是
num	教工号	INT(10)	否	否	是	是	否
name	姓名	VARCHAR(20)	否	否	是	否	否
sex	性别	VARCHAR(4)	否	否	是	否	否
birthday	出生日期	DATETIME	否	否	否	否	否
address	家庭住址	VARCHAR(50)	否	否	否	否	否

写出 PHP 连接 MySQL 实现如下功能的源代码。

（1）要求连接数据库，并向表中插入如表 A-21 所示的数据。

表 A-21　teachers 表的数据

id	num	name	sex	birthday	address
1	1001	张三	男	1994-11-08	北京市海淀区
2	1002	李四	男	1970-01-21	北京市昌平区
3	1003	王五	女	1976-10-30	湖南省永州市
4	1004	赵六	男	1990-06-05	宁省阜新市

（2）使用 mysql_query() 函数把"张三"老师的地址改为"北京市昌平区"。

（3）使用 multi_query() 函数查询地址是"北京市昌平区"的老师名字，并删除李四和赵六的信息记录。

三、思考与观察

选择 mysql 与 mysqli 接口来访问 MySQL 有何区别？

实验 15　利用 PowerDesigner 设计数据库应用系统

一、实验目的

（1）了解数据库设计的过程。

（2）学会用 PowerDesigner 等数据库设计工具进行数据库设计。

（3）学会根据实际需求进行数据库设计。

二、实验内容

（1）用 PowerDesigner 软件为在线图书销售系统中的订单管理模块设计数据库。

该模块的功能设计中有 4 个实体，具体信息如表 A-22～表 A-25 所示。

表 A-22　用户表（t_user）

字 段 名 称	字 段 说 明
userId	用户编号
username	用户名
sex	用户性别

表 A-23　书籍表（t_book）

字 段 名 称	字 段 说 明
bookId	书籍编号
bookName	书籍名称
bookPrice	书籍价格

表 A-24　订单表（t_order）

字 段 名 称	字 段 说 明
orderId	订单编号
createTime	下单时间
totalPrice	订单总价格

表 A-25　订单明细表（t_ item）

字 段 名 称	字 段 说 明
itemId	订单明细编号
bookNumber	书籍数量

① 利用 PowerDesigner 软件设计概念模型。

- 创建实体。
- 添加属性。
- 设置每个实体的主码。
- 添加实体之间的联系。

② 利用 PowerDesigner 软件转换成物理数据模型。

③ 利用 PowerDesigner 软件生成创建数据库表的 SQL 脚本，并在 MySQL 中生成数据库。

（2）根据下面的"交通违章通知书"设计数据库。

图 A-1 中显示了一张交通违章通知书，根据这张通知书所提供的信息，设计一个存储相关信息的 E-R 模型，并将这个 E-R 模型转换成关系数据模型，要求标注各关系模式的主键和外键（其中：一张违章通知书可能有多项处罚，例如，警告＋罚款）。

交通违章通知书：	编号：TZ11719
姓名：××× 驾驶执照号：××××××↓ 地址：×××××××××↓ 邮编：×××××　电话：××××××↓	
机动车牌照号：××××××↓ 型号：××××××↓ 制造厂：××××××　生产日期：××××××↓	
违章日期：××××××　时间：××××××↓ 地点：××××××↓ 违章记载：××××××↓	
处罚方式↓ ☑警告↓ ☑罚款↓ ☐暂扣驾驶执照↓	
警察签字：×××　警察编号：×××	
被处罚人签字：×××	

图 A-1　交通违章通知书

- 找出实体、实体的属性、实体的主码。
- 找出实体间的联系及联系类型。
- 用 PowerDesigner 画出 E-R 图。
- 选择 MySQL 作为 DBMS，把 E-R 图转换成物理模型，根据日常生活中的情况合理设置数据类型，其中通知书编号长度请参照示例“TZ11719”，警察编号长度是 3 个字符。在 MySQL 中创建违章数据库(wzdb)，并利用 PowerDesigner 生成所有的数据表。

(3) 根据提供的网页，设计数据库(另外上交打印的报告)。

下面所提供的网页是关于图书检索的。图 A-2 中下拉框的数据要求从数据库中读取。根据图 A-2 中的检索条件，在图 A-3 列表中得到符合条件的图书列表。

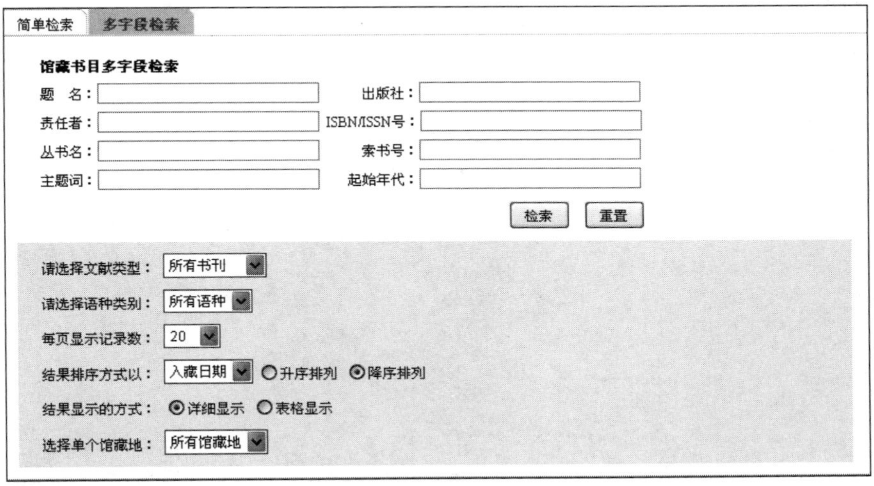

图 A-2 检索条件选择

检索条件：题名=.net 共有 1554 条结果 RSS 只显示可供借阅的图书

上一页 1/78 下一页 到第 1 页 按照：入藏日期 降序 排列

	题名	责任者	出版信息	索书号	文献类型
1	VB 2005 & .NET 3.0高级编程	(美)Bill Evjen，(美)Billy Hollis，(美)Bill Sheldon著	清华大学出版社 2008	TP393/373	中文图书
2	网络管理技术构架	(美)Alexander Clemm著	人民邮电出版社 2008	TP393.07/74	中文图书
3	网络安全技术与应用	杨永川	该杂志社 2001-		中文期刊
4	Visual Basic.NET+SQL Server全程指南	茅健编著	电子工业出版社 2008	TP312BA/364	中文图书
5	计算机与网络	刘兴汉	该期刊社 1998-		中文期刊
6	Applied quantum mechanics = 应用量子力学 /	Harrison, Walter A.	世界图书出版公司, 2003.	O413.1/Y5	西文图书
7	电子设计应用	梁战平	[该刊编辑部] 1998-		中文期刊
8	网络与信息	徐翔	《网络与信息》杂志社 1998-		中文期刊
9	信息网络安全	公安部第三研究所	信息网络安全杂志社 2001-		中文期刊
10	网管员世界	中国电子信息产业发展研究院	网管员世界杂志社 2001-		中文期刊
11	互联网周刊	科学出版社	科学出版社 1998-		中文期刊
12	网友世界	中国电子学会	<<网友世界>>杂志社 2003-		中文期刊
13	.NET 2.0极限编程专家指南	(美)Greg Pearman, (美)James Goodwill著	清华大学出版社 2008	TP393.4/462	中文图书
14	信息网络	中国电信集团公司主办	<<信息网络>>杂志社 2002-		中文期刊
15	Visual Basic.NET 2005全程指南:语言基础、开发进阶、数据库开发、高级技术	朱本城, 王凤林编著	电子工业出版社 2008	TP312BA/362	中文图书

图 A-3 图书列表

- 用 PowerDesigner 画出 E-R 图，要求包含网页中所需的所有属性，设置每个实体的主码。
- 选择 MySQL 作为 DBMS，转换成物理模型，设置合理的数据类型。
- 生成建表 SQL 脚本，并在 MySQL 中创建 readbook 数据库，并生成相应数据表。

三、观察与思考

（1）使用 PowerDesigner 将概念模型转换成物理模型后，实体、属性、联系有哪些变化？

（2）PowerDesigner 工具中的自动模型转换是否符合模型转换的理论规则？

（3）尝试设计一个一对一的实体联系，看看 PowerDesigner 工具将如何处理？结合模型转换的理论规则，说说 PowerDesigner 工具这样处理是否妥当？你是否能想出更有创新的处理办法？

参 考 文 献

［1］ 李辉. 数据库技术与应用(MySQL 版)［M］. 北京：清华大学出版社，2016.

［2］ 杨小平，尤晓东. 数据库技术与应用［M］. 2 版. 北京：中国人民大学出版社，2013.

［3］ 李辉. 数据库原理及 MySQL 应用［M］. 2 版. 北京：机械工业出版社，2019.

［4］ 付森，石亮. MySQL 开发与实践［M］. 北京：人民邮电出版社，2014.

［5］ 侯振云，肖进. MySQL5 数据库应用入门与提高［M］. 北京：清华大学出版社，2015.

［6］ 黄缙华. MySQL 入门很简单［M］. 北京：清华大学出版社，2011.

［7］ 王飞飞，催洋，贺亚茹. MySQL 数据库应用从入门到精通［M］. 2 版. 北京：中国铁道出版社，2014.

［8］ 郑阿奇. MySQL 使用教程［M］. 2 版. 北京：电子工业出版社，2014.

［9］ 皮雄军. NoSQL 数据库技术实战［M］. 北京：清华大学出版社，2014.

［10］ 传智博客高教产品研发部. MySQL 数据库入门［M］. 北京：清华大学出版社，2015.

［11］ 石坤泉，唐双霞，王鸿铭. MySQL 数据库任务驱动式教程［M］. 北京：人民邮电出版社，2014.

［12］ 孔祥盛. MySQL 数据库基础与实例教程［M］. 北京：人民邮电出版社，2014.

［13］ 唐汉明，翟振兴，关宝军，等. MySQL 数据库开发、优化与管理维护［M］. 2 版. 北京：人民邮电出版社，2014.

［14］ 教育部考试中心. MySQL 数据库程序设计［M］. 北京：高等教育出版社，2017.

［15］ 李辉. 数据库原理与应用基础(MySQL)［M］. 北京：高等教育出版社，2019.

图 书 资 源 支 持

感谢您一直以来对清华版图书的支持和爱护。为了配合本书的使用，本书提供配套的资源，有需求的读者请扫描下方的"书圈"微信公众号二维码，在图书专区下载，也可以拨打电话或发送电子邮件咨询。

如果您在使用本书的过程中遇到了什么问题，或者有相关图书出版计划，也请您发邮件告诉我们，以便我们更好地为您服务。

我们的联系方式：

地　　址：北京市海淀区双清路学研大厦 A 座 714

邮　　编：100084

电　　话：010-83470236　010-83470237

客服邮箱：2301891038@qq.com

QQ：2301891038（请写明您的单位和姓名）

资源下载：关注公众号"书圈"下载配套资源。

资源下载、样书申请

书 圈

获取最新书目

观看课程直播